自然과人間 제2판

自然과 人間 제2판

김종원 저

그림 및 題字: 一坡朴永根 畵伯

월드사이언스

자연과 인간 제2판

2006년 9월 01일 인쇄
2006년 9월 15일 발행

저 자/김종원
발행인/박선진
발행처/도서출판 월드사이언스

주소/서울특별시 동작구 사당5동 240-15
등록일자/1987년 12월 14일
등록번호/제 3-136 호
대표전화/(02) 581-5811~3
팩스/(02) 521-6418

E-mail/worldscience@hanmail.net
URL/http://www.worldscience.co.kr
http://월드사이언스.com

정가/15,000원
ISBN/89-5881-062-9
ISBN/978-89-5881-062-9

「이 도서의 국립중앙도서관 출판시도서목록(CIP)은
e-CIP 홈페이지(http://www.nl.go.kr/cip.php)에서
이용하실 수 있습니다.(CIP제어번호: CIP2006001871)」

우리는 어떻게 답할 것인가?

1. 개발과 보전 그리고 경제학과 생태학은 이분법적 대립 논리인가?
2. 오늘날 지구상의 4대 현대문명 지역은 어디이며, 지금의 방식대로 지속가능한가?
3. 유전자 조작과 생명복제는 생물다양성 보전인가 생명 파괴인가?
4. 인류의 성장한계를 어떻게 극복할 것인가?
5. 생활환경과 지구환경 보전에 대한 실천적 대안은 무엇인가?
6. 한반도 자연이란 무엇인가?

* 위의 질문에 대한 답은 본서 맨 마지막 종합토론에 포함되어 있다.

차 례

머리말

생명의 다양성은 지구상의 모든 생명체가 가지고 있는 섹스의 과정을 통해 획득되며 혈통 및 계통의 존속을 보장할 수 있다. 생명체들의 삶의 터전이 폐쇄되고, 단절되고, 교란되면 당연히 근친교배의 확률이 높아진다. 근친교배를 통하여 열성유전자의 빈도가 높아지며, 생식률이 떨어진다. 그래서 근친교배는 생물사회학적(生物社會學的) 문제를 발생시킨다. 그런 근친교배의 결정적인 요인은 환경의 파괴, 즉 생명체의 삶의 터전인 서식처의 파괴이다. 한 마리의 지렁이에게 아스팔트와 흙의 의미는 모든 가치를 초월하듯이 우리 인간에게 하나뿐인 삶의 터전, 지구라는 인류의 무대, 그 자연환경의 보전은 모든 가치를 초월한다.

지금 전 세계 인류에게 가장 높은 빈도로 그리고 가장 공통적으로 사용되고 있는 단어는 아마도 '환경'이지만, 특히 21세기를 맞이하는 이 시점에서 '생태'라는 용어는 그런 환경에 대한 본질적 해답을 제공하는 수단으로 이용되고 있다. 사실 우리나라에서 생태(生態, eco-)라는 단어는 1994년까지만 하더라도 대학 강의실 안에서만 취급되는 전문용어로 이해되어 왔다. 그러나 지금의 환경 문제는 곧 자연환경과 인공환경의 통합적 이해로 인식하는 생태계 문제라는 데에 우리 모두가 동의하고 있다. 그러므로 연령에 따라, 전공에 따라, 직업에 따라 각 계층의 사람들을 위해서 환경과 생태계에 대한 각기 다른 공부는 존재할 수는 있지만, 그런 공부의 궁극 목적은 모두 하나인 것이다. 인간을 위한 지구 자연환경에 대한 이해이다. 즉 인간의 지속가능한 삶의 환경을 위한 자연생태계에 대한 이해와 실천이다.

리우환경회의(1992년) 이후, 환경 및 생태에 관한 도서와 자료는 폭발적으로 증가하고 있으나, "인간을 위한 생명 공부"를 조우하기란 그리 쉽지 않다. 특히 생태 그리고 생명은 지역성과 풀뿌리성이 중요하다. 우리의 문화적 뿌리와 역사, 삶의 방식과 정서를 바탕으로 한 처방만이 우리의 삶터를 보전하고 복원할 수 있다.

저자는 우리가 사는 지구, 우리나라, 우리 고장, 그리고 내 집 주위에서 일어나는 생명, 환경, 생태 토론거리를 정리해 보았다. 생명, 환경, 생태 문제는 지식과 기술 그리고 정보의 문제가 아니라 이웃과의 공동체적 이해(理解)와 선택을 통해서 해결할 수 있기 때문이다. 그러한 공동체적 이해와 선택은 문제에 대한 서로 다른 이해(利害)와 사고의 벽을 허무는 토론을 통하여 성취될 수 있다.

본서에서는 지구생태계 속에서의 지속가능성을 보장받기 위해 우리 인간이 실천

해야 하는 본질적 배경과 구체적 행동지침 그리고 그것에 대한 사고방식 등의 내용으로 채워져 있다. 본서의 마지막 페이지를 읽는 그 순간까지도 다음의 네 가지 질문을 염두에 둠으로써 다양하고 차원 높은 토론의 주제를 발굴할 수 있을 것이다. 첫째, 생태와 생태계, 그리고 생물적 환경 요소와 무생물적 환경 요소가 어우러진 생태계 속에서 우리 인간은 무엇인가? 둘째, 인간은 생태계 먹이사슬 속에 존재하는 생명체인가 그렇지 않으면 특별한 존재인가? 셋째, 인간은 이 지구생태계의 동반자인가, 교란자인가? 넷째, 대량생산과 대량소비, 폭발적인 인터넷 정보, 끝없는 속도 경쟁, 새천년에도 이런 인류의 패러디임은 지속가능한 것인가?

본서는 본문 총8장으로 구성되어 있다. 제1장에서는 자연과 인간의 생태학적 관점을 이해하는데 기초가 되는 생물학적 기초 지식으로 채워져 있으며, 제2장에서는 지구환경 문제의 본질에 대하여 접근하였다. 특히 인구문제와 생태계의 수용범위에 대한 인구동태학(population dynamics, 또는 個體群動態學)을 바탕으로 지구환경의 변천사를 정리하고, 지구환경에 대한 인류의 조화와 간섭에 대하여 살펴보았다. 제3장에서부터 제7장에 이르기까지 인류의 생명활동의 기반인 생태계, 토지,

식량, 에너지, 물에 대한 특성을 기술하였다. 그리고 마지막으로 제8장에서는 현재 우리가 살고 있는 한반도의 자연환경에 대하여 짚어봄으로써 지구환경 속의 한반도, 우리 고장, 우리 주변의 환경적 생태적 위치를 이해할 수 있도록 하였다.

본서는 전술하였듯이 생명·환경·생태 문제에 대한 지식과 기술, 그리고 정보를 제공하기보다는 생명·환경·생태 문제를 본질적으로 인식하고 이해하는 것을 목적으로 하며, 자연에 대한 생명성과 우주성에 대한 겸손을 깨닫기 위함이다. 생태학적 관점으로부터의 본서 내용을 포함한 자연, 생명, 환경, 생태 등에 대한 관련된 더욱 많은 정보와 토론은 http://www.ilovenature.org을 통하여 자유롭게 이루어질 수 있다. 주는 것처럼 큰 얻음이 없으며, 가르침처럼 가혹한 가르쳐짐이 없듯이 독자 여러분과의 토론을 기대해본다.

탁월한 그래픽 솜씨를 가지고 인내심을 가지고서 본문 그림들을 준비하는 데에 큰 도움을 준 안경환 군에게 특별히 감사한다. 또한 본서의 표재 그림을 그려준 一坡 朴永根 화백에게 진심으로 감사한다. 끝으로 지금까지 희생적으로 나를 비판해주는 친구같은 아내에게 한량없는 고마움을 표하고자 한다.

2003년 7월 31일

김종원

제2판을 준비하면서

무궁화가 국화인 까닭은?

무궁화가 우리 꽃인 이유는 무엇일까? 한민족의 정신문화에 대하여 집대성한 「한국민족문화대백과사전」(한국정신문화연구원 1991)에도 그 이유는 서술되어 있지 않다. 일반적으로 줄기차게 피는 무궁화 꽃의 개화 방식을 민족사에 빗대면서 사꾸라(サクラ)에 대응시키고 있는 수준이다. 그러나 근거가 없다. 한민족사가 그렇지 않을 뿐만 아니라, 무궁화가 그런 연유로 국화일 수는 없기 때문이다. 그것은 아마도 일본의 논리이지 우리의 논리일 수 없다. 우선 사꾸라가 일본을 상징하는 국화가 된 연유를 살펴보자.

일본이 사꾸라에 관심을 가진 것은 헤이안(平安) 시대이니까 넉넉히 잡아 1천여 년 전의 일이다. 그 이전까지 대륙 중국의 냄새가 물신 풍기는 '매화'를 찬미하는 것은 고대 일본의 상류계급 귀족들의 표상이었다. 그러니까 매화로부터 사꾸라로 바꾸면서 그들의 실체(identity)를 찾으려고 한 것이다. 실질적으로 사꾸라를 추켜세운 것은 "천황을 위해서 사꾸라 꽃처럼 아름답게 죽자"라는 군국주의가 발악하던 1920년 30년대였다. 그 잔영이 바로 야스쿠니신사 입구에 줄지어 서있는 사꾸라가 아니던가! 일제히 피고 일제히 지는 사꾸라 꽃은 일본 군국주의를 상징하기에 절묘하다. 그러므로 사꾸라는 1천여 년 전의 짧은 역사적 산물이지, 무궁무진한 무궁화 역사에 그것을 대응시키는 것은 일본의 발상일 수밖에 없다. 물론 무궁화는 군국주의처럼 왜곡된 역사의 수단도 분명 아니다.

인류의 가장 오래된 중국 역사서 속에서도 우리를 근족, 근화족(槿花族)으로 칭하였다. 아마도 우리는 어딜 가나 본래부터 무궁화와 아주 친하게 지냈던 모양이다. 그런데 우리가 이 시점에 터전으로 잡고 있는 한반도에는 저절로 나는 무궁화가 한 포기도 발견되지 않는다. 우리가 저절로 한반도에 태어나서 사는 것처럼 말이다. 전부 사람이 심은 것이거나 심은 것으로부터 유래하는 몇몇 개체가 어미 나무 주변에서 돋아나 살 정도이다. 그러니까 한반도가 고향도 아니며, 산천에서 저절로 살아가기에는 마땅하지 않는 외국 식물종과 같은 것이다. 그럼에도 불구하고 무궁화가 우리를 상징하는 꽃이어야 하는 이유를 보다 논리적이고 학술적으로 살펴본다.

무궁화의 기원은 아열대 건조지역이다. 바로 중동으로부터 메소포타미아문명이

꽃피웠던 그 일대이다. 마침 예루살렘의 어느 유대교 종파에서 부르는 '샤론의 장미'란 찬송가는 바로 무궁화(Hibiscus spp.)를 지칭한다. 놀라운 일이 아닐 수 없다. 지금 한반도에는 저절로 나는 야생의 무궁화가 한 포기도 나지 않는 이 땅이지만 이곳에 아무런 연유도 없을 것 같은 무궁화를 우리가 사랑하고 있는 것이다. 그런데 중동이란 지리적 위치는 아프리카 동부에서 걸어 나온 인류의 발자취가 남겨져 있는 출구란 점을 고려해보면, 인류 기원과 무궁화의 관계는 예사롭지 않다. 더욱 감동적인 것은 식물형태학적으로 무궁화꽃 모양이 한편의 생명 탄생 시나리오를 연출하고 있는 형상이다. 꽃봉오리가 뒤틀리며 개화하는 모습 또한 영락없는 여자 몸속에서 세상 밖으로 비쭉이 내미는 출산의 형상이다. 가운데 남근(암수술대)을 감싸고 있는 갈피(꽃잎)의 모습(좆갈피)은 출산과 다산의 상징인 여성을 의미하는 말의 근원으로 발전한다. 조가비는 좆갈피에서 나온 말이고, 조가비는 조개가 되었으며, 조개는 여성을 상징한다. 일본에서도 여성을 '가이'(ガイ, 貝)인 조개에 빗댄다. 일본 사람들은 우리의 생명문화의 상징인 무궁화를 대신해서 동백나무를 좋아한다. 동백나무의 꽃 형상은 기본적으로 좆갈피처럼 무궁화와 유사하다. 동백나무는 일본말로 '쯔바끼'(ツバキ, 椿)이다. 이 쯔바끼의 말소리 또한 좆갈피로부터 자유롭지 못하다. 한 방향으로 흐르는 강물처럼 한민족의 생명 문화는 분명 일본의 생명 문화의 진본임에 틀림없다.

인류의 기원, 한민족 그리고 무궁화는 평행진화

한 그루의 무궁화는 수백포기의 꽃을 피운다. 꽃이란 자식을 만드는 생식행위이다. 무궁화는 식물 가운데 가장 우아하게 생식한다. 드러내놓고 섹스를 하지 않는 형상이다. 낮에 피어 있다가 어둡기 전에 살포시 꽃망울을 닫아버린다. 닫힌 꽃망울 속에서 일어나는 은밀한 행위를 상상해보자. 다음날 아침에 다시 핀다. 아직 수분에 성공하지 못한 경우이다. 수분에 성공하면 더 이상의 수분은 필요하지 않다. 그 다음날 꽃망울을 닫고, 자식이 잉태되면 꽃망울은 떨어진다. 여타 식물들처럼 흉한 시든 꽃모습이 아니다. 살포시 꽃망울을 닫고서 깨끗하게 땅에 떨어진다. 품위 있는 선비의 꽃이 무궁화이며, 아침에 가장 아름다운 꽃이다. 요약하자면, 무궁화는 인류문화사적으로, 해부학적으로, 식물지리학적으로 우주적 생명 이야기를 압축하고 있는 최고의 상징 생물체이다. 그런 무궁화가 겨레의 꽃인 것이다. 비록 지금 이 땅에 한 포기의 자연생(自然生)이 없을지라도 말이다. 인류의 기원, 한민족 그리고 무궁화는 끊임없이 계속되는 진행형이다.

"이 강산에 더 많은 무궁화를 심지 않으렵니까?"로 시작하는 조지훈의 <무궁화>, 수필 속에는 진실을 가리는 심한 애국주의 구절이 있다. 너무나도 무궁해서 언제부터 왜 무궁화가 겨레의 꽃이 되었는지도 알 수는 없지만, 시인이 말한 것처럼 "무궁화는 한 송이 한 송이로 아침에 피었다 저녁에 떨어지는 꽃"이 아니다. 더욱이 "아무데나 피는 꽃"도 아니다. "피투성이 싸움에 젖은 머리를 무궁화 사랑하는 마음으로 바로 잡겠다"는 시인의 생각은 가히 촌철살인이라고 할만하다. 이제 더 이상 "쓸쓸한 울타리 옆, 거친 들판, 외로운 길가, 아무데나 피어, 쓸쓸하고, 거칠고, 외로움을 아늑하고 즐겁게 하는 꽃", 그런 애잔스런 꽃이 아니다. "1천 년 전 정치적 선택으로부터 기원하는 사꾸라에 대비되는 꽃", 그런 꽃으로 무궁화를 구속하는 것은 패배자의 의식이오, 자학일 뿐이다. 45억 년 전 생명의 터전 지구가 마련되고, 지금으로부터 6천5백만 년 전 오대양 육대주가 모양을 갖추고, 한참 있다가 인류가 시작한 이후, 우리는 이제 유라시안대륙의 동단에 무궁화가 없는 땅에서 지금 현재의 모습으로 모여 살고 있을 뿐이다. 무궁화를 품에 안고 유라시안대륙의 동단에 지금 머물러 있는 것이다. 그러므로 무궁화는 겨레의 꽃이어야 하는 것이다. 인류의 기원, 한민족 그리고 무궁화의 평행진화이다. 생명복제와 누런 돈만을 짝사랑 하는 현실 속에서 무궁화에 대한 우리의 열정이 진덧물타령으로 바뀌고 있는 것은 아닌지 생각해볼 일이다.

2006년 7월 31일

경북 영양 구통에서

김종원

백두산 두메양귀비

1 자연을 이해하기 위한 생명 이야기

나무(Ψ)처럼 살아 숨쉬는 모든 것은 지구(땅, 土)에서 솟아나온 생(生 = Ψ + 土)이오 목숨이다. 생명(生命)이란 그런 살아숨쉬는 목숨(生)으로 태어날 것을 명(命) 받은 것이다. 이러한 생명은 유전자를 가진 생물적 요소이며 지구상에만 존재한다. 따라서 생명의 기본단위는 종(種)이며, 열매(禾) 가운데 가장 무거운 것(重)인 바로 유전자를 잉태하고 있는 씨(種 = 禾 + 重)이다. 그런 유전자는 변화하는 시간에 따라 변화하여야만 한다. 생명의 본질은 생태적 최고의 삶을 추구하는 자연의 선택압(選擇壓)에 지배를 받음으로써 그 영원성을 보장받을 수 있다.

생명이란 무엇인가

해오라비난초의 꽃차례

생명이란 살아있는 유전자에 의하여 시간의 경과에 따라 변화해 가는 동화적 대사의 화학적 유기체이다. 따라서 생명의 복제는 시간의 흐름을 정지하고 변화를 거부하는 반생명적 행위이다.

생명에 대한 본질적 이해는 동서양이 다르지 않는 것 같다. 자연을 '하늘은 아버지요, 땅을 어머니'라고 인식하는 것은 우리를 포함한 동양의 공통된 토속적 자연관이다. 특히 땅을 대지를 어머니라는 생명을 잉태하고 생산하는 주체로서 즉 생명의 근원으로서 이해하였다. 이것은 놀랄만한 생활 속의 생물학적 인식이 아닐 수 없다. 사실 모든 생명은 땅, 대지, 흙에서 시작된다. 지구상의 모든 생명 현상의 바탕이 되는 식물, 산소와 양식(탄수화물)을 제공하는 생산자 식물의 종자는 모두 흙에서 생명이 시작한다. 희랍 신화에 나오는 가이아도 지구를 가리키는 대지의 여

신이다. 성서에 나오는 아담도 흙으로 빚었다. 생물, 생명이라고 하는 생(生) 자(字)는 흙 토(土)를 받침으로 한다. 동서양을 막론하고 인류의 절묘한 지혜를 엿볼 수 있는 대목이다.

생물학적으로 생명체는 본질적으로 탄소(C) 합성물과 생명에 가장 중요한 분자인 물(H_2O)의 화학작용에 근거하는 화학적 기계로서 정의하면서 독특한 생명 특성으로 설명된다. 그러나 생명체가 아닌 비생물체(무생물체 無生物體라는 것은 생물이 없다는 의미로 고려되며, 생물이 아니다 또는 생명현상이 없는 물체라고 고려한다면 비생물 比生物이 더욱 적합한 표현으로 판단된다. 한편으로 '생 生으로 태어나라고 하는 명 命을 받은 적이 없다'라고 이해하게 되면 무생명 無生命이 더욱 적합할 수도 있다)에서도 그러한 화학작용과 생명의 특성들이 관찰된다. 아래의 요약과 같이 생명의 특성을 고려하면, 비생물체는 생명체와의 차이점보다 공통점이 훨씬 많다:

- 조직화되어 있다 — 모든 생명체는 하나의 세포로부터 시작하며, 하나 또는 그 이상의 세포로 구성되어 있는데 세포로 이루어진 조직(tissue)과 기관(organ)은 조직적으로 각기 다른 기능을 하며 특성을 포함하고 있다. 예를 들면 인체를 구성하는 약 100조 가까운 세포는 모두 똑같은 세포 소기관로 만들어져 있다. 그러나 조직과 기관에 따라 그 조직과 기관을 만들고 있는 세포는 각기 다른 모양을 하면서 독특한 기능을 수행한다. 산소를 운반하는 적혈구 세포는 둥근 모양이라면 신경세포는 매우 길고, 표피세포는 편편한 모양을 한다. 적혈구 세포는 끊임없이 세포분열 하면서 새로 만들어지면서 죽어가지만, 안구 세포나 간 세포 같은 것들은 어른이 되면 더 이상 세포분열 하지 않는 것이 정상이다.
- 영양 작용을 한다 — 생장에 필요한 물질과 에너지를 획득하여야 생명을 유지하며, 빛에너지(광합성)나 화학에너지(화학합성)를 이용하는 독립영양이거나 다른 생물 물질을 소화효소에 의해 분해하여 물질과 에너지를 획득하고 이용 가능한 부산물로 동화시키는 종속영양이 있다.
- 생장 한다 — 영양작용으로 획득된 물질과 에너지를 이용하여 생장해 간다.
- 호흡 한다 — 산소로 '산화'(호기성 호흡)시키거나 산소가 없는 반응(혐기성 호흡과 발효)을 함으로써 고농축 에너지 화합물로부터 에너지를 이끌어내는 일련의 에너지 생성의 화학반응으로 호흡을 한다.
- 반응 한다 — 생존 가능성을 향상시키기 위해 내부적, 외부적 환경의 변화에 대해 자극을 감수하는 반응 능력을 가지고 있다.
- 운동 한다 — 세포 수준에서 또는 개체 수준에서 내부적 과정으로 운동을 하며, 움직일 수 있다.

- 배설 한다 — 대사과정에서 생긴 쓸데없는 노폐물을 제거하거나 생물체 밖으로 배설한다.
- 번식 한다 — 종의 존속을 위하여 생식 기능을 가지고 있다.

이러한 생명 특성은 촛불과 같은 비생물체에서도 공통적으로 일어나지만, 비생물은 자손의 구조, 발달, 기능을 복합적으로 암호화하는 유전물질(DNA 와 RNA 참조)이 없으며, 단일 성분으로부터 복합구조를 만들고 유지하기 위해 에너지와 물질을 이용하는 동화작용이 없는 것이 유일한 차이점이다. 비생물체는 열역학 제2 법칙(엔트로피 증가 법칙)에 따라 복합물이 단순한 물질로 분해되고 에너지를 방출하게 되는 이화작용(catabolism)만이 존재한다.

결국 생명체는 "동화적인(metabolic) 대사와 유전적 물질을 이용한 생식작용을 나타내는 구조물"로 정의하는 것이 옳다. 따라서 생명체의 생식작용을 배제하는 생명복제 기술은 생명체를 하나의 물질과 같은 비생물체로 고려하는 것과 같으며, 생명 특성들의 여러 가지 단계와 갖가지 환경으로부터 발달하게 되는 서로 다른 작용들과 기작에 의해 개발되는 생명의 다양성에 배치되는 반생명적 기술이라 할 수 있다.

[도움글] '생명의 촛불' 그것은 생명이 아니다

- **호흡을 한다**: 촛불은 유기물을 이산화탄소, 물, 에너지(열)로 화학적인 전환을 하는데 이때 산소를 필요로 한다. 이것은 모든 호기성 세포의 호흡에서 일어나는 이화작용과 근본적으로 동일하다. 그러나 세포에서 호흡은 효소를 이용하여 통제된 조건하에서 수행되며 이용 가능한 화학적 형태로의 제한된 에너지 방출이 함께 일어난다. 결국 에너지는 열로서 흩어지게 된다. 산소를 차단하면 호기성 세포는 죽고 촛불은 꺼지고 말 것이다.
- **영양을 필요로 한다**: 촛불은 세포처럼 연료원을 필요로 한다. 촛불은 종속영양생물의 양분과도 같은 가연성 물질을 태우게 된다.
- **배설을 한다**: 촛불이 탈 때 이산화탄소, 물, 재를 배출한다.
- **생식을 한다**: 촛불에 특정한 연료(예, 더 많은 타는 재료)를 공급하면 불꽃이 확산되는데 이것은 분열에 의한 무성생식과 유사하다.

- **생장을 한다**: 연료가 증가함에 따라 불꽃이 커지게 된다.
- **이동을 한다**: 비록 이러한 운동이 외부의 힘에 의해서 일어나게 되지만 불꽃은 결코 한곳에 정지해 있지 않고 광범위하게 움직인다.
- **자극에 민감하다**: 촛불은 외부의 힘에 민감하여 외부환경의 변화에 반응하게 된다.
- **조직화한다**: 촛불은 부위에 따라 온도나 불꽃색이 다른 구조를 하고 있다.

그러나 촛불은 생명일 수 없다. 그것은 유전물질(DNA 나 RNA)이 없으며, 동화적 대사가 일어나지 않기 때문이다.

토론거리 *Topical Q & A*

섹스의 의미는 무엇인가?

생물체가 자손을 생산하여 자신의 유전자를 후세대에 전달하기 위한 생식과정에서 고등 생물들은 유성생식이라고 하는 암수 짝짓기를 한다. 반면에 보다 하등한 생물들은 무성생식을 하기도 하는데, 이런 부류를 모듈생물체(module organism)라 한다. 개체 일부분인 하나의 모듈로부터 새로운 개체(자식)를 생산할 수 있기 때문에 열악한 환경조건에서도 잘 살아남는다. 이에 대응하여 사람과 같이 양성(兩性)의 협력으로 새로운 개체를 생산하는 부류를 단위생물체(unitary organism)라 한다. 따라서 모듈생물체의 무성생식은 마치 체세포(2n)로부터의 생명복제처럼 양성(생식세포인 정자와 난자의 각각 n)에 의한 유전자의 뒤섞음과 같은 유성생식의 속성이 배제되어 있다. 가지 하나를 꺾어 심으면 새로운 개체로 살아나는 개나리나 촉수 하나를 떼어 심으면 새로운 개체로 살아가는 선인장은 대표적인 모듈생물체이다.

독립적인 단위생물체

모듈생물체

따라서 무성생식과 같은 생명복제는 어떤 변이도 기대할 수 없으며 유전적으로 고착화된 똑같은 자손을 생산한다. 반면에 유성생식의 진화는 더 많은 변화와 빠른 유전적 변이를 일으킨다. 유전물질의 혼합은 진화의 소재인 개체의 변이성에 근거가 되고, 생물체가 환경적인 요구에 대해 빠르게 진화할 수 있게 했다. 그런데 모듈생물체이건 단위생물체이건 공통적으로 자식을 생산하기 위해서는 일정의 생식기라는 것이 존재한다. 즉 특정 생식기에 맞추어 생식을 한다는 것이다. 식물이 꽃 피는 개화기와 야생 동물들의 번식기(발정기) 등은 아주 뚜렷하게 구분되는 특정 생식기간을 의미한다. 그러나 가족 집단생활을 하는 인간을 포함한 영장류에 있어서 생식행위(섹스)란 그런 번식 기능과 더불어 가족 유대감과 결속력을 확인하는 과정으로서의 생식행위도 존재한다. 실질적으로 자식생산을 위한 영장류의 섹스는 몇 번에 지나지 않는다. 그러므로 영장류에 있어서 '가족이란 집단'의 해체 또는 재구성은 가족을 이루는 핵심 주체의 생식행위 체제의 붕괴 또는 재조합에서 비롯되기도 한다. 자식을 만들지 않고 하는 섹스 때문에 인간이란 동물에게만 섹스문화산업이라는 것도 존재하는 것도 바로 그 때문이다.

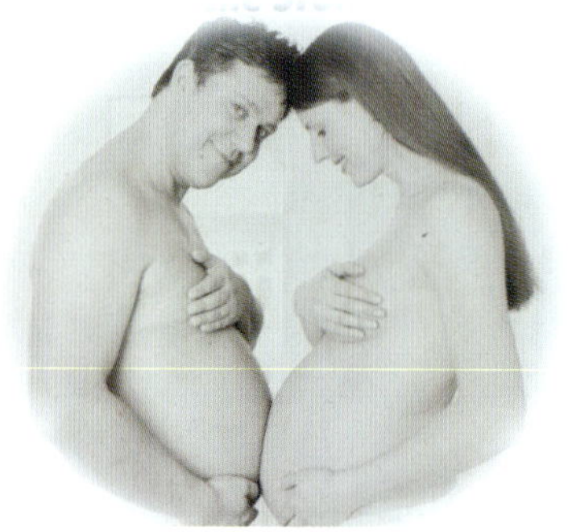
인간의 섹스 의미는?

야생생물의 짝짓기 의미는?

인간은 단위생물체의 전형이다. 따라서 인간은 유성생식(有性生殖), 즉 성(性)이 있는(有) 생식(生殖)을 통하여 번식한다. 부와 모의 양성(兩性)에 의하여 새로운 자식이 만들어진다. 인간에 대한 생명복제는 바로 그런 유성생식의 의미를 송두리째 무시하는 것이다. 그렇다면 유성생식의 의미는 무엇인가?

유성생식에 의해 탄생하는 모든 생명체는 한 개의 세포로부터 시작한다. 부와 모의 생식이 가능한 배우체(配偶體)의 접합에 의하여 한 개의 온전한 세포가 만들어지고, 그것이 일정기간 동안 세포분열을 하면서 새로운 개체로 탄생하는 것이다. 인간은 섹스를 통해서, 또는 인공 수정을 통해서 정자와 난자라는 배우체의 접합을 완성한다. 한 개의 접합자 세포가 여성의 자궁 속에서 10개월 만에 약 80조~100조의 세포 덩어리로 태어나는 것이 신생아이다. 한 개의 세포로 시작한 이 세포덩어리는 최초 세포나 100조 번째 분열된 세포나 하나의 오차도 없이 모두 똑같은 구조를 가지고 있다. 생명의 탄생은 하나의 세포로부터 세포 복제가 일어남으로써 완성된다. 결국 생명은 세포복제를 위한 최초의 세포를 어떻게 만들어내느냐가 문제이며, 최초 세포로부터의 세포복제는 그 다음의 종속변수에 지나지 않는다. 유성생식과 무성생식의 차이는 여기에서 달려있다.

유성생식에 대해서 두 가지 중요한 특성을 상기할 필요가 있다. 새로 태어난 생명체의 유전자 세트는 정확하게 양쪽 부모로부터 반반씩 물려받은 것이라는 사실과 무성생식보다 더욱 정교하고 복잡하다는 사실이다. 줄기세포 배양을 위한 최초 세포를 만들기 위한 핵치환 기술은 고도로 진화된 유성생식 재료인 난자를 가지고 가장 원시적인 번식법인 무성생식을 연습하는 형국이다. 무성생식은 유성생식에 비하여 거칠며 단순하다. 새로이 태어난 생명체의 유전자 정보는 정확하게 양 부모로부터 50%씩을 물려받은 것이다. 이에 반하여 무성생식은 한 쪽 부모로부터 100% 유전자 정보를 전달받는 셈이다. 그러니까 세대를 거듭하면서 유성생식은 유전자의 다양성, 즉 개체의 다양성은 크게 증가하는 반면에 무성생식은 유전자 정보가 화석처럼 고착화되는 반생명적 생식이라 할 수 있다. 현재 지구상의 생물종의 다양성이라던가, 사람 간에 차이가 있듯이 개체간의 다양성은 그러한 유성생식이 가능함으로써 폭발적으로 증가하게 된 것이다. 유성생식의 생물체가 지구상에 나타나기 전, 약 15억여년 간 무성생식의 생물체들이 지구 생태계를 메우고 있었다. 생물학자들이 진화라고 하는 것은 바로 생물의 다양성이 성취되는 것처럼 유전자 재조합의 과정, 즉 유전자 조합의 수선과정인 것이다. 결국, 절대자는 44억9천9백만 년이란 긴 시간을 통해서 매우 신중하게 인간을 만든 것으로 이해할 수도 있다. 이러한 유전자 배열의 수선과정은 결국 시간과 공간을 창조한 절대자의 프로그램 속에서 일어나는 현상에 불과하다. 시간과 공간이 존재해야 '시작'이라는 단어는 성립되며, 천지창조라는 것도 절대자의 시간과 공간을 먼저 창조한 다음에 시작된 것이다. 따라서 진화와 창조는 대립명제일 수가 없으며, 창조의 과정이 바로 진화인 셈이다. 진화의 과정 속에 새로운 기능이 나타나고 그로 인해 새로운 또 다른 기능이 부여되는데 생태학에서는 이것을 창발성(emergent property)이라 한다. 세포가 할 일이 다르고, 그 세포가 모인 조직의 할 일이 새로이 생긴다는 것이다.

유성생식은 이처럼 지구상의 생명의 다양성을 확보하고 그런 생물체들의 지속가능성을 보장받는 유일한 방법이다. 동질적인 유전자 정보를 계승하는 무성생식에 의한 획일적인 생명체는 특정 환경 변화에 멸종될 가능성이 매우 높다. 유전자 다양성을 확보하는 수단은 양가 부모의 가계가 다른 배우자를 만나는 것이다. 그래서인지 우리에게는 '처가와 뒷간은 멀리 두라'고 하는 아주 독특한 생물학적 문화가 있다. 건강하고 위생을 위해서는 당연히 뒷간을 멀리 두어야 하지만, 처가를 멀리 두라고 하는 것은 되도록이면 멀리 떨어진 마을에서 가계를 멀리하는 집안과 사돈을 맺자는 것을 의미한다. 생활 속에 생명과학의 지혜가 녹아든 문화적 특성이 아닐 수 없다.

생태 논쟁 *Topical ECOncern*

생명 복제와 유전자조작

비생물체와 구별되는 생명체는 유전자의 생명성과 우주성에 기인한다. 그러므로 유전자를 유물론적 해석을 바탕으로 비생물체로 고려할 수는 있으나, 본질적으로 유전자는 하나의 물질이지만 생명체에 대해서만 적용되고 작동함으로써 엄연한 생명성을 내포하고 있다. 따라서 생명 = 유전자인 셈이다. 결국 모든 생명이 우주의 시간 속에서 변화해 가는 것은 바로 그런 시간 속에 변화해 가는 유전자의 속성에 기인한다.

20세기 이후의 인류문화사적 사건으로 기술되고 있는 유전공학 기술은 유전자에 대한 유물론적 구조와 기능이 밝혀짐으로써 유전자의 가공과 복제를 상업적으로 이용할 정도로 발전(?)을 거듭하고 있다. 반딧불이 발광 유전자 정보를 가로수 속에다가 집어넣는 연구가 이루어지는가 하면, 멸종위기에 처한 호랑이 복제 연구도 시도되고 있다. 그렇다면 유전자에 대한 유전공학적 접근에 대하여 지금처럼 인류의 복지를 위한다면서 계속되어야 하는지, 아니면 그 폐해의 위험성으로 말미암아 포기해야 하는지, 또는 계속된다면 어느 수준까지 가능하며, 그 수준을 어떻게 기준을 세울 것인지 등에 대하여 우리 스스로 냉정하게 논의해볼 필요가 있다.

최근 유전공학기술에 의해 양질의 농산물이 대량으로 생산되고 있다. 그러나 유전자조작 농산물(genetically modified products)의 인체에 대한 해악과 유전자 유출에 따른 생태계에 대한 교란은 아직까지 분명하게 밝혀져 있지 않고 있다. 그것은 그러한 유전 공학기술의 발달에 쏟아 붓는 인류의 노력에 비하면 그런 유전자조작 생물체(GMO; genetically modified organisms)에 대한 인간과 자연생태계의 안전성을 검증하는 연구비 투자는 거의 없기 때문이다. 그렇기 때문에 심증(心證)만으로도 유럽 선진국에서는 유전자조작 농산물의 수입을 규제하고 생산된 상품에는 그 정보를 알리는 표기를 하도록 하고 있으며, 최근 우리나라에서도 그렇게 시행하고 있다. 유전자조작 농산물의 최대 생산국인 미국과 그 이외의 국가간에 무역 분쟁이 심각하게 발생하기도 했다. 그런데 1999년 말 이후로 '생물다양성협약'의 당사국 회의에서 생물안전의정서가 합의되어 서명됨으로써 각국은 충분한 과학적 증거가 없는 현시점에서도 유전자조작 농산물의 국가간 거래에서의 중요 지침을 수립하는 계기를 맞이하였다.

유전자조작 농산물은 소비자가 쉽게 인식할 수 있도록 상품에 명확히 표기되어야 하며, 미심쩍은 유전자조작 농산물은 자국의 정당한 요구에 의해 수입을 거부할 수도 있다. 이러한 생물안전의정서의 내용은 WTO 체제의 세계자유무역 정신과 정면으로 배치되지만, 이 유전자조작 농산물을 포함한 유전자조작 생물체의 국가간 거래는 엄격하게 통제되도록 하였다.

유전자 변형 콩을 사용하지 않음을 명기함으로써 소비자의 막연한 불안감을 해소하고자 한다.

종(種)이란 무엇인가

여름 철새, 백로

두 종을 구별하는 가장 중요한 기준은 교배(짝짓기)의 가능성이다. 종이란 생물적 유성생식을 통하여 번식력이 있는 자손을 낳을 수 있는 개체의 집단이다. 그러나 무성생식이나 자가수정을 하는 많은 생물들은 단순한 외양이나 생화학적 특성에 의하여 구분된다. 그러나 어떠한 생물종도 분류학자들의 편의에 의하여 만들어진 인위적인 약속이며, 새로운 종의 출현은 창조가 아니며, 자연선택에 의한 유전자 조합의 단순한 수선(수리)에 불과하다

자연 상태에서는 형태(표현형, phenotype)와 생태학적, 유전적 조성(유전자형, genotype) 및 진화적 역사가 뚜렷하게 유사한 개체들의 그룹이 있다. 그러한 그룹에 대하여 인간의 분류 본능으로부터 약속된 단위가 종(種, species)이다. 종에 대한 분류는 생물체에 대한 인간의 관리(이용, 보전, 복원, 복제 등)를 목적으로 하는 중대한 과정이다. 인간 이외의 모든 생물체들도 인간과 같은 사물에 대한 분류 본능을 가지고 있다. 단지 그러한 분류의 해상도에 차이가 있으며, 고등한 생물일수록 분류하는 능력은 우수하다. 그러한 모든 생물들의 분류 능력은 살아남기 위한 에너지(먹이감) 획득, 즉 생존 투쟁(struggle of existence)에서 기인한다. 생물체들이 살아남기 위하여 애를 쓰는 이유는 생명체로 시작하였으니 죽을 때까지 살 수 밖에 없는 절대자의 출생과 사망의 제어프로그램 속에 있기 때문이다.

우리는 한자 용어'種'자의 구조로부터 종이란 형태적 특성을 이해할 수 있다. 볍씨(禾, 벼화) 가운데 가장 무거운(重 무거울 중) 부분은 씨눈, 즉 유전자의 결정체이다. 린네(Linnaeus)는 종을 형태학(형태와 구조의 표현형)을 기초로 하여 나누었고, 다윈(Darwin)은 종이 공통의 조상에서 유래한다는 것을 처음으로 인식하였다. 오늘날 우리가 가장 보편적으로 받아들이는 종의 정의는 메이어(Mayr, 1970)에 따른다. 즉 '종은 실제적으로, 잠재적으로 교배되는 자연 상태의 개체군 집단이며, 그것은 다른 집단과 생식적으로 고립되는 것'이라고 정의한다. 이러한 정의는 성공적으로 생식할 수 있는지 없는지의 능력과 확률을 강조하고 있으며, 유전자 흐름을 방해하는 구조적, 기능적, 또는 행동적 다양한 분리 기작에 의하여 새로운 한 종으로 분리(종분화, 種分化, speciation) 되어짐을 의미한다.

[도움글] **종은 어떻게 분화되어 가는가?**

- 생식(수정) 전 장애

  서식처 격리: 지리적 장벽에 의하여 서로 떨어져 있거나, 동일한 지리적 범위 내에서 각각 다른 서식처를 차지하면서 서로 격리되어 있음으로써 성체가 서로 만날 기회는 거의 없는 경우 (예, 시베리아 호랑이와 인도 호랑이)

  시간적(계절적) 격리: 일 년 중 서로 다른 시기에 생식하고 성숙함으로써 교배의 기회가 서로 어긋나는 경우 (예, 제주도 왕벚나무와 설악산의 산벚나무의 서로 다른 개화기)

  행동적 격리: 시각적, 청각적, 촉각적, 후각적 자극을 포함한 서로 다른 구애 행태로 말미암아 의사소통이 불가능한 경우 (예, 흑두루미와 재두루미)

  형태적 격리: 서로 상반되는 생식적 구조와 형태의 경우 (예, 사자와 호랑이)

  배우자 격리: 배우자(정자와 난자)의 전달은 일어나지만, 어느 한 쪽이 죽거나 서로 상반되는 배우자(생식세포)의 모양으로 교배가 일어나지 않는 경우

- 생식(수정) 후 장애

  잡종 치사: 교배에 의하여 배(胚)는 형성하지만 발생 도중에 성숙한 개체로의 발달이 일어나지 못하는 경우

  잡종 불임: 기능할 수 있는 생식세포를 만들지 못하는 잡종의 불임 현상.

  잡종 약세: 잡종 개체가 매우 허약하거나 잡종세대가 거듭할 경우 생식력을 상실.

생물학적 종 개념의 주된 문제점은 이것이 무성생식을 하거나 자가 수정으로 생식하는 종에 적용할 수 없다는 것이며, 또한 화석형에도 적용할 수 없다. 일반적으로 종은 동일한 종내(種內)의 표현형과 유전형의 유사성과 서로 다른 종간(種間)의

차별성을 기초로 하여 구별된다. 대부분의 종은 형태학적 차이를 기초로 하여 정의되지만, 현대 분류학은 더 상세하고 세부적인 유전적 유연관계를 연구하기 위해 분자 유전적 기술을 사용하기 시작했다. 이는 실제적으로 다른 두 종이지만 형태학적으로 동일한 개체의 집단인 동포종(同胞種, sibling species)의 존재를 밝혔다. 이와 같이 종의 분류에는 여러 가지 한계가 있음에도 불구하고 '생물학적 종'(biological species)의 정의는 유성생식을 하는 종의 연구에서 가장 폭넓게 사용되고 있다.

분류학자들은 지구상의 생물다양성을 기술하기 위하여 종의 명명(이름 붙이기)에 대한 체계적인 방법을 발달시켜왔다. 린네의 이명법 체계가 그 대표적이다. 각 종의 이름은 속명(屬名)으로 시작하고 그 다음에 종명(種名)을 따라 쓴다. 모두 라틴어화 하고 이탤릭체로 쓰며 속명은 대문자로 시작한다. 통속적인 이름이 지역에 따라 사용하는 것에 따라 자주 바뀌는 반면, 학명은 전 세계적으로 동일하고 생물체를 가리키는 표준 방식을 제공한다. 예를 들면 인간(사람)은 '*Homo sapiens*' (호모 사피엔스: 라틴어로 '현명한 인간'이라는 뜻)로 정확하게 표기될 수 있다. '*Homo*'라는 속에 속하고 종명이 '*sapiens*'라는 것이다. 또한 소나무(적송, 육송이라고도 함)는 '*Pinus densiflora*'(라틴어로 '꽃이 밀생하는 소나무'라는 뜻)로 표기한다. '*Pinus*'라는 속에 속하고 종명이 '*densiflora*' 이다. 종명은 단지 속명과 공동으로 사용할 수 있고, 그래서 다른 속에서도 동일한 종명이 사용될 수 있다. 종명은 대개 생물체의 특징이나 그것의 지리적 장소 또는 발견자의 이름으로 기술하기도 한다. 학명의 다음에는 그 종을 가장 먼저 기술한 과학자를 나타내는 이름이나 이름의 약자가 따라 온다. 종의 명명은 '국제 명명규약 위원회'에 의해 승인된 매우 정밀한 규정에 따라 이루어진다.

지금까지 지구상에 약 1백5십만 종이 명명되어 있으며, 일반적으로는 적어도 일천만 종이 지구상에 존재한다고 믿고 있으나, 1억 종 이상이 존재한다고 주장하는 학자도 있다. 이러한 생물종은 하나의 독립된 계로 바이러스계를 제외하더라도 여섯 가지의 계(界)로 대분류하고 있다: 원시균계(Archaea), 박테리아계(Bacteria), 원생생물계(Protista), 식물계(Plantae), 균계(Fungi), 동물계(Animalia). 이들은 원시적인 핵을 가진 원핵생물과 진성 핵을 가진 진핵생물로 구분할 수 있다. 원시균계와 박테리아계는 원핵생물로서 진핵생물이 출현하기 전에 적어도 25억년 동안 존재했으며, 이들 두 계를 모네라(Monera) 계라고 부르기도 한다. 나머지 4개의 계는 진핵생물로서 이 가운데 단세포 진핵생물로서 원생생물계, 나머지 식물계, 균계, 동물계는 다세포 진핵생물들이다. 인간이 포함되는 다세포 진핵생물을 일반적으로 고등 생물이라 부르며, 세포소기관과 다세포성의 발달, 유성생식의 진화 그리고 생활사의 변이 등이 주요 특징이다. 이들은 세포, 조직, 기관 등이 독특하고 특수화된 형으로 분화됨으로써 다세포성을 이루어서 체내의 기능 분리가 이루어져 옴으로써 복잡한 생물체로 발달해왔다.

[도움글] 생물계의 대분류

<table>
<tr><td rowspan="2">원핵생물</td><td rowspan="3">단세포</td><td>원시균계
(Archaea)</td><td>빛이 아닌 황화합물을 에너지원으로 이용할 수 있고 특이한 세포벽과 유전적 기구를 가짐</td></tr>
<tr><td>박테리아계
(Bacteria)</td><td>전형적으로 광합성을 하거나 종속영양을 함</td></tr>
<tr><td rowspan="4">진생물</td><td>원생생물계
(Protista)</td><td>조류(광합성 원생생물)이거나 종속적 원생동물을 포함</td></tr>
<tr><td rowspan="3">다세포</td><td>식물계
(Plantae)</td><td>광합성 원생생물로부터 진화했으며, 독립 영양, 셀룰로오스와 다른 다당류로 만들어진 세포벽, 이동성의 결여, 세대교번을 포함하는 특유의 생활사 등이 특징</td></tr>
<tr><td>균계
(Fungi)</td><td>단세포성 효모(yeast)를 포함하지만, 주로 다세포성. 사상형태, 비광합성(종속영양성) 등이 특징이며, 분해(썩게 하는 것)와 재순환 과정에 기여하는 역할로부터 환경적으로 매우 중요.</td></tr>
<tr><td>동물계
(Animalia)</td><td>모두 다세포의 종속 영양, 세포벽이 없고 복잡한 신경계를 가지며, 일반적으로 이동성이 탁월한 것 등이 특징.</td></tr>
</table>

토론거리 *Topical Q & A*

바이러스는 생물체인가 생물체가 아닌가?

'바이러스'는 숙주세포 밖에서는 기능할 수 없기 때문에 엄밀하게 비생물체이다. 그러나 바이러스는 숙주세포의 기구를 이용하여 새로운 바이러스 물질을 형성할 수 있는 복제 능력을 갖는 즉 생명의 특성 가운데 하나인 번식 능력을 가진 감염성 병원체이다.

바이러스는 거의 모든 종류의 생물체 속에서 발견되며 보통 숙주 특이성이 매우 높으며, 숙주세포의 정상적인 기능을 붕괴시키고 질병을 유발시킨다. 가장 작은 것은 직경이 약 17nm에 불과하고 가장 큰 것은 최고 직경이 약 1000nm이기 때문에 박테리아보다 작은 전자현미경 사이즈라 할 수 있다. 바이러스는 주로 단백질 껍질(capsid)에 둘러싸인 핵산의 코아(core)로 구성되는데 대개 지질이 풍부한 단백질

외막에 둘러싸여 있다. 유전 물질인 DNA를 가지는 바이러스도 있지만, 담배 모자이크 바이러스(TMV)와 같은 많은 식물 바이러스는 한 가닥의 RNA를 가진다. 이러한 바이러스는 식물체에 질병을 유발하는 주요한 인자로서 원예와 농경에서 중대한 경제적 손실을 일으킬 수 있다. 동물 감염은 동시에 농업에 손실을 일으키며, 우두병이나 토끼 다발성 점액 수종과 같은 질병을 일으킨다. 인간에서도 바이러스는 홍역, 유행성 감기, 소아마비, 광견병, AIDS와 같은 여러 가지 질병을 일으킨다.

바이러스와 유사한 종으로 오직 박테리아에만 감염하는 '박테리오파지'(bacteriophage), 바이러스와 비슷하면서도 껍질(capsid)이나 단백질이 결여된 단일가닥의 환상 RNA만으로 이루어진 '바이로이드'(Viroid), 단백질만으로 구성되어 있는 감염성 인자의 '프라이온'(Prion) 등이 있다. 이들은 모두 생물체와 비생물체의 경계에 위치하는 특성을 가지고 있다.

생태 논쟁 *Topical ECOncern*

식단문화의 맥도날드화는 초식동물에게 육식을 강요하고 결국 광우병이 발생되다

인도의 생태운동가 쉬바(Vandana Shiva)는 광우병은 산업축산의 폭력성으로부터 기인한다고 역설하였다. 광우병에 감염된 소는 뇌가 스펀지처럼 구멍이 뚫려져 뇌신경이 파괴되어 감으로써 미치면서 죽어가는 치명적인 질환이다. 양들에게서 나타나는 '스크래피병'이나 인간의 '크로이츠펠트-야콥병'과 같은 질환이다. 광우병은 1986년 11월 영국에서 최초로 발견되었으며, 1998년 8월에 보고된 공식적 수치는 137,000 건이었다. 최근에 발견된 퇴행성 뇌질환의 어린이들이 광우병에 감염된 쇠고기 소비와 관련 있다는 과학적 발견이 공개됨으로써 급기야는 1,200만 마리에 달하는 영국의 모든 소를 도살해야하며 어마어마한 비용이 소요될 것이라는 사회경제적 큰 혼란이 초래되기도 하였다.

광우병의 세계적 권위자인 리즈대학의 리처드 래시 교수는 광우병의 발병 원인을 초식동물에게 육식을 강요하게 하는 상업화된 농업정책과 과학의 정치화를 지목하였다.

전통적인 축산 경제는 쇠퇴하고 거대한 도축장과 공장식 축산이 활성화되는 것은 선진산업국가들의 쇠고기 소비량 증가와 그리고 식량체계의 획일적인 햄버그 문화의 맥도날드화에 기인한다. 대량으로 발생하는 동물성 시체 찌꺼기는 정제된 사료 공장에서 가공되어 시장에 내다 팔렸고, 스크래피에 감염된 양들은 소들의 먹이가 되었으며, 이 소들은 광우병에 걸리고, 광우병에 감염된 소들의 시체는 다시 소들의 먹이가 되었으며, 감염된 쇠고기는 햄버거와 소시지로 가공되어 사람들의 음식으로 섭취됨으로써 크로이츠펠트-야콥병 징후가 발생한 것이다. 광우병의 최종 숙주는 소가 아니며, 생물종 간에 전이되면서 확산되어 갈 수 있는 무서운 질병인 것이다.

결국 광우병은 5천만 년 전부터 장구한 시간 속에서 진화해온 풀을 가려먹는 초식의 소들에게 육식을 강요함으로써 발생된 자연섭리의 거역으로 귀결된다. 뿐만 아니라, 광우병 사태에서 나타난 일련의 과정에서 우리는 기업형 목축과 도축을 장려하고 보호하기 위하여 윤리적, 생태적 그리고 공중보건적 원칙을 따르지 않는 산업경제를 추구하며, 그것에 봉사하는 정부 정책이나 과학이 얼마나 많은 사람들을 오도하게 하며 인간 생명의 안전성을 위협하게 되는지를 알게 된다.

생리적 최적의 삶인가, 생태적 최적의 삶인가

갈대

달뿌리풀

억새

물억새

모두 벼과에 속하는 유사한 이들 식물종들은 각기 사는 장소가 완전히 다르다

지구생태계에는 잡초를 포함한 살아 숨쉬는 생명들의 사회에서는 경쟁과 공존의 조화, 즉 생태적으로 최적 환경만이 제공되며, 자기 혼자만 편안하게 살아 갈 수 있는 생리적으로 최적 환경은 결코 제공되지 않는다.

생물들이 사는 장소를 서식처라 하는데, 그런 서식처의 생태적 환경조건은 그 속에 사는 생물종을 결정한다. 잡초도 마찬가지이다. 잡초를 포함한 어떤 야생 식물도 아무 곳에서나 살지 않는다. 각기 독특한 서식처에서 산다. 예를 들면, '갈대'는 물이 고이는 습지에 산다면, '달뿌리풀'은 흐르는 물가에 산다. 이들과 비슷한 '억새'는 건조한 곳에 살면, '물억새'는 한 번씩 물이 차는 습한 곳에 산다. 결국 생물들은 각기 그들이 살아가는 생태적 서식처가 있는 것이다. 누구나 살고 싶어 하는 그런 혜택 받은 서식처에서만 사는 것이 아니다.

독일의 엘렌베르크 교수(Ellenberg 1954)는 밟히는 길가에서 흔히 관찰되는 '질경이'란 잡초가 실제로 밟히는 곳보다는 다른 모든 식물들과 마찬가지로 환경조건이 양호한 입지에서 살기를 원하고 있다는 사실을 관찰하였다. 모든 생명체가 살고 싫어 하는 최적의 환경조건을 생리적으로 요구하는 최적 환경이라 하였다. 즉, 빛, 흙, 공기 등의 각종 환경 조건이 양호한 곳을 의미한다. 최대의 생산성과 성장, 발달, 그리고 생식(번식)을 보여주는 '생리적 최적 환경'을 추구하는 것은 모든 생명체의 공통적 본성이자 진리이다.

그러나 생리적 최적 환경 조건을 갖춘 서식처(삶의 터전)에서는 그 속에 포함되어 있는 자원에 대하여 생물체 간의 지독한 경쟁이란 사회적인 요소가 크게 작용하고 있다. 경쟁력을 갖춘 생물체만이 그곳에서 살아갈 수 있으며, 경쟁력이 약한 생물체는 상당한 수준의 인내와 극복의 생존전략을 만들어 나아가야만 한다. 이처럼 서식처의 환경 조건(condition; 온도, 습도, 염도, pH 등등)과 자원(resource; 물, 광선, 미네랄 영양소 등등)에 따라 그곳에 함께 사는 생물체는 자신이 선호하는 생리적 최적 환경 조건과는 달리 여러 다른 생물체와 어우러지면서 환경에 적응하여 살아가야만 한다.

질경이는 과연 밟히며 사는 것을 원할까? 그렇지 않다.

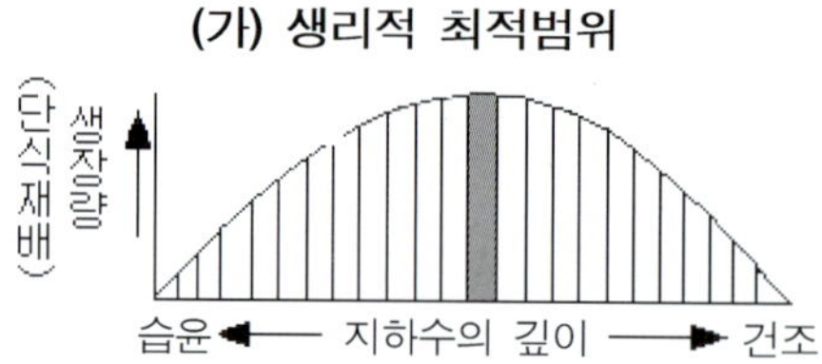

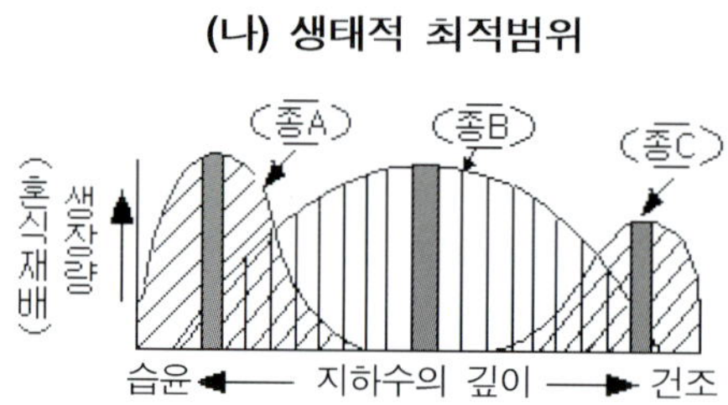

단식재배 실험(가)에서처럼 모든 생물종은 생리적 최적 환경에서 최대의 생장을 보여준다. 그러나 혼식재배의 실험(나) 결과와 같이 여러 가지 생물종들이 서로 혼생(混生) 하면서 살아가는 자연 생태계 속에서는 생물종들의 경쟁·공존하는 생태적 최적 범위에서 살아간다.

자연 생태계 속에서는 다른 생물종과 그리고 같은 종이라 할지라도 이웃하는 다른 개체들과 경쟁하며 공존해야만 하는 현장적 환경 조건을 '생태적 최적 환경'이라 한다. 모든 생명체는 생리적 최적 환경에서가 아니라 생태적 최적 환경 속에서 살아가며, 그 환경 조건과 자원에 대한 경쟁과 적응에서 각각의 생명체는 고유의

생리적 최적의 환경으로부터 쫓겨나서 생태적으로 최적의 환경에 맞추어 살아가고 있는 폐가 지붕 위의 잡초들

위치를 차지하는데, 그것을 생태적 지위(地位, ecological niche)라 하며, 기능적으로 사람의 직업과 같다. 따라서 그 지위가 중첩되는 두 종은 죽음과 죽임의 살벌한 경쟁이 존재하는 것이 자연생태계의 본질이다.

열악한 환경조건에서는 생물체간의 경쟁보다는 적응(과거의 적응을 abaptation, 현재와 미래의 적응을 adaptation이라 구별함)이 더욱 중요한 생존 전략이다. 그러므로 인간을 포함한 살아 숨쉬는 생명체들의 사회에서는 경쟁과 공존의 조화, 즉 생태적 최적 환경만이 적용되며 이기주의적 생리적 최적 환경은 결코 보장되지 않는다.

[도움글] 잡초란 무엇인가

인간이 필요로 하는 목적#이외의 풀을 모두 잡초(雜草, weed)라 부르고 있다. '벼' 논에서의 '피'와 '콩' 밭의 '명아주', '잔디' 밭의 '토끼풀', 포도밭의 민들레는 모두 잡초이다. 잡초는 인류의 농경문화와 더불어 진화해 온 식물이다. 잡초는 본래 지구상에 저절로 발달해 온 자연식생의 주요 구성원들이며, 결코 자연에는 잡초라는 존재는 없다. 뿌리를 내려 이동이 불가능한 식물은 농경의 발달과 더불어 쓸모없는 제거의 대상으로 농경이라는 변화된 환경 조건에 자신의 몸을 맞추지 않으면 도태된다. 장구한 세월에 걸쳐 지속적으로 진행된 농경 스트레스(stress; 화학비료와 제초제와 같은 화학적 영향)와 교란(disturbance; 풀베기, 풀뽑기와 같은 물리적 영향)은 환경 적응의 유전자적 진화를 강요받게 되어 잡초가 되어 버린다.

포도밭의 서양민들레

오늘날의 대부분의 잡초는 인간 생활과 밀접한 관계에 의해서 발달하는 식물들이다. 길, 논, 밭, 논두렁, 밭두렁, 목초지, 과수원, 시가지의 빈터, 인도 블록 틈, 건물 옥상, 지붕 등과 같이 인간의 문화 활동에서 형성되는 빈 공간 어디에도 어김없이 파고들어 그곳에서 생육한다. 그러므로 사람들이 파괴해버린 장소에서 오히려 잡초는 땅을 회복하고 치유하는 선구자적 역할을 하는 셈이다.

묵경논의 돌피

잡초가 사는 땅은 언제 인간에 의해 또 파괴되거나 변형될지도 모른다. 대부분의 잡초들은 그런 환경에 적응하기 위해 독특한 생활전략을 가지고 있다. 마치 불안정한 사회 여건 속에서 떠돌이 집시와 같은 자유분방한 속성을 몸에 익혀야 하며, 변화된 환경에 대하여 신속히 대응하여야만 살아남듯이 잡초는 생태적으로 가장 강인한 번식전략(reproductive strategy)을 지니고 있다.

열악한 환경 조건에 사는 잡초일수록 수명은 짧지만, 살아가는 동안 1회에 아주 많은 종자(자식)를 생산하며 일생동안 여러 번 종자를 생산하기도 한다. 민들레 종류처럼 보다 넓은 지역에 종자를 퍼트리기 위하여 종자에 아주 독특한 장치를 달고 있기도 하고, 살아가는 환경조건에 따라 적응한 형태(생태형, ecotype)로 그 모양을 바꾸기도 한다.

인간은 지구생태계에서 사회를 구성하면서 공동체적으로 살아가는데 가장 잘 발달해 온 가족적인 동물이다. 생태적 최적 환경은 그 구성원의 공존에 의한 건전한 경쟁이 필수적이며, 건전한 경쟁을 위하여 구성원간의 공간적 시간적 적절한 분배(share)는 공동체 전체의 지속적인 발전을 위해 필수 불가결한 과정이다. 식물 사회에서 죽음의 중심지 현상이 나타나는 것은 바로 그런 경쟁을 완화하면서 집단의 공동체적 번영을 추구하고, 마침내 종족의 생존을 지속 가능하게 하는 생태적 과정(ecological process; 에너지 흐름과 물질 순환)이다.

[도움글] **죽음의 중심지 (Dead center, dead point)**

동일한 식물종에 의해 과밀한 생육지는 중심부분이 비게 되는 공동(空洞) 현상이 나타난다. 그것은 지하뿌리의 공간 배분에 따른 수분과 영양원소와 같은 자원의 쟁탈로부터 죽음과 죽임의 경쟁에서 기인한다. 식물에게 자원의 분배는 죽느냐 사느냐의 생존의 문제이다. 그러므로 같은 식물종끼리라도 공생 공존을 위하여 적당한 공간 간격이 필요하다. 그러한 개체들의 영역권(세력권, territoriality)은 개체군(인구 집단)의 크기와 밀도를 조절한다. 이웃(개체)을 죽임으로써 집단의 존속, 계통의 번영을 보장받는 호구지책(糊口之策)의 결과로 "죽음의 중심지"가 만들어지는 것이다. 밀집된 인간 우점 사회로 이루어진 도시생태계 속에서 물과 흙의 녹색공간을 조성하는 것은 밀도효과를 저감하여 도시의 슬럼화를 방지할 수 있는 유일한 방법이다.

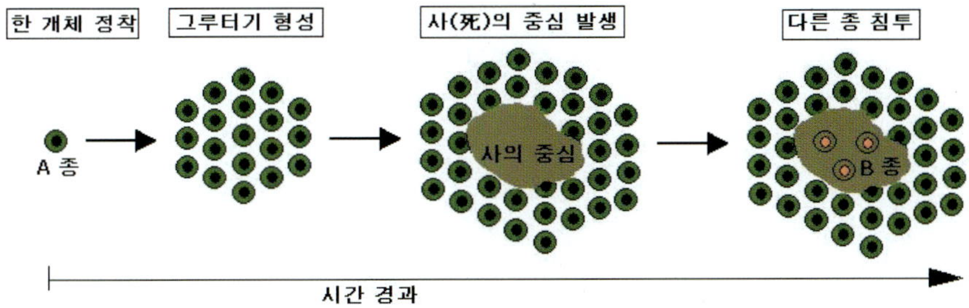

동일 식물종의 개체가 증가하여 밀도가 높은 집단(그루터기) 내에서는 그 종이 소모한 자원이 고갈된 최초 정착입지를 중심으로 죽음의 중심지가 생성되고, 그 속으로 다른 종이 침투함으로써 공간적 모자이크 배분을 하여 함께 살아간다.

인구 밀집의 도시 속에서 물과 녹색의 공간을 적절하게 배치하는 것은 보다 쾌적한 생활환경과 도심의 생물다양성을 유지하기 위한 생태적 방안이다.

생태논쟁 *Topical ECOncern*

남산 위에 저 소나무는 진짜인가

어떤 지역에 있어서 "본래 그대로의 자연"이란 현재 그 지역에 있어서 자연적으로 형성될 기후적·토지적 주인이 되는 자연식생을 의미한다. 한반도의 참된(眞) 자연의

울릉도 내에서 수령 약 350년의 최고령 소나무. 2003년 7월 나리분지에서 발견

모습은 대부분의 지역에서 하록활엽수림(summergreen broad-leaved forests)이며, 난류의 영향을 받는 남부지방과 겨울 기온이 온화한 동해와 서해 지방에서는 비교적 추위에 강한 (耐凍性) 늘푸른 상록활엽수림(evergreen broad-leaved forests)이 발달한다.

꽃이 함박 핀다는 '함박꽃나무'(일명 산목련)는 오래된 한반도 땅을 특징짓는 나무 가운데 하나이다. 우리나라 정원에 일본산 목련과 중국산 자목련 등이 조경용으로 널리 보급되어 있지만, 한반도 고유의 목련인 '함박꽃나무'의 자원적 가치는 매우 높다.

신갈나무, 졸참나무, 굴참나무, 떡갈나무, 갈참나무, 물참나무, 상수리나무 등의 하록 도토리나무 종류와 참가시나무, 붉가시나무, 가시나무, 졸가시나무 등과 같은 상록 도토리나무 종류가 한반도 자연을 대표하는 참나무 종류이다. 우리에게 잘 알려진 오크(oak)는 모든 참나무 종류의 총칭이다. 우리나라 중부지방의 식생 발달을 고려한다면, 하록 도토리나무 종류와 더불어 서어나무, 당단풍, 고로쇠나무, 쪽동백나무, 함박꽃나무, 물푸레나무, 다릅나무, 느릅나무, 까치박달, 철쭉꽃, 진달래, 생강나무, 작살나무, 노린재나무, 단풍취, 대사초, 족도리 등의 700여 종이 어우러져 난다.

그런데 소나무는 이러한 하록활엽수림의 숲에서 살아가지 않는다. 우리나라에서 인공적으로 육림(조림 포함)된 소나무 숲 이외의 모든 자연적인 소나무 숲은 건조하고 척박한 암벽의 산등성이나 과습(過濕)한 하천 삼각주 등의 입지 (생태적 최적 입지환경)에 저절로 살아가고 있다. 소나무 그 자체는 모든 식물종이 살고 싶어 하는 한반도 온대 기후의 기름진 산비탈(생리적 최적 입지환경)에서 수많은 활엽수종들에게 밀리는 경쟁력이 약한 식물이다. 결국, 소나무는 경쟁력은 약하지만 열악한 환경 조건에서 잘 견디면서 살아가는 적응력이 탁월한 식물이다.

남산 위에 철갑을 두른 듯, 소나무가 그 남산의 주인이라면 그것은 일부러 가꾼 소나무 숲일까, 아니면 자연적인 소나무 숲일까? 우리나라의 마을마다 존재하는 남산의 제모습은 소나무 숲일까, 참나무 숲일까? 소나무 숲이라면 토종의 **소나무**일까, 미국산 **리기다소나무**일까? (더욱 상세한 내용은 제8장 참조)

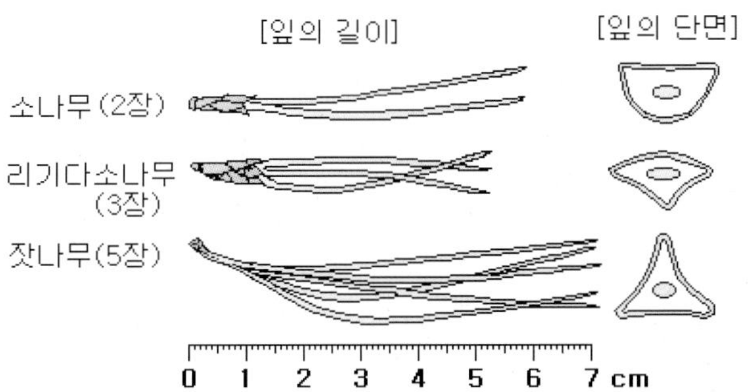

우리나라 숲경이에서 가장 흔하게 보이는 소나무 종류의 구별법: 소나무(*Pinus densiflora*; 일본에서는 赤松이라 부름)는 잎이 두 장 모여난다. 반면에 북미산의 리기다소나무(*P. rigida*)는 잎의 길이도 짧고 3장씩 모여난다. 잎이 5장 모여 나는 잣나무(*P. koraiensis*)는 주로 추운 북부지방에 분포하는 냉온대 북방계 침엽수종이다.

어린 시절 성장 과정에서 자신은 생리적으로 최적 환경에서 성장하였는가, 생태적으로 최적 환경에서 성장하였는가?

자연생태계 속의 모든 생물 종은 생리적으로 자신의 생리에 알맞은 환경을 최적의 서식처로 선택할 것이다. 그러므로 최적의 환경조건에서는 항상 그 속에서의 살아남기 경쟁이 매우 치열하다. 경제적 논리로 살기 좋은 쾌적한 토지는 그만큼 지가(地價)가 비싼 것도 마찬가지이다.

우리는 어릴 때 부모의 정성스런 도움으로 보호받으면서 성장하였다. 만일 부모가 자녀를 위하여 원하는 대로 모든 것을 다 해결해 주었다면, 그것은 생리적 최적 환경 조건을 제공한 셈이다. 그러나 스스로 판단하고 해결할 수 있도록 도와주면서, 항상 어떤 사실의 대안적 특성(alternative)을 고려하여 선택하는 방식으로 훈련된 자녀는 생태적 최적 환경에서 성장한 셈이 된다.

현재의 야생 동물사회나 식물사회는 주어진 환경에서 최선을 다하여 경쟁하면서도 이웃하는 개체들과 공존을 도모하는 개체들의 집단으로 공동체를 형성하고 있다. 경쟁에 밀리는 종은 보다 경쟁이 덜한 열악한 환경 조건의 입지를 선택하여 그 속에서 적응하면서 최고의 활력도(vitality)로 살아간다.

자연교육 어떻게 할 것인가

망원경을 뒤집어 보면 루페(확대경)의 기능을 한다. 나무껍질을 관찰하는 어린이

자연교육은 인간의 녹색갈증을 해소하는 수단으로 성취되며, 그 수단의 개발을 통한 체험적 접근은 자연과 인간의 공존 의미를 자각하게 한다. 따라서 자연교육의 본질은 국민 체조 운동이나 어깨 띠 두르고 쓰레기 줍기 운동과 같은 행사용 대상이 아니라 가정과 학교에서의 실천적 체험 교육에 있다.

인간은 녹색갈증이란 호모사피엔스의 유전적 본성을 가지고 있다. 녹색갈증은 느끼는 사람이 있고 그렇지 못한 사람이 있는 것이 아니라, 누구나 다 가지고 있는 자연에 대한 이끌림으로 유전정보의 발현이다. 사람들이 녹색의 자연을 좋아하고, 화분을 가꾸고, 애완용 동물을 키우는 것은 바로 그런 녹색갈증에 의한 동물행동학적 현상이다. 주위환경이 열악해지면 열악해질수록 인간의 녹색갈증은 커진다. 오늘날 우리나라 메스미디어에서 증가되는 자연 다큐멘터리의 작품 수가 증가한 것은 우리의 주변 환경의 변화와 무관하지 않다.

따라서 환경에 대한 생명의 본질적 감성을 이해하는 것은 다큐멘터리의 본질에 접근하는 최초의 과정이라 할 수 있다. 다큐멘터리는 사전적 정의로 "LAW"로 요약되는데, 교육(Lesson), 훈계(Admonition), 경고(Warning)의 뜻을 내포하고 있다. 따라서 다큐멘터리는 뉴스나 오락물과 달리 인간의 본질적 감성에 의존하는 것이 특징이다. 결국 자연다큐멘터리의 영상물은 자연을 대상으로 하여 사람들에게 자연교육을 하는 가장 강력한 수단임을 알 수 있다.

사람을 만든다는 교육의 목표를 성취하기 위해서는 크게 두 가지 과정으로 구분하여 전략을 개발한다. 교육 내용 그 자체를 개발하는 일과 개발된 내용에 대한 이해와 전달의 효율을 높이기 위한 내용의 가공이다. 교육 재료의 발굴과 진리탐구는 과학자들의 몫이지만, 그 내용의 정확한 이해와 전달은 선생의 몫이다. 선생은 내용을 정확히 파악해야만 과학적 정보와 지식의 전달에서 피교육자의 암기식 학습으로부터의 탈피가 가능하다. 따라서 선생은 정확한 사실을 전달하고 학습의 효과를 높이기 위한 수단과 방법의 개발에 더욱 관심을 가질 필요가 있다. 선생의 역할은 메스미디어에서 활동하는 감독과 다를 바가 없다. 선생의 학습지도안(syllabus)은 감독들의 콘티에 비유될 수 있다. 훌륭한 학습지도안은 지식과 정보에 대한 내용 수록보다는 그 지식과 정보를 어떻게 전달해야 그 목표를 성취할 수 있는가에 대한 수단과 방법에 대한 전략전술이 상세히 기술될 필요가 있다. 마찬가지로 다큐멘터리를 다루는 감독들은 주제 전달을 위한 수단과 방법에 대하여 깊이 고민하고 있는 것이다. 암기하려 하지 않는 피교육자나 시청자들에게 암기식 또는 캠페인식 내용 전달은 무의미하기 때문이다.

도심 속의 공원을 산책하면서 녹색갈증을 해소하고 있는데, 인간의 녹색갈증은 유전적 발로이다. 사람 이외의 야생생물과 공존하는 공원에서의 녹색갈증 해소 효과는 일반적인 조경공원과 상당한 차이를 보여준다.

[도움글] 녹색갈증(biophilia)과 어린이 야외 자연관찰 지도

인간의 발달과정에서 '관찰'이란 태생적 요소 가운데 하나이다. 관찰을 통해서 자신의 주변을 둘러싸고 있는 사물(facts)과 사건(events)에 대하여 생물적 오감각을 이용하여 '인지'하고 '반응'하면서 성장하게 된다. 여기에서 인지와 반응의 수준에 따라 각 개체적 인간들은 각각의 성장 수준이 결정된다. 따라서 그러한 인간의 인지와 반응은 '관찰 학습'이란 총합적 용어를 통해서 효과적으로 조직화되고 발달될 수 있는 것이다.

자연관찰은 관찰 학습의 도구로써 자연의 구성요소(생물과 비생물)와 그 기능을 대상으로 한다. 자연에 대한 관찰은 인간의 태생적 녹색갈증(biophilia, Wilson 1984; 생물갈증, 자연갈증)에서 시작되는 인간의 발달과정에 중요한 수단이다. 동물원의 어린 호랑이 새끼가 어린이를 매혹하는 것도 본능적으로 타고난 녹색갈증, 즉 자연을 좋아하는 인간의 유전적 발로이다. 그렇다면 어떻게 어린이의 야외 자연관찰을 도울 것인지, 그에 대한 지도 교사의 역할을 생각해 보자.

첫째, 너무 많은 교과서적 지식을 제공하거나 가르치려고 하지 말고, 스스로 관찰하여 생각하고 반응하도록 한다. 교정에 서 있는 무궁화 한 그루가 매일 어떻게 살아가고 경험하는지, 자신의 생활과 비교하면서 생각하도록 한다.

둘째, 어린이의 어떤 반응에 대해서도 적극적으로 받아들이고 대응해 주도록 한다. 어린이는 자연으로부터 이상한(!) 느낌을 가지며, 원초적인 질문을 내뱉기도 한다. "거미는 왜 다리가 8개 입니까?", "왜 이 식물의 잎은 동그랗고 저 잎은 바늘 같이 생겼습니까?"와 같이 현재의 생물 외형에 대한 어린이의 질문에 대한 대답은 생물학적 진화에 대한 쉬운 설명을 고안함으로써 가능하다. 과거부터 현재까지 생물종의 생존(살아남기)에 있어서 환경에 대한 가장 유리한 형태가 생존경쟁에서 살아남게 되고, 그렇게 살아남은 개체만이 유전자를 전달할 수 있기 때문이다. 현재의 모습은 과거의 유전정보에 의한 것이며, 지금 우리(어린이)의 모습도 부모로부터 유전정보를 물려받은 형태라는 것이다.

셋째, 어린이의 관심사에 초점을 맞추어져야 하며, 생물 이름의 인지에 연연하지 않도록 한다. 교정의 식물들에 대한 명패에는 식물명과 과명 그리고 원산지 등의 전문가들의 관심사가 기재되어 있는 것을 흔하게 볼 수 있으나, 어린이에게 어떤 학습의 동기도 제공하지 못한다. 대신에 생물체의 형태적, 생태적, 행동적 특징에 주목 하도록 한다.

넷째, 재미있게 체험하도록 하여야 한다. 예를 들어 수목의 줄기 기둥에 청진기를 들이대고 사람의 맥박 소리처럼 수목의 생명 소리를 체험하도록 하면서 그 느낌을 설명하도록 한다.

다섯째, 자연관찰의 대상이나 주제에 대한 장소와 시간의 선택에 주의를 기울인다. 우리나라의 기후 특성을 고려하여 계절에 맞추어서 자연관찰이 이루어지도록 한다.

어린이 시소 놀이를 이용한 나무 목재의 무게에 대한 체험교육. 어린이 체험교육은 재미있게 구상되어야 한다. 따라서 이에 대한 지도 교사의 진지한 탐구가 요구된다.

자연교육은 인간의 손길이 미치지 않는 자연생태계로부터 지독한 인간간섭에 노출되어 있는 도시생태계에 이르기까지 소재 발굴의 유연성이 필요하다. 또한 규모가 큰 자연생태계 또는 자연지역으로부터 한 종의 생물종에 이르기까지 자연교육 소재에 있어서 수준의 다변화가 필요하다. 현재 우리나라의 자연교육 수단으로 이용되고 있는 영상물의 특징은 네 가지로 요약해 볼 수 있다.

첫째, 대부분은 자연이 잘 보전된 지역을 대상으로 하고 있다. 그러나 생태계에는 잘 보전된 원시적인 자연생태계도 있지만, 지구의 한 구성원인 인간간섭에 의하여 유지되는 도시 및 경작지와 같은 인공생태계도 있다. 생명의 삶의 본질은 자연생태계 속에서건 인공생태계 속에서건 동일하다. 점봉산의 울창한 참나무 숲의 원시생태계에서 일어나는 생명의 경쟁과 공존은 종로 거리의 시멘트 블록 틈에 사는 '개미자리-은이끼군집'이라는 식물사회의 그것과 다를 바가 없다. 오히려 잘 보전된 자연지역에 대한 수많은 야생 생물종을 나열시킨 자연교육 영상물은 다큐멘터리의 교육성을 약화시킨다. 그것은 아름다운 화면으로 영상처리하고 배경음악을 삽입한 영상예술작품으로써 강조되기 때문이며, 알려져 있지 않음으로써 잘 보존되어 왔던 야생생물종과 생태계가 그런 영상물에 의하여 자연 파괴의 동기유발이 되기 때문이다.

생명의 얼개, 즉 생명체의 생명환(life cycle, 생활주기, 생활사)과 생활형(life-form), 그리고 생태계를 영상화하는 것은 결코 용이한 일이 아니지만, 구조적

식물원에서 한 여름 뜨거운 땡볕 속을 줄지어 주마간산(走馬看山) 격으로 탐방하는 어린이들. 땀을 뻘뻘 흘리고 있는 어린이들은 자연 탐방교육이라면 짜증스럽고 힘든 것으로 기억할 것이다. 인솔교사의 자연교육에 대한 구상과 목표 성취를 위한 세심한 배려가 요구된다.

이기 보다는 기능적이며 또한 오랜 시간에 걸쳐서 그런 현상들이 관찰되기 때문에 생명 얼개에 대한 지식과 정보에 대한 제작자들의 성실하고 장기적인 접근이 필요하다.

둘째로 자연교육의 소재는 주로 희귀한 것에 집중되어 있다. 이것은 인간의 본능적인 희귀성에 대한 집착에 의존하기 때문이다. 엄격하게 표현하면 지구생태계 속에서 아주 흔한 것은 매우 드물고, 대부분이 희귀하다 것을 인식할 필요가 있다. 예를 들어 우리나라 식물종 4500여종 가운데 흔하게 볼 수 있는 식물종은 10%에 불과하다. 대부분이 수적으로 희귀한 식물종들이다. 희귀한 것이 그 자체의 수가 희귀한 것은 물론이지만, 생물종 각각의 생태가 매우 독특하고 희귀하다. 희귀하면서도 우리에게 익숙한 산삼에 대한 생명이야기, 아주 흔한 참나무들에 대한 생명이야기, 우리를 상징하는 무궁화에 대한 생명이야기, 인간과 함께하는 바퀴벌레에 대한 생명이야기 등등의 영상 교육물도 없다. 맹목적으로 무궁화가 국화니까 사랑해야 한다면, 맹목적으로 어깨 띠 두르고 쓰레기 줍듯이 자연보호를 하는 것과 같다. 결국 자연교육의 소재의 다양성을 추구하기 위해서는 교육을 담당하는 선생들의 인식 수준과 그들의 몫에 달려 있음을 알 수 있다. 자연교육(다큐)은 학생들의

자연교육의 최초 과정은 가족 단위의 체험이기 때문에 부모에 대한 자연교육 능력배양 프로그램이 요구된다.

인기(시청률)를 고려하는 연애오락물이나 드라마가 아니며, 단순히 기관 홍보물도 아니며, 이 시대를 살아가는 우리들의 생명이야기를 다루는 국민 교육이다.

셋째로 많은 교육영상물이 자연생태계의 생명얼개 보다는 흥밋거리를 다루고 있다. 동물공원 울타리에 갇혀 있는 코끼리와 사자를 보는 어린이는 신기한 동물을 보는 즐거움에 길들여지지만, 그 동물의 삶의 얼개를 이해할 수 있는 진한 감동은 받을 수 없다. 광활한 아프리카 초원에서 뛰어 노는 코끼리와 사자를 현장에서 직접 체험하는 어린이는 진한 감동을 받을 수 있을 것이다. 우리 주위에서 쉽게 만날 수 있는 까치의 얼개를 이해하는 어린이는 자연을 사랑하지만, 재미만을 자극하는 동물 영상물을 자주 접한 어린이는 동물을 재미의 대상으로 인식하게 된다. 재미를 추구하는 것은 말초적 향락을 추구하는 시작 # 단계이다. 자연생태계의 얼개, 생물들의 공존과 경쟁의 자연섭리보다는 먹거리와 볼거리에 매달려 인간의 자연약탈 습성을 자극한다. 자연교육은 백년대계 국민 교육의 중요한 위치를 차지하고 있다. 진정한 국민 교육은 영어를 잘하고 천재, 영재 교육을 잘하는 것이 아니라, 한 마리의 지렁이를 손바닥에 올려놓고 지렁이의 몸부림을 설명할 수 있는 어린이 교육이 자연교육의 첫걸음이다. 뜨거운 손바닥의 체온으로 피부가 건조해짐으로써 몸부림치는 지렁이를 관찰하고서 그 생명의 애처로움을 빗댈 수 있는 어린이, 그 어린이가 어른이 된 사회는 진정으로 선진화 의식의 사회요 더 이상의 자연보호 띠를 두르는 캠페인이 필요하지 않는 사회가 될 것이다. 신토불이 자연생태계에 대한 우주성, 생명성, 환경성을 깨닫게 하는 자연교육이 절실하다.

넷째로 자연교육의 주제 및 내용은 일관성이 있어야 하며, 진실성이 뒷받침되어야 한다. 이러한 주제 및 내용의 일관성과 진실성은 선생의 자연교육의 내용에 대한 지식과 정보에 대한 이해 수준에 크게 의존한다. 예를 들면 조선 초기의 역사 드라마의 사극 속에서 1950년대에 귀화해 온 코스모스가 피어 있거나 시멘트 담장이나 전봇대와 같은 현대적 경관이 배경이 되어서는 안 될 것이다. 역사 드라마에 있어서 경관 및 자연환경에 대한 검증은 역사 내용 그 자체의 고증만큼이나 중요하다. 자연교육의 영상물은 그러한 내용 및 배경에 대한 더욱 철두철미한 과학적 검증이 필수적인 분야이다. 어둡고 축축한 바위 틈바구니에 살아가는 생명체를 밝고 쾌적한 흙바닥을 배경으로 하는 그림은 자연 생태의 진실을 왜곡하는 것이다.

자연교육의 최고 수단이 되는 영상물의 가치는 우리의 동물행동학적 녹색갈증이 증가하면 증가할수록 커져간다. 또한 21세기는 제도권 틀 속에서의 폐쇄적 교육시대로부터 디지털 영상의 시대, 정보통신의 시대로 전환됨에 따라 개방적 자연교육의 수단으로 그 가치는 더욱 크다.

토론거리 Topical Q & A

지불할 의사가 있는가? 있다면, 얼마를 지불할 것인가?

녹색갈증은 생활환경의 도시화 및 산업화에 비례하여 증폭한다. 따라서 오늘날 시장경제에서는 그러한 녹색갈증을 해소하고자 하는 사람들의 지불의사로 말미암아 금전적 사업 규모가 급격히 증가하고 있다. 여러분 각자는 아래의 야생생물을 보호하고자 하는 단체의 노력에 얼마나 기여할 의사가 있는지 금전적 지불 정도에 대하여 토론해보자. 야생생물을 보호하고자 하는 많은 시민단체들은 한 끼의 점심 식사비에 해당하는 월회비를 납부해주는 진성 회원을 간절히 바라고 있다. 아래의 새나 식물에 대하여 여러분은 얼마면 사고 싶은지에 대해서도 토론해 보자.

Think globally Act locally

실천 가능한 생명 운동

- 가족과 함께 집 주변에서 관찰되는 잡초 한포기 또는 새들에 대하여 관찰기를 기록해 본다.
- 자신이 살고 있는 마을 공동체 내에서 가능한 공간은 물과 흙으로 노출되도록 하는 데에 관심을 가진다.
- 자연다큐멘터리를 자주 시청한다.
- 야생생물의 입장에서 환경을 살펴본다.
- 반생명적 행위라고 판단되는 것 대하여 충고한다.
- 생명체(특히 애완용)를 기를 때는 그 생명체의 행동양식과 습성에 사전에 학습한다.
- 토론거리 식품에 대하여 관심을 가진다.

생태논쟁 ***Topical ECOncern***

호랑이 복제인가, 호랑이 서식처의 복원인가?

생명복제는 하나의 유전자 세트를 복사하여 재생하는 듯한 본질적으로 무성생식이라 할 수 있다. 그것은 부모 가운데 어느 한 편의 유전자 세트가 그대로 전해지는 것이며, 양쪽 부모로부터 유전자의 반반이 합쳐져 섞이는 유성생식과 완전히 다른 양식이다. 따라서 주변 환경에 맞춰서 살아가야만 하는 생명체는 그 유전자의 다양성이 발전해 가면서 변화해 가는 적응성(fitness)과 자연선택(natural selection)의 논리로부터 해방되어 생물이 아닌 비생물로 취급되고만 것이다.

호랑이는 한반도에서 멸종된 야생생물을 대표하는 것으로, 뿐만 아니라 호랑이를 민족 정서 및 문화와 밀접한 관계를 가지고 있는 것으로 인식되고 있기 때문인지, 엄청난 비용을 들여가면서 호랑이를 복제하려고 하는 시도가 진행되고 있다. 복제 과정에서 오늘날 덜 발달된 복제기술 때문에 더디게 진행될 뿐이지, 호랑이 생명복제는 분명 가능할는지도 모른다. 그러나 그런 일련의 생명복제 기술을 호랑이까지 시도되고 있는 것에 대하여 우리는 생명과 생명복제에 대한 본질적 고뇌가 요구된다. 생명은 우주의 시간과 환경에 지배를 받으면서 변화해 가는 것이며, 그것의 복제라는 것은 특정 시간과 환경의 정지(stop)를 의미하는 것이다.

호랑이 복제의 궁극적인 목표는 무엇인가? 복제된 호랑이를 어디에 살게 할 것이며, 호랑이가 살만한 서식 공간이 한반도에 존재하는가? 즉 생명에 대한 접근은 그 생명의 생명성이 보장받을 수 있는 최소한 조건이 갖추어졌을 때 복제의 궁극적인 목표를 성취할 수 있을 것이다. 마치 인간의 인권이 유린되고 있는 감옥 창살 속의 인간처럼, 복제된 호랑이를 동물원 울타리 속에 가두어 두는 것이 궁극적인 복제의 목표는 아니기 때문이다. 호랑이가 서식 가능한 삶의 무대(서식환경)를 만들어 가는 것이 우선과제이면서도 더욱 본질적인 접근방식이다. 보여주기 위한, 전시하기 위한 호랑이 복제에 드는 많은 시간과 비용을 호랑이의 서식처 복원에 투입해야 하는 것이 현명한 처사이다. 한반도에 호랑이가 살만한 최소 크기의 토지와 그 속의 건전한 자연림, 그리고 그 속의 건전한 먹이사슬이 존재할 때만이 멸종되어 가는 호랑이 복제에 대하여 논의를 시작해봐야 하는 시점에 불과하다.

숲은 다양한 식물종들로 이루어진 식물사회이다. 그 식물사회를 기반으로 곤충을 비롯하여 초식동물, 육식동물 등의 많은 생명들이 의지하여 살아간다. 숲 속의 먹이사슬에서 최고차 포식자(top predator)로 자리 잡는 호랑이가 서식하는 숲은 자연 상태가 온전히 보존된 자연림을 의미한다. 산신각 그림 속에 호랑이 등에 느긋이 올라타고 있는 할아버지(산신령) 모습으로부터 우리 선조들의 자연관을 이해할 수 있으며, 인류문화사적으로도 매우 희귀하며 가치 있는 무형 자산이다.

2 인간은 자연과 어우러질 수 있는가

19세기 건축가 A. 가우디(스페인)는 다음과 같이 말했다. "우아함은 모자람의 자매이며, 그 모자람을 결코 고통으로 혼돈하지 말아야만 한다." 자연의 우아함은 끊임없는 온전함으로 진행된다. 그러나 인간의 우아함은 모자람이 없는 완벽성으로 오해되고 있다.

생명을 부양하는 가장 완벽한 장비는 지구 그 자체이다. 태양으로부터 빛과 열을 제공받고, 일정한 물의 순환이 있고, 땅 위와 땅 속에는 유용 자원이 저장되어 있으며, 온갖 삼라만상의 생물들이 어우러져 생명을 부양하고 있는 것이 지구이다. 우리는 과학과 기술의 경이로움을 경험하면서 태양의 힘과 지구의 자연자원을 이용하여 현대문명을 성취해 왔다. 그러나 자연을 파괴하지 말아야 하는 지혜를 망각하고, 그 결과가 어떻게 될 것이라는 불확실한 미래를 가늠하지도 못한 채, 끝없는 부족함의 굶주림을 채우기 위하여 과학과 기술을 맹목적으로 추종하여 왔다. 인간의 문명적 발달과 자연의 과정에서 그 균형과 조화를 회복하지 못한다면, 분명 인류는 고통의 굴레를 영원히 벗어나지 못할 뿐만 아니라, 인류의 존재 그 자체를 스스로 위협하게 될 지도 모른다.

생태계 서비스의 과소평가

자연계의 변동과 인류활동에 의하여 사용이 불가능한 에너지의 양산으로 인류의 지속가능한 삶의 영속성을 위협하는 지구환경 변화가 초래되고 있다. 인간에 의한 환경오염과 생태계 파괴는 환경재의 특수한 성격과 무한정한 자본증식을 추구하는 대량생산·대량소비의 자본주의의 내재적 법칙에 기인한다.

지구는 끊임없이 변화하는 자연 환경과 그 속에서 많은 생물종들이 탄생과 멸종을 반복하면서 오늘에 이르고 있다. 인간도 그 과정 속에서 출현하여 환경에 적응하면서 한편으로는 문명을 발전시켜 환경에 영향을 주기도 하며 자연과의 조화를 유지해 왔다. 그러나 산업사회 이후의 폭발적인 인구 증가와 집약적인 인간의 활동(경제 성장, 지역 개발, 도시 발달, 과학 기술)은 지구의 자연 환경에 적응하기 보다는 지구 환경의 수용 범위(carrying capacity, 수용능력)를 초과하는 과도한 부하를 계속 가하고 있다. 결과적으로 지구 환경에 여러 가지 변화가 일어나고 있으며, 그 변화로 말미암아 이제 우리의 일상적인 생활에 이르기까지 영향이 미치고 있다.

현재의 지구환경 문제는 지구 자체의 역동적 활동과 지구 위에서 생존해 가는 인간의 환경 간섭에 의하여 발생되고 있는 것이다. 이러한 지구환경 문제는 엔트로피(entropy) 법칙에 따른 사용 불가능한 에너지의 양산으로 인류의 지속가능한 삶의 영속성을 위협하게 된다.

[도움글]	수용 범위 (carrying capacity)

생물 집단(개체군) 내에서는 출생률과 사망률의 관계로부터 인구 (개체군, population) 밀도는 조절될 수 있다. 출생률과 사망률이 일치하여 안정된 밀도를 나타내게 되는 그 시점의 집단의 밀도를 그 집단의 수용범위라 한다. 즉 자원(resources)과 먹이(foods)가 증가하거나 감소하는 경향성이 없이 집단 크기 (population size = capacity)가 일정하게 유지될 수 있는(carrying) 정도를 의미한다. 자원과 먹이란 무한한 것이 아니라 유한한 것이기 때문에 자원과 먹이를 고갈시키거나 감소시키고 나아가서는 쓸모없는 것으로 전락하게 하는 개발은 집단의 크기를 점점 더 축소하게 할 것이다. 그러므로 지구 자연자원의 완전한 고갈은 인류의 파멸을 의미하게 된다. 여기에서 자원(資源)이란 수자원, 식량자원, 지하자원, 토지자원 등처럼 먼저 사용해버리면 소모되어 없어지는 것을 의미하며, 생물학적으로는 생물종의 암컷 모두도 자원에 포함된다(비교, 환경조건 condition 온도, 습도, 바람, 유속 등은 소모되지 않음). 따라서 지구환경 속에서 자원이란 제한적인 요소이며, 수용범위를 결정하는 요소이다. 열역학 법칙에 따라 쓸모없는 에너지가 양산되어 가는 것, 환경학적으로 오염물질이나 쓰레기를 양산하는 것 등은 지구자원의 질적 쇠퇴를 의미한다.

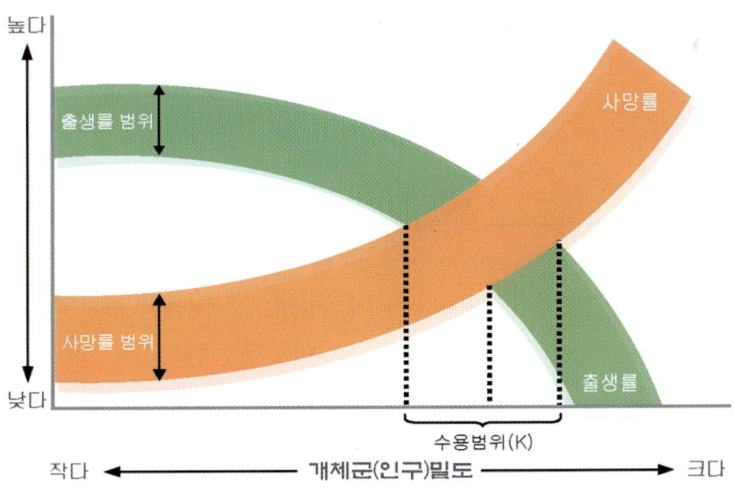

수용범위 이상의 인구밀도에서는 자원이나 식량의 고갈로 말미암아 사망률이 출생률보다 크게 증가하게 된다.

[도움글] 엔트로피 법칙과 환경오염

에너지가 어느 한 상태로부터 다른 상태로 변환될 때에 반드시 모종의 불리한 상황이 부과된다는 엔트로피 법칙은 미래의 어떤 일을 하는 데 '사용 가능한 에너지의 양이 손실'됨을 의미한다. 독일의 물리학자인 Rudolf C.(1868년)에 의해 최초로 창안된 '엔트로피'란 용어는 그 보다 41년 앞서 프랑스의 장교인 Sadi C.에 의해 그 기본원리가 발견되었다. 댐 위의 물이 높은 곳으로부터 아래로 떨어지는 동안 물은 전기를 일으키거나 수차를 돌리거나 또는 다른 종류의 일을 할 수 있다. 그러나 일단 바닥에 떨어져 버린 물은 더 이상 일을 수행할 수 없다. 이들 두 상태를 가리켜 각각 '사용 가능한 에너지', 그리고 '사용 불가능한 에너지'의 상태로 대비할 수 있다. 그러므로 "엔트로피의 증가는 이러한 사용 가능한 에너지의 감소"를 뜻한다. 자연계에서 무슨 일이 일어날 때마다 얼마간의 에너지는 앞으로 사용 불가능한 에너지인 구속에너지(bound energy)로 끝이 난다. 이런 사용 불가능한 에너지의 한 예가 바로 공해(pollution)에 해당된다. 실제로 환경오염이라는 것은 사용 불가능한 에너지 형태로 변환된 사용 가능한 에너지의 총량으로 표현될 수 있다. 따라서 쓰레기라는 것은 분산되어 흩어진 에너지이다. 지구 생태계 내에서 에너지는 창조되거나 소멸될 수 없고, 다만 그 형태가 바뀔 뿐이다(열역학 제 1법칙). 그리고 자연계에서 에너지는 분산된 무질서(disorder) 상태(에너지 수준이 낮은 상태)로의 한 방향으로만 변환이 가능하다(열역학 제 2법칙). '엔트로피'는 닫힌 계에 있어서 에너지 수준의 차이가 없어지는 한 방향으로만 변화를 일으키며, 이러한 상태를 평형(equilibrium) 상태라고 한다. 결국 환경오염은 엔트로피에 대한 또 다른 표현으로 현재 사용 불가능한 에너지에 대한 척도이며, 더 이상 일로 전환될 수 없는 에너지의 양에 대한 척도이다.

지구 자체의 끊임없는 역동성은 인류의 불가항력으로 발생하며, 그런 지구 역동성은 인류의 삶의 터전인 지구환경에 커다란 변화를 초래하게 되는 결정적인 요인이기도 하다. 지구는 지각 내부의 맨틀이 조용하고도 역동적으로 움직이면서 대륙을 이동시키고 지진을 일으키면서 때로는 화산을 폭발시킨다. 화산 폭발에 의해 대량의 탄산가스와 일산화탄소, 질소가스, 수소가스 등과 함께 화산재도 동시에 분출하게 됨으로써 대기 온도에 지대한 영향을 미친다. 예를 들면 멕시코의 엘치촌 화산의 화산재는 약 27,000m 상공에까지 퍼졌으며, 그 구름의 두께가 약 3,000m나 되어 태양 광선을 차단함으로써 지구 전체의 온도가 평균 섭씨 0.6도 정도 하강하였으며 지역에 따라 섭씨 6도 차로 오르내리는 열파(heat-wave: 기온이 섭씨 40도 전후로 상승하는 무더운 현상)와 한발의 가능성이 보고 된 바가 있었다.

그러나 지구에서의 인류 출현으로부터 인류 또한 지구환경에 지대한 변화를 초래하게 하는 요인으로 작용하고 있으며, 그 변화의 속도는 인류의 문명 활동으로 지구 생태계의 발달과 변화 속도의 범위를 훨씬 초월하는 속도로 진행되고 가속화되고 있다.

[도움글]	생태계 (ecosystem)

일정한 경계영역으로 나타낼 수 있는 공간적으로 명백한 단위인 생태계는 물질과 에너지의 끊임없는 순환과 출입이 일어나는 역동적인 계로서 개방계(open system)이다. 어떤 영역 내에서의 비생물적(abiotic) 요소와 생물적(biotic) 요소 간의 상호작용으로 이루어지는 복합과정이며, 우리가 환경이라 부르는 것을 형성하고 있는 물리적 요소 (기후, 지형, 지질, 토양 등)와 그 속에 살아가는 생물군집의 복합체(the whole complex system)이다.

생물적 요소들간의 상호관계는 포식, 경쟁, 기생, 공생 등의 생태적과정(ecological process)으로 이루어지며, 비생물적 요소는 기후, 지형, 지질, 지리 등의 환경 조건들로 구성된다. 유전자 및 생물종에 대한 분류 체계상에서 개체군과 종 (種)은 기본단위라면, 생태계는 지구환경의 기본 단위이다. 생태계는 그 발달 기원과 에너지 원천에 따라 크게 자연생태계와 인공생태계로 구분하기도 한다. 자연생태계는 태양광과 같은 자연 에너지에 의존하면서 유지하는 생태계이며, 인공생태계는 전적으로 화석연료와 인력 등의 인위적인 에너지 투입에 의하여 유지되는 생태계이다. 반자연생태계는 태양광의 에너지에 의존하면서도 인간의 품앗이나 비료 투입과 같이 인공적인 에너지 투입에 의해서 유지되는 생태계이다. 농업이 여기에 해당한다.

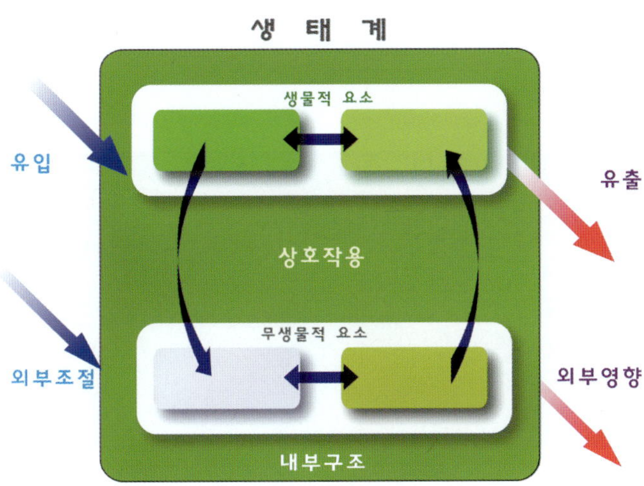

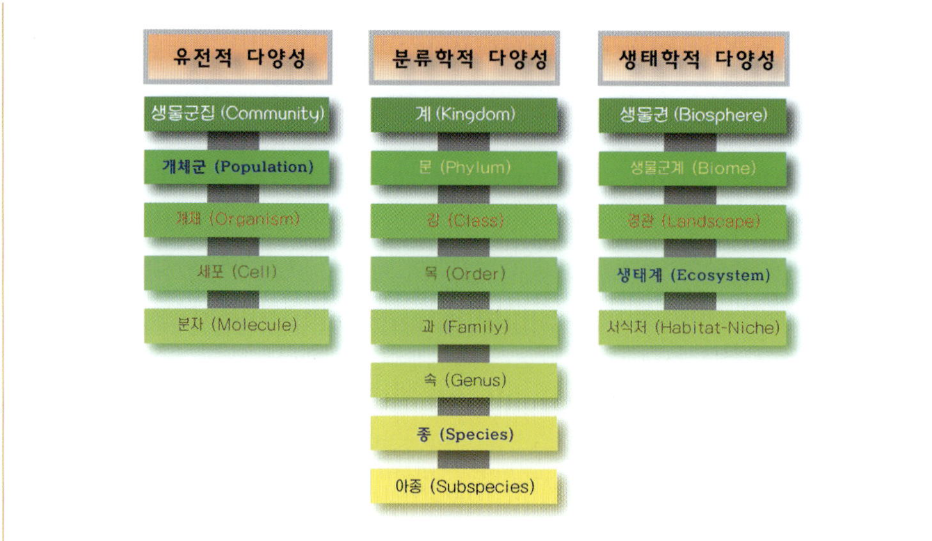

본래 인류의 조상은 자연계에서 매우 불쌍하고 힘없는 존재였음에 틀림없다. 원시 인류는 식물을 채집하거나 작은 동물을 사냥하거나 또는 맹수가 먹고 남긴 동물 시체의 찌꺼기를 먹으면서 두려움에 떨면서 그날그날을 연명해#갔을 지도 모른다. 나약하고 가련했던 인류의 조상이 거친 자연 환경과 주변의 사나운 맹수들의 공격을 이겨내면서 살아남고, 더 나아가 마침내는 이 지구상의 모든 만물을 지배할 수 있는 위치에 이르게 되었다.

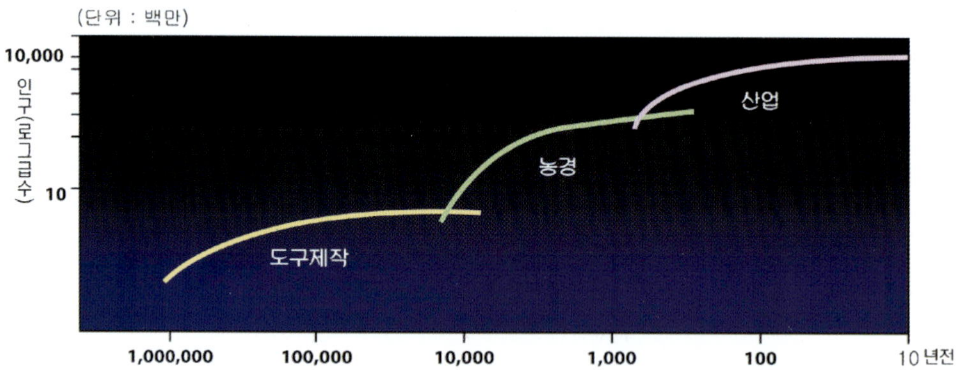

인류사회의 발전 단계와 인구증가는 인류 사회의 3대 기술혁명(technological revolution)과 일치하고 있다: 도구사용, 정착 농경의 발달, 그리고 18세기의 산업혁명 등과 같은 인류문화사적 기술혁명의 발달은 인류사회에 대하여 기능적으로 그리고 구조적으로 지대한 변화를 야기하였으며, 마침내 지구 생태계에 대한 인구 수용범위의 한계에 근접함으로써 난해한 새로운 과제를 양산하고 있는 것이다.

인류가 불을 이용하고 토기를 굽기 시작한 원시 정착 농경시대에 연료 획득을 위한 삼림 벌채는 자연생태계에 대한 보다 적극적인 간섭으로 작용하기 시작하였다. 철기 시대의 인간 활동은 삼림을 더욱 파괴시켰다. 철을 생산하기 위하여 대량의 목탄이 필요하였으며, 철로 만들어진 도끼로 점점 더 많은 나무를 벌채하게 되었다. 석탄과 석유를 사용하는 화석연료시대에는 직접적인 삼림의 감소 현상은 일어나지 않았으나, 폭발적인 인구 증가로 그 식량 공급을 위해 농지 면적의 확대가 필요하여 보다 신속하고 간단한 방법인 화전농업이 성행하게 된다. 원시림을 태운 뒤 그 곳에 씨를 뿌리는 화전농업은 대규모 삼림면적의 감소를 초래하였다. 상업적으로 대량의 우유와 고기를 획득하기 위해 방목하는 가축은 초원의 뿌리까지 먹어치워 버림으로써 토양의 침식과 바람에 의한 토사의 이동이 발생하게 된다. 이것은 사막화로 진행되는 현상으로 흙·모래의 흙비 또는 황사현상을 발생시키는 근본 원인이기도 하다. 이와 같이 인류 사회는 자연환경에 대한 일방적이면서도 소모적인 이용 패턴으로부터 지속가능한 개발과 건전한 이용을 통한 매개기능과 생산기능의 균형을 성취하여야 하는 대명제를 자각하지 못하고 있다. 이것은 인구가 과도하게 밀집한 거대 도시가 주변의 자연지역이나 농촌 지역과의 매개기능 및 생산기능의 불균형으로 발달한 현대 인류문화의 산물이며, 따라서 자연환경 변화 또는 재해에 매우 취약한 모습을 보여주고 있는 도시생태계로부터도 이해할 수 있다.

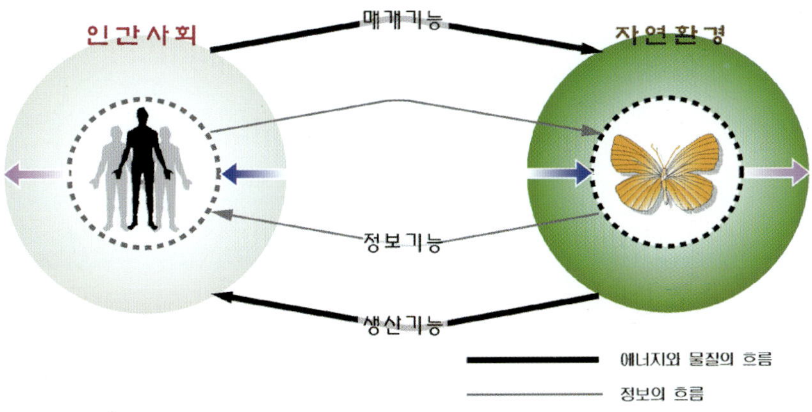

물질과 에너지, 그리고 정보 흐름을 고려한 자연환경과 인류 사회의 상호관계. 인간은 자연환경으로부터 생산된 **생태계서비스**(생산기능)의 혜택을 누리면서도 자연환경에 대한 지속적인 간섭(매개기능)을 행하고 있다. 인간사회는 보다 양질의 생태계서비스를 지속적으로 확보하기 위하여 지구 자연환경을 교란하는 간섭 행위의 절제와 건전한 이용을 추구하여야 한다.

21세기를 맞이하여 인류가 해결해야 할 지구 자연환경 변화에 대한 권역별 주요 과제는 다음과 같이 요약된다:

- 수권(hydrosphere)의 변화 — 인간의 다양한 활동으로 이용 가능한 수자원의 양이 줄고 동시에 각종 오염으로부터의 수자원의 질적 저하,
- 지권(lithosphere) 및 토양권(pedosphere)의 변화 — 무차별적인 삼림파괴와 과도한 방목, 경작지의 부적절한 관리, 그리고 토지의 매립과 굴취 등으로 인한 토질 저하와 사막화 현상 등,
- 기권(atmosphere)의 변화 — 산업 및 도시, 그리고 농촌에서의 인간 활동으로 방출되는 이산화탄소, 메탄 등의 대기 농도증가로 온실 효과에 의한 지구온난화 현상과 인공 합성 화학물인 염화불화탄소에 의한 오존층 파괴 현상 등,
- 생물권(biosphere) 변화 — 지역 개발사업에 따른 서식처 조각화(fragmentation, 파편화)에 의한 생물다양성 감소 현상, 각종 환경독성물질(환경호르몬)에 의한 생물종의 생명력과 활력도 쇠퇴, 그리고 외래종 유입에 의한 생태계의 질적 쇠퇴 현상 등.

인간은 인류의 복지 증진을 위해 필요로 하는 무수히 많은 인공적 또는 자연적 재화(goods) 및 용역(service)을 생산·교환·소비를 통해 효율적으로 이용하고자 하는 경제활동을 한다. 이러한 인류의 복지증진이라는 경제활동의 궁극적인 목표가 오히려 과도한 경제활동으로 말미암아 인류의 삶의 터전으로서의 지구환경의 잠재성을 쇠퇴시킨다면 그러한 경제활동은 당장 재고되어야 할 것이다. 뿐만 아니라 막대한 군사비용 가운데 극히 적은 금액으로도 지구환경 및 생태계 보전에 지대한 공헌이 될 수 있다는 것을 인식할 필요가 있다.

서기 2000년에 있어서 전 세계 군사비 지출 비용은 생태계안전성(ecosystem security: 생물다양성보전과 토양유실보전) 유지를 위한 비용의 약 24배를 지불하고 있다.

지구의 자연환경은 경제활동에 대하여 자원의 공급, 폐기물의 자정작용, 쾌적성의 공급 등의 기능을 제공하며 감당하고 있다. 이러한 기능들은 상호의존적으로 서로 밀접한 상관관계를 가지고 작용하기 때문에 환경파괴 또는 환경오염은 즉각적인 경제적 손실을 발생하게 한다. 경제학에서는 "생물이 존재하고 발전해 나가는 방식에 영향을 미치는 자연적인 외부 조건 및 작용을 통틀어 환경계(environmental system)"라 일컫는다(신, 1992). 환경계는 경제 활동에 제공되는 기능을 가능케 하는 근원이며, 환경오염과 관련이 깊으면서 생태계서비스(ecosystem services)로 알려져 있는 대기, 물, 토양, 희귀생물종, 자연환경의 쾌적성(amenity) 등의 환경재(環境財, 또는 공공자산자원 common property resources)로 구성된다. 그러므로 환경재는 간접적 가치로써의 공익 재화(public goods)와 직접적 가치로써의 개인 재화(private goods)로 기여하고 있다.

[도움글] 비사용 가치(non-use value)와 생태계서비스(ecosystem services)

생태경제학(ecological economics, 환경경제학 environmental economics)의 주된 목표는 생물다양성을 포함한 지구 생태계의 구성요소에 대한 기치를 매기는 방법을 개발하는 것이다(Primack, 1996). 지구생태계 구성요소의 가치는 직접적 가치(경제학에서 개인재화, private goods)와 간접적 가치(경제학에서 공공재화, public goods)로 구분하고 있다(McNeely *et al.*, 1990). 직접적 가치는 일부 지역적으로 소비되는 소비적 사용가치(consumptive use value)와 시장에서 팔리는 생산적 사용가치(productive use value)를 의미한다. 지금까지 우리가 인식하고 있는 모든 가치는 이와 같은 직접적 가치로서 제한적으로 고려해 왔다. 그러나 지구생태계의 구성요소는 오염에 대한 자정작용과 같은 환경적 과정과 쾌적한 공기를 공급하는 녹색의 식물사회의 기능과 같은 생태계서비스에 보다 큰 가치가 있다. 그러한 환경적 과정과 생태계서비스와 같은 지구생태계 구성요소는 인간의 지속가능한 삶을 보장하는 기반으로서 직접 사용하지 않으면서 소비하지도 않는 비사용의 가치가 훨씬 더 크다. 지구생태계 구성요소의 비사용의 가치, 즉 생태계서비스 기능은 다음과 같이 여덟 가지로 요약된다:

- 생태계 생산성 — 태양에너지를 포집하는 녹색식물의 광합성 능력
- 수자원과 토양자원의 보호 — 가뭄, 홍수, 수질 등을 완충하고 보전
- 기후조절 — 식생의 지구 기후 조절 능력
- 쓰레기 처리 — 생물체 (특히 분해자)의 오염물질의 분해와 처리 능력
- 생물종간의 관계 — 인류의 식량자원을 제공하고 야생생물종 간의 먹이 제공
- 휴양과 생태관광(ecotourism) — 자연의 쾌적성에 따른 휴양과 생태 체험관광
- 교육적 과학적 가치 — 교육과 오락을 위한 도서출판, TV 프로그램 및 영화 소재
- 자연환경 감시 기능 — 생물종을 이용한 자연환경에 대한 조기경보시스템

환경재라고 하는 인류 공동의 자연자산은 금전적 가치(monetary value)가 아니라 존재하는 그 자체로서의 가치가 있다. 예를 들면, 꽃 한 송이의 해바라기는 상품 가치가 일천원 남짓하지만, 수십, 수백억 원에 경매되는 화가 빈센트 반 고호의 그림에 재료가 된 한 송이'해바라기'의 비사용가치(non-use value)가 훨씬 크다. 하나의 식물종이 들판에 존재함으로써 가능한 이러한 가치를 문화적 가치 또는 심미적 가치라고 하며, 존재의 가치(existence value)라고도 한다. 지구 생태계를 구성하고 있는 자연의 존재, 그 자체의 문화적 · 심미적 가치는 물질적 가치로만 평가할 수 없는 존재의 가치가 훨씬 크다. 환경계는 일반적인 경제활동과 관련해서 다음과 같은 특성을 가지고 있다(신, 1995):

- 비가역성 — 생물학적 종의 멸종이나 대규모 개발 사업으로 인한 생태계의 파괴 등과 같이, 선택이 한번 이루어진 후에는 그 본래의 구조와 기능으로의 원상회복이 거의 불가능하며,
- 비대칭성 — 일반적으로 기술진보는 재화 및 서비스에 대한 생산 능력을 증가시키지만, 환경계가 제공하는 기능, 즉 환경재의 공급은 감소하며,
- 불확실성 — 새로 개발된 물질이 개발 당시에는 상당히 유용한 물질로 찬사를 받지만, 이들의 장기적 사용이 환경계에 어떤 영향을 미칠지 예측이 불가능하다. 예를 들면, 플라스틱이나 프레온가스, DDT 등의 물질도 개발 당시와는 달리, 이들의 장기적 사용이 환경호르몬과 같이 인간과 환경계에 미친 해악은 막대하다. 뿐만 아니라 미개발 자원이나 이미 개발된 자원이라도 미래에 더 높은 가치를 가질 수 있는 불확실성, 환경재에 대한 미래 수요를 결정지을 미래의 사회적 요인들에 대한 불확실성 등이 있다.

산업혁명은 인류 자신도 예측할 수 없는 불확실성의 미래를 경험하게 하는 계기를 제공하였다. 대규모 기계공업화로 발전한 산업혁명은 생산력의 급속한 증가를 통해 물질적 풍요를 가능하게 함으로써 나약하고 빈곤한 존재였던 인류로 하여금 자연의 지배자로 변신하는 계기가 되었다. 그로부터 200여 년 동안 인류는 지구환경의 토대인 자연자원에 대한 집약적이고도 소모적인 이용만을 추구해 옴으로써 건전한 지구생태계의 구조와 기능이 교란되어 마침내 인류의 생존 자체가 위협받게 되었다. 결국 환경과 경제는 불가분의 관계에 있으며, 지속적인 경제활동을 위해서라도 환경적으로 건전하고 지속가능한 지구 자연환경의 이용과 적절한 보전이 필요한 것이다.

소나무에 벼슬을 부여하는 선조들의 지혜로부터 정이품송의 존재의 가치가 시장가치를 훨씬 초과한다는 사실을 알 수 있다.

토론거리 *Topical Q & A*

자본주의는 환경을 파괴할 수밖에 없는 것일까?

자연을 구성하고 있는 모든 사물에 대한 현실적 가치인 금전적 가치와 존재의 가치에는 본질적 차이가 존재한다. 자신이 가지고 있는 개인사물 가운데 가장 소중히 여기는 물건이 있다면, 그 물건을 구입하기 위해서는 얼마의 비용을 지불했을 것이다. 그것의 시장가격의 금전적 가치만큼만 그 물건을 소중히 여기는지, 아니면 그 가격 이상으로 그 물건에 대해 가치를 부여하고 있는 지에 대하여 토론해 본다. 오늘날 자본주의의 시장 가격 만으로의 지구 자연자원에 대한 가치 평가는 각종 환경요소를 계속 교란할 수밖에 없을 것이다.

도산서원의 상징인 회화나무는 묘목시장에서의 값은 얼마이며, 1000원 화폐 속에 나타난 본질적 존재의 가치는 얼마인가? 도산서원의 상징 식물체(깃대종)는 '선비의 나무'라 일컬어지는 회화나무라는 민속적 나무이다. 천원 화폐 속의 풍성하게 그려져 있는 회화나무는 그 존재가치를 인정받지 못한 채 내버려져 있었으나, 지금은 베어져 버렸다. 도산서원에 대한 회화나무는 생물종의 의미가 사라지고 만 것이다.

잘려나가기 직전의 회화나무는 꽃상여처럼 능소화와 담쟁이로 화려하게 치장되어 있다.

BANK 글씨 아래 원 속에는 거대한 회화나무가 그려져 있다. 도산서원의 상징인 깃대종(flagship species)이었던 것이다. 그 자리에 회화나무를 다시 재현하는 것은 도산서원을 도산서원의 진정한 원형으로 보존하는 것이다.

일반적으로 회화나무는 중국산이며 우리나라는 부락근처에 심는 것으로 알려져 있으나, 사진(대구 신천 용두골)에서처럼 구유로(舊流路, 과거에 하천이 흘렀던 곳)의 퇴적암 하식애(河蝕崖, 하천 침식 절벽)에 드물게 자생한다. 그러니까 회화나무는 중국 나무가 아니라 우리나라를 포함한 동북아 온대지역에 자생하는 식물종이다.

문명의 발달은 자연에 대한 약탈인가

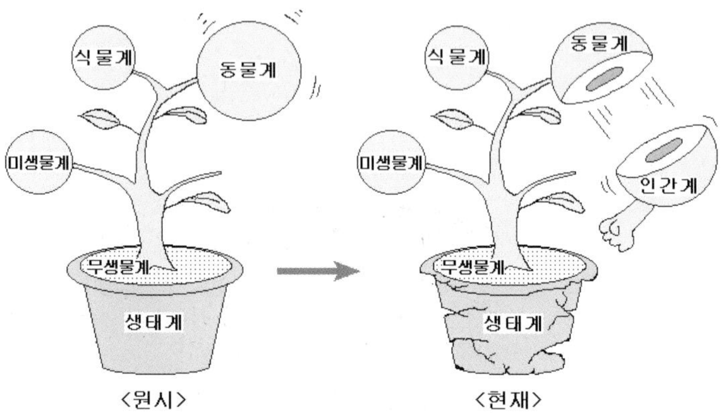

인류는 고대 문명 시대로부터 중세, 근대 그리고 현대 기술 문명에 이르기까지 삼림황폐화와 환경오염 물질의 대량 배출로 인하여 자연으로부터의 예측 불가능한 환경 대재해를 경험하기 시작한다.

고대 인류의 문명은 불의 사용으로부터 시작된다. 인간이 불을 처음 사용한 것은 30만 년 전의 피테칸트롭프스(*Pithecanthropus*)의 원시인류에 의해서였다. 처음에는 화산 또는 산불 등과 같은 자연계의 불씨를 이용하였을 것이다. 불로 음식물을 구우며 따뜻함과 불빛을 얻을 수 있음을 자각한 인류는 불을 만들 방법을 고안하고 불을 보존하고 끄고 운반하는 기술로 발전시켰다. 이것은 에너지의 생성과 제어의 기술로 그 후 위대한 인류 문화의 역사를 여는 가장 중요한 첫걸음이었으며, 자연환경에 미치는 인류의 본격적이고도 적극적인 간섭(human impact)이라 할 수 있다.

기원전 3,000년 경 티그리스 강, 유프라테스 강 하류 지역에는 수메르 도시문명이라고 하는 메소포타미아 문명이 번성하였다. 그러나 시가지는 도시 계획이 전혀 수립되어 있지 않고, 쓰레기가 좁은 도로에 그대로 방치되었다. 도시 속에 산적하는 오물을 피하여 주택과 주거지는 점점 높은 곳으로 이동함으로써 결국 도시 전체가 쓰레기에 의해 점점 솟아오르게 되는 셈이었다. 신이 머무르는 성스러운 산

가장 높은 곳에 자리하고 있는 교회나 수도원을 중심으로 발달한 중세의 도시는 고대 도시 발달의 잔영이라 할 수 있다.

에 조금이라도 가까이 가기 위하여 높이 오르고 싶은 그들의 사상과 일맥상통한 점이 있으나, 위생적이지 못한 도시 환경으로 도시는 황폐화되고 주변의 자연지역 또한 점점 파괴되어 사막화가 되고 말았다. 시가지의 불결함에도 불구하고 개인의 집안은 청결하였으며, 궁전유적지에서는 배수 설비를 가진 세계에서 가장 오래된 의자식 수세식 변소의 하수 처리시설이 발견될 정도이다. 변소와 욕실의 배수는 직배관을 통해 도로변에 있는 벽돌로 된 매설 본관에 연결되고 본관의 중요한 접합부에는 청소와 점검이 되도록 맨홀까지 설치해 두었다. 거대한 물구덩이를 지하에 파두고서 오폐수가 흘러들도록 하였으며 일부는 하천으로 흘러갔다. 이러한 생활 방식은 오늘날의 현대 도시와도 같은 환경적 구조체이라기 보다는 '지하의 죽은 자에 물을 보낸다'라는 그들의 사상에서 비롯된 것으로 추측되고 있다.

인더스 강 유역에는 기원전 2,500년경부터 청동기와 문자를 사용한 문명이 생겨났다. 인더스 문명은 잘 정돈된 도시와 완비된 위생설비의 유적으로 유명하다. 급수시설, 욕실, 좌변수세식 변소, 집집마다에서 나오는 오수는 직립형의 토관(土管)을 통해 도로에 매설된 본관으로 배출되었고, 침전 오니(汚泥)는 시 당국에 의해 정기적으로 회수되어졌다. 쓰레기는 집 내부에서 투각 방식으로 외벽에 붙어 있는 쓰레기통에 떨어져 시의 청소담당자에 의해 정기적으로 수집해 가도록 하였다. 그러나 아리아인의 침입(기원 전 1,500년경)과 벽돌 제조로 인한 삼림의 소실, 거듭되는 홍수 등에 의하여 인더스 문명의 쇠퇴가 급속히 진행되었다. 이로 말미암아 인더스# 문명의 훌륭한 도시 계획과 한층 진보된 환경 시스템은 후세에 전달되지 못하였다.

중국 동부의 만리장성 지역은 온대림이 발달하는 곳이지만, 잔존하는 숲은 매우 제한적인 면적에 남아 있으며, 심한 토양 침식이 발생하였다.

나일 강 유역의 이집트 문명은 여타 문명에 비하여 환경적으로 뒤쳐진 문명으로 알려져 있다. 도시는 무계획적이며 벽돌, 목재, 짚 등으로 만들어진 작은 집들이 어수선하게 즐비해 있었으며, 쓰레기 투기 및 공중배설 장소는 가까운 공터나 노상이었다. 시민은 전염병의 병원균을 옮기는 쥐와 벼룩으로 인한 불결한 도시환경에 노출되어 있었다. 금속 제련을 위하여 삼림이 대량으로 파괴되었으며 가축에 의한 과도한 방목으로 토지가 황폐해져 이집트 문명의 지속가능성은 점점 상실하여 마침내 소멸되고 말았다.

중국의 황허(黃河) 문명의 쇠퇴는 강 유역의 삼림황폐화에 기인한 자연자원의 고갈에 의한 것으로 알려져 있다. 황허강 유역에는 수령 2,000여 년의 느티나무 화석이 발견되었으나, 오늘날에는 한 그루의 느티나무도 관찰되고 있지 않다. 2,000여 년 동안이나 지속되었던 만리장성 축조는 그 주변 일대의 삼림을 피폐화하고 말았다.

따라서 고대 문명은 비위생적인 도시환경, 자연자원의 고갈로 인하여 쇠퇴되었으며, 4대 문명 발상지는 그 토지의 잠재력을 상실함으로써 비생물적(非生物的) 환경으로 전락하고 만 것이다.

한편, 도르래와 기중기, 나선 스크루, 프레스와 펌프 등 독자적인 철기문화를 쌓아올린 그리스 문화는 아테네와 같은 상업도시의 발달과 더불어 도시 생활환경이

소나무와 올리브로 이루어진 척박한 바위산에서 지금도 방목이 이루어지고 있다

매우 불결했던 것으로 알려져 있다. 도시의 하수도 설비와 쓰레기 처리는 전혀 이루어지지 않았다. 그 가운데에서 의사 히포크라테스는 위생 환경문제에 관심을 가진 선구적인 인물이었다. 그리스의 철기문화의 발달은 삼림을 소멸시키고 척박한 국토에는 소나무와 올리브 정도가 겨우 생육하는 바위산으로 전락하고 그 생태계는 크게 피폐화되고 말았다.

파르테논 신전을 축조한 예술적인 그리스인에 비하여 로마인들은 기술자들로서 각종 환경시설을 체계적으로 구축하였다. 시멘트와 아치 공법을 이용하여 하수도와 관개용 운하를 축조하고, 세면장, 욕실, 수세식의 공중변소를 보급하였으며, 도로에 쓰레기를 버리는 것을 금지하고 정기적인 물청소를 제도화하였다. 그러나 도시 인구집중에 따른 환경용량의 초과로 말미암아 로마는 서서히 슬럼화가 진행되고 로마시의 대화재와 부유 계층의 귀금속으로 만들어진 수도관, 식기에 의한 납중독으로 인해 생식능력 상실, 연쇄적인 토양의 피폐화, 기후의 건조화, 정치의 경직화 등으로 붕괴하고 말았다. 그러나 중세로 이어지는 후세에 비로소 수차, 하수도 등은 전래되기도 하였다.

르네상스 또는 콜럼버스의 북미대륙 발견까지 약 1,000년간의 중세 도시는 남겨진 로마 유산 위에 발전하였다. 외적의 침입을 막기 위하여 성이 축조되고, 성내에는 인구 과밀이 초래되었다. 성을 중심으로 한 도시의 발달이 급속히 진행되면서 농촌 인구의 성내 유입으로 성내의 생활환경은 극도로 열악하였다. 피혁, 염색, 인쇄업과 고기가게와 생선가게로부터 나오는 폐기물, 그리고 성내에서 기르는 가축의 분뇨와 사체 등이 주변 하천에 넘쳐흘렀다. 이미 쓰레기 투각 방지를 위한 벌금 제도가 있었으나 효과를 거두지 못하였으며, 18세기에 이르기까지 중세 도시의 환경은 극도로 불결함으로써 흑사병이 반복하여 발생하기에 이르렀다.

중세 유럽 사람들에게는 삼림이 식량 및 에너지의 원천이었으나, 끊임없는 개간과 전쟁물자 조달을 위한 공업의 발달 등에 의해 삼림은 급속히 소실되었다. 유럽에서의 처녀림(virgin forests)을 관찰하기가 매우 어려운 오늘날의 경관도 결정적으로 중세의 삼림황폐화에서부터 기인한다. 한편 르네상스, 제국주의 확산, 대항해(大航海), 종교개혁 등이 유럽 근대 문화의 계기가 되었고, 아담스미스 등의 자유주의 경제의 흐름이 산업혁명으로 이어졌다. 근세의 유럽은 중세 이후의 지속된 불결한 도시환경을 개선하지 못했다. 근세 유럽은 진성 콜레라가 크게 유행하게 된 이후에야 겨우 하수도에 대한 인식이 고조되었을 정도였다.

근대 산업혁명은 고대까지의 원시적이고 일차적인 환경오염원에 의한 생활환경의 쇠퇴와는 달리 새로운 환경문제를 야기하게 하는 역사적 사건으로 기록된다. 대규모 생산과 소비를 기본으로 하는 자본주의가 태동함으로써 대규모 산업 활동에 의한 석탄연소 연기와 같은 환경오염 물질의 대량 양산이 발생하기에 이르렀다. 산업 폐기 물질의 광역성(廣域性) 및 시차성에 의한 환경문제는 시공간의 제한을 받지 않고 광범위하게 걸쳐서 사회적 및 국가적 문제로 대두되었다.

예를 들면, 벨기에 뮤즈계곡 일대의 마을에서 발생한 대기오염 사건(1930)은 60명 이상을 사망하게 한 최초의 환경오염 사건으로 기록되고 있다. 그로부터 약 20년이 지난 1952년에는 영국 런던에서 치명적인 스모그현상이 발생하여 1,500여명이 사망하였다. 이러한 사건들은 산업혁명 기간 동안 고갈된 목재연료 대신 석탄을 에너지원으로 사용함으로써 정제되지 않은 채 석탄연소 연기가 대기 중에 배출되어 황산안개(sulfuric acid mist)가 발생하게 되어 수많은 시민의 생명을 앗아가고 막대한 경제적 손실을 입게 한 최초의 환경재앙으로 기록되고 말았다. 그러나 이러한 스모그현상(대기 온도의 역전현상에 의하여 대기오염물질은 확산되지 않고 지상부 가까이 집적되어 광스모그 현상이 발생한다)은 오늘날 인구가 밀집한 대도시에서 자동차 매연 등의 또 다른 대기오염의 원인에 의하여 계속적으로 빈번하게 발생되고 있는 실정이다.

결국 인류는 고대 문명 시대로부터 중세, 근대, 그리고 오늘날에 이르기까지 끊임없는 삼림황폐화와 환경 오염물질의 대량 배출에 의하여 복잡한 자연메커니즘으로부터의 예측 불가능한 환경 대재해를 경험하고 있는 것이다. 그 대표적인 사례 가운데 하나는 바로 오늘날 우리가 경험하고 있는 급격한 지구기후변화이다.

토론거리 *Topical Q & A*

토지에 대한 생태적 지속가능성의 상실이 고대 문명발상지의 쇠퇴에 대한 주요 원인으로 설명될 수 있는가?

오늘날, 고대 문명발상지로 인식되고 있는 황하문명, 인도문명, 메소포타미아문명, 이집트 문명 등의 네 곳은 문명 그 자체뿐만 아니라 환경마저도 온전하게 유지되는 곳은 드물다. 4대 문명발상지는 대부분 비생물적 환경, 수자원의 부족, 사막의 확대, 심지어는 식량 부족 등과 같이 환경적으로 그리고 생태적으로 피폐화된 지역으로 전락해 있다. 문명의 지속성은 그 문명이 발달하게 된 환경적 토대도 지속적으로 유지되어야 가능하다. 자연자원에 대한 지속가능한 이용이 아닌 소모적 이용은 문명의 지속가능성을 보장할 수 없다. 오늘날 현대 산업문명이 발달한 4대 지역은 중부유럽, 북미, 동북아 환동해 지역, 그리고 호주 남동부 지역 등으로 모두 온대지역에 위치하고 있다. 이러한 현대 산업문명 지역은 온대지역의 삼림자원, 즉 온대림(溫帶林. temperate forests)에 대한 일차적 훼손이라기보다는 산업 활동으로부터 발생되는 환경오염 물질에 의한 이차적 훼손으로부터 질적 쇠퇴가 일어나고 있다. 따라서 현대 산업문명 지역은 고대문명 지역의 종말적 쇠퇴를 반복하지 않기 위해서는 궁극적으로 토지에 대한 지속가능성과 잠재성을 보존해가면서 이용되어야 한다.

존재의 가치: 화가 고호의 해바라기와 퇴계 선생의 지팡이 청려장

모든 자연은 금전적 가치(monetary value)가 아니라 존재하는 그 자체로서의 가치가 있다. 꽃 한 송이의 상품 가치가 일천 원 남짓한 해바라기는 수십, 수백억 원에 경매되는 화가 고호의 그림에 재료가 되는 '해바라기'의 비사용가치(非使用價値, non-use value)가 훨씬 크다. 이와 같이 하나의 식물종이 들판에 존재함으로써 가능한 그런 가치를 문화적 가치 또는 심미적 가치라고 하며, 존재의 가치(existence value)라고도 한다.

북미 원산의 해바라기

쓰레기터 식물군락을 대표하는 잡초로 좀명아주, 취명아주, 청명아주, 그냥 명아주 등 많은 명아주 종류가 있다. 도시나 농촌 부락근처에서 연탄재와 쓰레기가 쌓인 곳에는 '좀명아주'가, 모래자갈이 섞인 강바닥에 질소와 인의 부영양화 환경에서는 '명아주'가 산다. 명아주 종류는 모두 일년생 잡초이면서도 그 성장이 매우 빨라 속이 꽉 차 있지 않다. 그래서 식물체가 가벼운 것이 특징이다. 특히 명아주는 키가 3m까지 성장하는 대형 잡초로 키가 작은 나무처럼 보인다. 퇴계 이황 선생은 이 명아주를 청려장(靑藜杖)으로 즐겨 애용하였다. 퇴계 선생은 쓰레기터에서 생겨난 잡초를 가지고 지팡이를 만들어 집고서 낙동강변을 산책하며 인(仁)과 경(敬)의 철학을 집대성한 셈이다. 따라서 퇴계 선생의 명아주, 고호의 해바라기처럼 생태계를 구성하고 있는 자연의 존재, 그 자체의 문화적·심미적 가치는 물질적 가치로만 평가할 수 없는 존재의 가치가 훨씬 큰 것이다.

명아주

3 자연생태계와 생명은 변화하는 것이다

"창조는 인간 생활 속에서 끊임없이 계속되고 있다. 그러나 인간은 창조하지 못하며, 발견할 뿐이다. 새로운 창조적인 일에 대한 하나의 도움으로써 자연 법칙을 추구하는 사람들은 신(神)과 함께 일을 하는 것이다(A. Gaudi, 1852~1926)." 지구환경, 자연생태계 그리고 우주 만물 모두는 시간의 지배로부터 자유로운 것은 없다. 그래서 모든 것이 변화한다. 그런 변화에는 어떤 일정한 패턴이 있다. 생태계 속에서 야생생물 개체군의 크기 변화는 초기에 서서히 진행되고, 시간이 경과하면서 종극(終極)에 가까워질수록 그 변화의 속도는 가속화 한다.

인류의 에너지 사용 기술, 정보의 폭발, 교통 운송 수단의 비약적인 속도 발전 등을 성취한 지난 50년간이란 세월은 지구의 일생 가운데 겨우 1억분의 1에 해당하는 극히 짧은 시간에 지나지 않는다. 인류는 마치 생태계의 수수께끼인 개체군(집단)의 자연발달 그리고 소멸의 방식을 뒤따르듯 지구생태계 속에서 급속한 속도로 그 변화를 추구하고 있다. 이것은 시간 경과에 따른 변화에서의 종국적(말기적) 현상이다. 드디어 종국을 재촉하는 듯, 변화를 거부하는 생명복제마저 시도되고 있다. 그러나 시간은 흘러야 하고, 그래서 자연은 변화하여야 하며, 인류는 느림의 미덕으로 겸손해져야만 한다.

지구에 대한 인류의 목표는 무엇인가

시간이 경과함에 따라서 인간이 지구에 미치는 영향은 점점 커져 지구의 변화 속도 또한 예측 불가능한 사태에 이르고 있다. 1만 년 전부터 발달한 인류문명은 24 시간의 지구진화시계 속에서 23시 59분 59초의 사건이다. 이것은 1초 보다 짧은 0.18초의 시간 속에서 이룩한 지구역사 속의 한순간이다. 지구상에 마지막으로 출현한 인간은 지금 45억 년의 지구 진화 역사 전체를 이 짧은 시간 속에서 송두리째 교란하려고 한다.

우주는 약 150억 년 전 공간과 시간, 그리고 에너지가 동시에 창조된 빅뱅 이후로 존재해 왔다. 그로부터 105억 년이 경과하여 태양 주위의 미행성들이 서로 충돌·합체하여 지구는 탄생하였다. 탄생 직후 지구는 뜨거운 용암으로 뒤덮여 있었으며, 미행성들의 충돌이 잠잠해짐에 따라 냉각하기 시작하여 지각이 형성되었다. 수증기와 이산화탄소로 이루어진 원시대기에서 엄청난 강우에 의해 바다가 형성되었으며, 대륙은 25~10억 년 전에 이르러 작은 대륙들의 충돌·합체에 의해 형성되었다.

지구 탄생 직후의 지구 대기는 수소와 헬륨으로 이루어져 있었으며, 그 이후 원시 생명의 탄생까지 산소를 포함하고 있지 않은 오늘날의 화산 분출 가스와 그 조성이 아주 유사하였다.

최초의 원시생명체는 지금으로부터 약 35억 년 전 바다에서 탄생하였다. 그러니까 지구 탄생으로부터 최초 원시생명체가 탄생하기까지 10억년의 준비 기간이 필요하였던 것이다. 산소가 없는 상태에서 탄생한 원시세포 생명체는 현재의 대장균과 같은 단세포의 생물이었다. 그로부터 30억 년 이상의 시간이 경과한 지금으로부터 2~3억 년 전에 겨우 광합성(탄소동화작용)을 할 수 있는 식물들이 육지로 올라와 번식하여 공기 중에 산소를 증가시켰다.

약 3억 년 전, 바다 속의 조개류와 어류들은 대기 상층부에 오존층이 형성됨으로써 강렬한 자외선이 흡수될 즈음 육지로 올라올 수 있게 되었다. 서서히 양서류와 파충류는 육상 생활에 적응해 가면서 진화하고, 쥐라기와 백악기에 공룡의 전성기를 이루게 되었다. 지금으로부터 7,000만 년 전 운석충돌에 의해서 야기된 것으로 추정하는 지구의 대변동으로 기온과 일조량의 저하로 인한 식량부족으로 공룡은 사라지게 되었다. 공룡의 전성시대를 전후해 살아온 조류와 포유류(항온동물)는 몸체가 작고 체온을 일정하게 유지할 수 있어 빙하시대에도 살아남을 수 있었다. 빙하기에 살아남은 포유류는 신경계가 발달하여 뇌가 커질 가능성을 가지고 있었다. 약 5,000만 년 전의 사건으로 이 포유류가 바로 인간을 포함한 영장류의 태동이다. 결국 5,000만 년 전 아우스트라로피테쿠스(원인)로부터 북경 근처에서 발견된 시난트로프스(북경원인)에 이르기까지 원시 인류는 아궁이를 이용한 불 사용과 여러 가지 석기류를 이용하고, 한 장소에 무리를 지어 집단생활을 시작함으로써 원시 형태의 환경 간섭이 시작된 셈이다. 지금으로부터 3.5~20만 년 전에 전성기를 이룬 네안데르탈인에게는 여러 가지의 변화가 있었다. 빼어난 석기를 제조하고 그 마무리가 깔끔하였다. 죽은 사람을 위하여 예식을 갖춘 장례와 종교적인 절차를 가지고 있음으로써 정신적으로 매우 성숙했다. 그들의 문화를 '무스테리안 문화'라고 부른다.

100만 년에 걸친 빙하기가 끝나고 구석기 시대의 후기에서부터 정교한 석기, 장식품, 모피로 만든 의류 등을 만들고 부싯돌에 의한 발화법(發火法)을 알고 있었으며, 단순한 발성이 아니라 복잡한 언어의 골격을 몸에 익히기 시작하였다. 나무와 뼈로 만든 돔 형태의 집에서 기거하면서 야생 동물을 잡아먹으며 현재의 방목민(放牧民)과 같은 이동생활을 하였다. 그 후 문화의 발전이 급속히 진행되어 약 5만 년 전부터는 화목(火木)을 채취하여 본격적인 에너지 사용을 시작하면서 1만 년 전경부터 인류는 원시 목축, 농업을 하게 되었다. 이 시기에 원시 인류의 문화생활은 지구 생태계의 자연환경 용량의 수용범위 내에 한정되어 있었다.

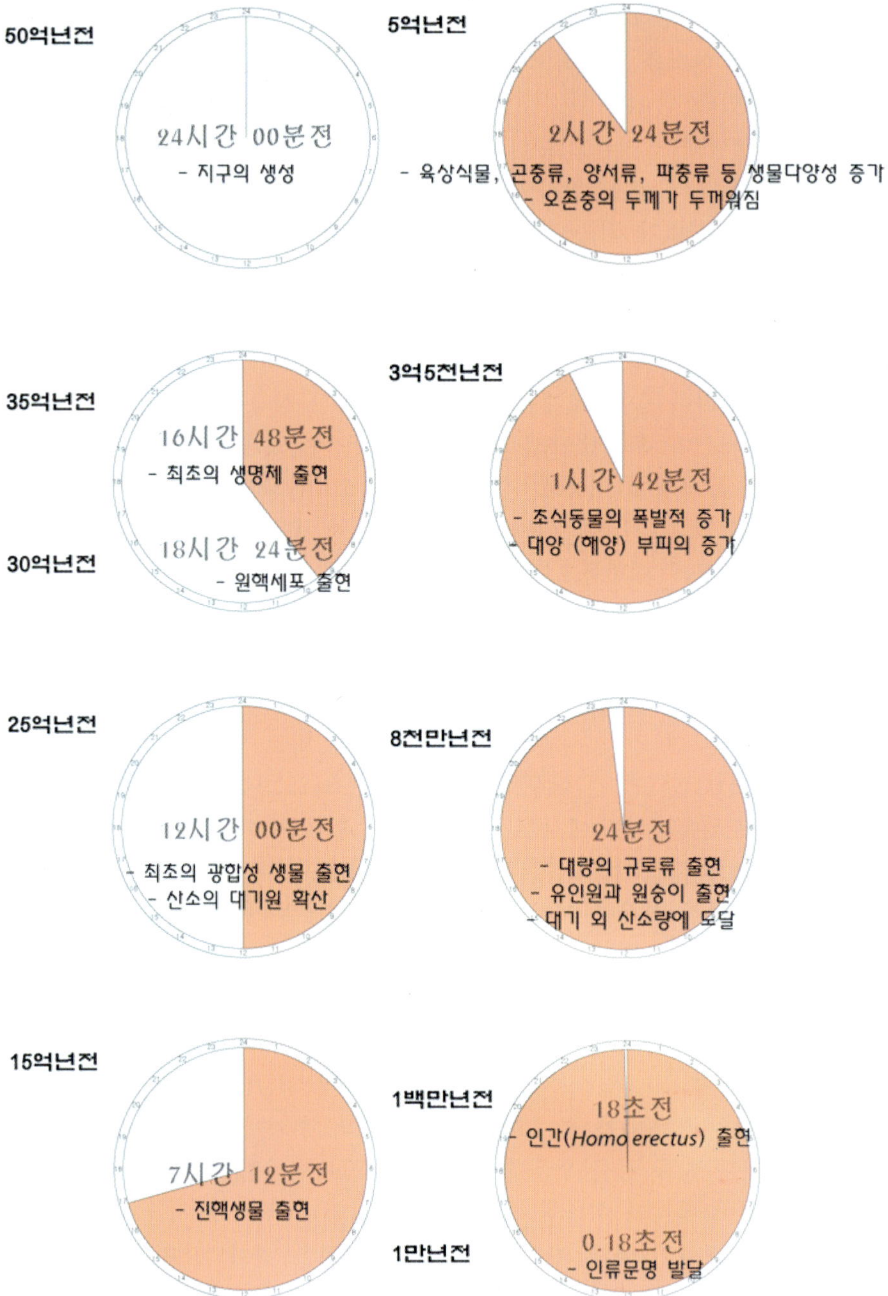

1만 년 전부터 발달한 인류문명의 역사는 24 시간의 지구진화 시계 속에서 23시 59분 59초의 사건이다. 1초 보다 짧은 약 0.18초의 시간 속에서 인류는 지구의 진화 역사 전체를 파괴하려고 한다.

그러나, 인류가 겨우 450년 전(영국 1540~1640년)부터 석탄을 사용하기 시작한 이후, 기름, 가스 등의 화석연료를 이용한 급속한 공업의 발달은 지구 생태계의 환경용량을 초과하게 되는 심각한 문제를 야기하기에 이르렀다. 공업문명의 발달과 아울러 인류는 식량생산, 질병퇴치, 생명연장 등에 대한 기술 발달을 추구하였으며, 그 결과 세계인구 또한 기하급수적으로 증가하였다. 1830년대에 세계인구가 10억 인에 불과하던 것이 오늘날에는 57.5억 인에 이른다. 결국 시간이 경과함에 따라서 인간이 지구에 미치는 영향은 점점 커질 뿐만 아니라, 지구변화의 속도 또한 예측 불가능한 사태로 진행되고 있다. 화석연료 사용량의 급격한 증대, 집약적인 농업, 과도한 어획, 삼림의 벌채, 지하자원 채굴 등을 통해 지구환경 문제는 점점 커져만 가고, 예측불허의 잇단 환경재해에 우리는 노출되어 있을 뿐이다. 지난 50년간은 에너지 사용 기술, 정보의 폭발, 교통 운송 수단의 비약적인 발전을 성취한 기간이기도 하지만, 지구의 일생 가운데 겨우 1억분의 1에 해당하는 극히 짧은 시간이다. 인류는 마치 생태계의 수수께끼인 개체군의 자연발달과 소멸패턴을 뒤따르듯 지구 환경 속에서 급속한 변화를 뒤따르고 있다.

[도움글] **소멸 패턴**

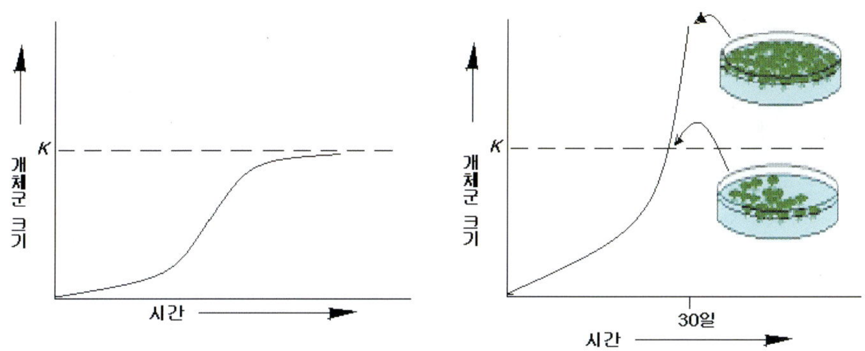

개체군(집단)의 크기는 자원이 충분하다면 무한 증식할 수 있지만, 제한된 공간 속에서 자원이란 항상 제한적이다. 따라서 자원은 개체군의 수용범위(K)의 크기를 결정한다. 지구생태계 속에는 모든 자원이 제한적으로 분포한다.

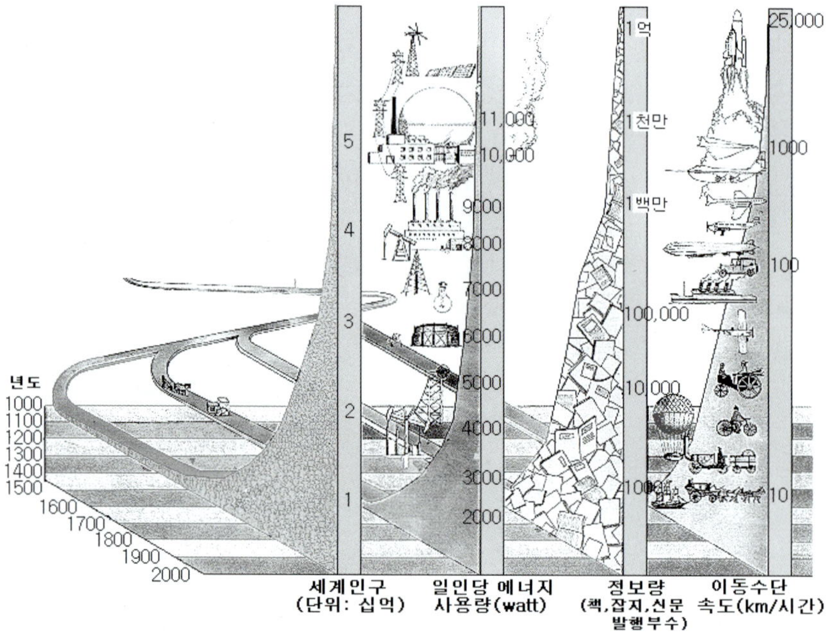

세계 인구, 에너지 사용량, 각종 매체의 정보량, 그리고 이동 수단의 속도 등에 있어서 증가속도는 마치 생물 집단의 종국적 양상을 보여주고 있다.

한 달이 경과해야 비커 표면 전부(100%)를 덮을 개구리밥이지만, 수면 절반(50%)을 덮는 데에 29일간, 그 나머지 반을 덮는 데에 단 하루가 소요된다. 결국 그 다음 날부터는 자원의 고갈로 집단은 소멸되어버린다. 산업혁명 이후의 인구수, 에너지사용량, 정보량, 이동수단의 속도 등은 기하급수적인 비율로 증가하고 있다. 이러한 증가 패턴은 마치 자연생태계에 있어서 생물개체군의 자연적 발달과 소멸의 패턴과 아주 유사하다. 자연생태계는 보수적이면서 천천히 변화해 가는 느림으로 지속가능성을 보장하고 있으며, 따라서 인류는 자연생태계의 수용범위(*K*) 내에서 제한된 자원에 대한 지속가능한 개발과 이용만이 그 영원성을 보장받을 수 있다.

토론거리 *Topical Q & A*

자연환경에 대한 인류의 본격적인 간섭은 무엇으로부터 시작되었는가?

불의 이용과 도구사용은 자연 환경에 대한 인간 간섭과 그 영향이 본격적으로 시작하는 인류사적 사건이다. 그것으로부터 인류 문명은 비약적으로 발전하지만, 한편으로는 자연 생태계의 교란이 심각하게 야기되어 왔다. 인류의 지혜, 불(에너지)의 이용과 도구의 사용, 그것을 지혜롭게 사용하기 위한 선택과 범위, 그리고 속도에 대하여 토론해 보자.

습지 생태계의 지속성을 유지하기 위하여 과도하게 번성한 갈대(*Phragmites communis*)가 태워지고 있다. 습지에서의 갈대 번성은 개방 수공간(水空間) 면적을 감소하게 하는 육화(陸化)가 가속됨으로써 마침내 고유의 습지 기능과 구조를 잃어버리게 한다.

자연 생태계란 무엇인가

유라시안 대륙 서단, 포르투갈의 로카곶의 자연 생태계

자연 생태계는 끊임없이 변해 가는 역동성을 가지며, 더불어 진화해 가는 생물적•비생물적 요소들로 이루어진 하나의 계로서 그 토대는 토양과 물과 공기이다.

생태계는 생물적 요소(생물종)와 비생물적 요소(환경조건)로 구성되어 있으며, 이 구성 요소들이 상호 작용하면서 자체적으로 계(system) 전체를 조절하는 기능을 가진다. 따라서 생태계는 끊임없이 변해 가는 역동성을 가지며 더불어 진화해 가는 생물적 비생물적 요소들로 이루어진 하나의 시스템으로 볼 수 있다. 흔히 말하는 '생태계 파괴'라고 하는 것은 외적 요인에 의한 환경 변화와 기존 생태계의 구성 분자들 상호간에 형성되어 있던 조절 기능에 심각한 변화를 유발하고 그와 더불어 진화해 가는 시스템의 방향을 바꾸게 하며 변질되게 하는 경우라 할 수 있다.

생물적 요소는 생산자, 소비자, 분해자로 구분할 수 있다. 식물은 태양에너지를

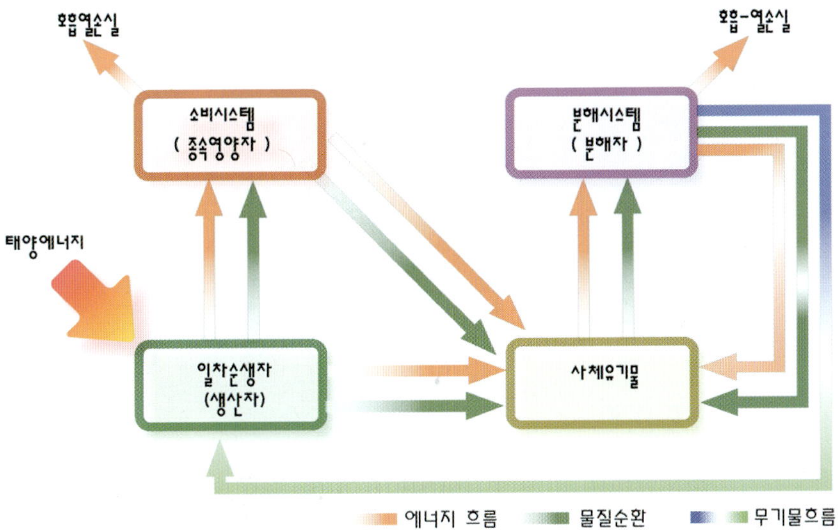

태양 광선에너지는 지구생태계 내의 일차생산자인 녹색식물의 광합성(photosynthesis)에 의하여 지구생태계 내로 유입된 후, 일정 방향으로 흐른다. 반면에 일차생산자에 의해 만들어진 물질은 생태계 내의 영양단계(먹이망)를 통하여 순환한다. 이러한 물질순환과 에너지흐름의 체계는 지구생태계의 항상성(homeostasis)을 유지하는 결정적인 메커니즘이다.

이용하여 유기물을 만드는 생산자이고, 인간을 포함한 동물은 그 유기물로 생명을 유지하는 소비자이며, 미생물은 동식물의 사체나 배설물을 분해하는 분해자이다. 이 세 가지 구성 요소가 토양, 대기, 물 등의 무기적 환경과 더불어 상호 영향을 끼치고 의존하면서 복잡한 구조의 생태계를 형성하고 있다.

모든 생태계가 자연적인 것만은 아니다. 논, 밭 등은 인간이 경작물을 중심으로 만들어낸 인위적인 생태계이며, 도시도 인간이 주변 환경 및 다른 생물종과 관계를 맺으며 생활을 영위해 나가기 위해 만들어 낸 하나의 인공 생태계이다.

자연생태계 및 인공생태계의 구성 주체인 사람을 포함한 동물과 그리고 식물은 그들의 몸체를 구성하는 데에 필요한 구성 원소의 공급 없이는 존재할 수 없다. 토양, 물, 공기는 인간을 포함한 생물체를 구성하는 화학원소의 공급원이다. 생물체를 구성하는 화학 원소는 다량의 탄소(C), 산소(O), 수소(H), 질소(N)와 미량의 인(P), 칼슘(Ca), 마그네슘(Mg), 칼륨(K), 황(S), 나트륨(Na), 염소(Cl), 철(Fe), 망간(Mn) 등이다. 이러한 화학 원소가 지속적으로 공급되어야 생명체는 생명을 유지하고 종족을 보존할 수 있다. 지구 전체의 차원에서 보면 이러한 화학 원소의 양은 일정하고 한정적이다. 생물들이 자신의 생명활동에 지장이 없이 유지할 수 있는

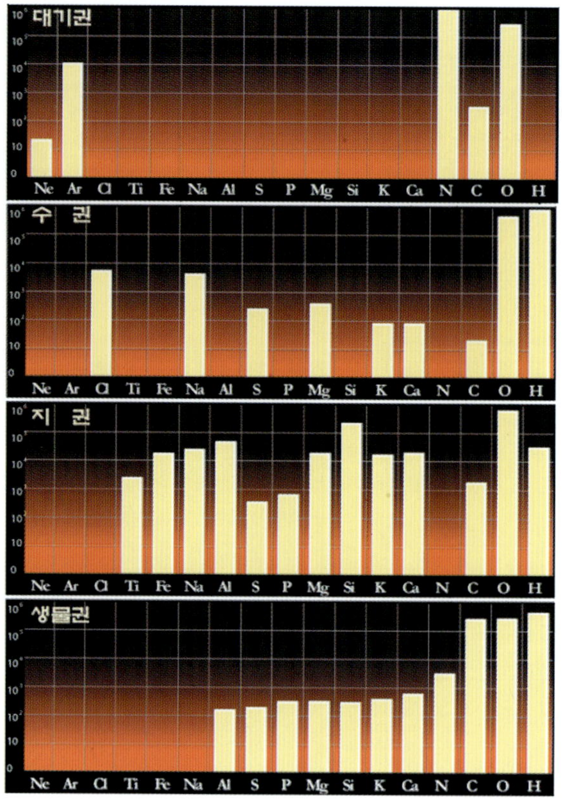

생물권, 지권, 수권, 대기권의 지구 권역별로 화학원소의 질적·양적 구성이 특징적이다. 탄소(C)는 생물권에 가장 많이 저장되어 있으며, 질소(N)는 대기권과 생물체 몸속에 저장되어 있다. 탄소의 최대 저장 창고인 삼림의 벌채와 산불은 대기권 속의 탄소를 증가하게 하고, 그 구성비에 변화를 초래할 수 있다. 생물권은 지권(땅)과 가장 유사한 원소 구성을 보여주고 있음에 주지할 필요가 있다. 생물의 생명현상에 필수적인 무기질 원소의 대부분은 지권으로부터 유래한다. 1차 생산자인 식물은 잎의 엽록체에서 일어나는 광합성을 통해 탄수화물($C_6H_{12}O_6$)을 생산한다. 이 엽록체의 중심원소는 마그네슘(Mg)이며 지권과 수권에 녹아있다. 사람의 적혈구의 중심원소는 철(Fe)이며, 유일하게 지권으로부터 공급된다.

것은 이들 원소들이 화합물의 형태만 바뀔 뿐 수권, 지권, 기권, 생물권을 순환하며, 끊임없이 재이용되고 있기 때문이다. 그러나 각각의 화학원소는 생태계에 따라 순환속도에 차이가 있으며, 인간 간섭이나 자연#재해와 같은 외부 교란 등으로 이 순환에 장애가 일어나면 생태계는 큰 혼란을 겪게 된다.

토양침식에 의한 표토(topsoil)의 유실은 대량의 토양 미네랄 유실을 초래하고 농경작의 결정적 손해를 야기한다. 암석으로부터 풍화하여 생성되는 토양 1cm는 약 1,000년이 소요되며, 경작을 위한 최소한의 표토 두께 10cm를 확보하기 위해서는 10,000년 이상을 기다려야 한다.

한편 생물이 생명활동을 영위하기 위해 필요한 에너지의 근원은 태양으로부터 얻는 빛 에너지이다. 빛에너지는 1분에 $2cal/cm^2$로 지구 외기권(外氣圈)에 도달하지만 대기를 통과하면서 흡수 또는 반사되어 실제로 생명체가 이용하는 양은 매우 적다. 빛에너지는 녹색 식물의 광합성에 의하여 화학에너지로 전환되고 이 화학에너지는 생산자, 소비자, 분해자의 에너지로 사용된다. 생태계내의 에너지 흐름은 태양에서 식물로, 식물에서 동물 그리고 미생물로 이어지는 일정한 방향으로 일어난다. 따라서 지구 생태계를 부양하는 생명의 에너지는 일차생산자인 녹색 식물의 빛에너지로부터 종속생물체들의 이용 가능한 화학에너지에로의 전환을 담당하는 결정적인 역할에 의존한다. 지구상에 살아 숨쉬는 생명체 총무게(생체중량)의 99%는 식물이며, 그 3/4 이상이 삼림에 저장되어 있다.

[도움글] 수권, 지권, 기권 그리고 생물권

수권 . 지구 표면의 약 71%는 물로 이루어진 수권(hydrosphere, 水圈)이 차시하고 있다. 자연자원 중에서 인간이 가장 많이 이용하는 물은 대양의 해수와 육지 내의 담수 및 지하수의 형태로 존재한다. 이러한 물의 약 97%가 해수이고, 해수에 포함된 소금의 양은 평균 35g/L로 Na^+, Mg^{2+}, Cl^-, SO_4^{2-} 함유량이 비교적 높다. 인간을 포함한 육상생물이 이용하는 물은 호수나 강 또는 하천과 같은 지표수와 지하수로 Ca^{2+}, HCO_3^-가 많이 포함되어 있는 담수(맹물)이다. 이것을 보통 수자원이라 하며, 그 양은 겨우 0.77%에 지나지 않는다. 극히 제한된 이러한 수자원은 대부분 농업용수(47%)와 공업용수(44%)로 사용되고 나머지 9%만이 생활용수로 이용되고 있다. 우리가 소비하는 물의 2/3는 지표수나 지하수로 다시 회수되며 1/3은 생물체의 몸을 구성하거나 대기 중으로 증발되어 소실된다.

지권 : 지각은 암석권과 토양권으로 이루어진 지권(lithosphere, 地圈)이다. 암석권은 두께 30~35km의 지각으로 화학적 원소를 대량으로 함유하고 있으며, 이러한 원소들은 생물들의 몸을 구성하는 데 이용된다. 암석권은 수권과 물질을 교환하며 화산분출을 통하여 대량의 이산화황(SO_2)과 황화수소(H_2S)를 기권으로 방출할 뿐만 아니라 토양형성물질을 다량으로 제공한다. 지표로부터 약 5m 깊이에 이르기까지 토양권이 형성되어 있으며, 이것은 육상생물에게 가장 적합한 생활 장소이다. 토양은 광물적 유기물질로 이루어진 전환 물질인 동시에 혼합물로서 환경 조건에 의해 항상 변화한다.

기권 : 지구를 둘러싸고 있는 기권(atmosphere, 氣圈)은 이산화탄소 및 산소와 같은 생물체에 필요한 물질을 공급하며 지권 및 수권으로부터 증발되는 수증기를 함유하

고 있다. 대기의 순환은 대기의 구성 성분을 일정하게 유지시켜 주는 역할을 한다. 자연적인 대기는 질소 78%, 산소 21%, 이산화탄소 0.03%, 기타 수증기와 미량의 기체 상태의 화학 물질로 이루어져 있다. 그 밖에도 기체 및 고체 형태의 오염물인 이산화황, 질소화합물, 할로겐화합물, 먼지, 매연 등이 포함되어 있다. 대기권은 대류권, 성층권, 중간권, 열권으로 이루어져 있으며, 그 외곽에 외기권이 위치하여 지구 표면의 온도를 일정하게 유지하게 해주고 우주에서 오는 해로운 자외선과 X선을 막아 생명체가 살 수 있는 적합한 환경을 만들어 준다.

생물권 : 동물, 식물, 미생물 등이 서식하는 지구의 표층 부분을 특히 생물권(biosphere, 生物圈)이라 한다. 생물권에서는 생물체를 구성하는 원소가 순환하며, 물질대사 및 에너지 대사가 끊임없이 이루어지면서 균형을 유지하고 있다. 생물권의 범위는 깊이 수천 미터의 해저에서부터 높이 수천 미터의 고산지대에 이르기까지 광범위한 영역을 포함한다. 그러나 지구 반경이 약 6,400km인 것에 비교하면 약 20km의 생물권 두께는 사과껍질에 해당하는 매우 얇은 층에 지나지 않는다. 생물권은 토양권 및 암석권을 포함하는 지생물권, 대양 호수 하천 등을 포함하는 수생물권, 도시와 농촌을 포함하는 인공생물권으로 구별되며, 대기권이 이를 에워싸고 있다. 이러한 생물권은 기본적으로 태양으로부터 공급받는 에너지의 의해 유지된다.

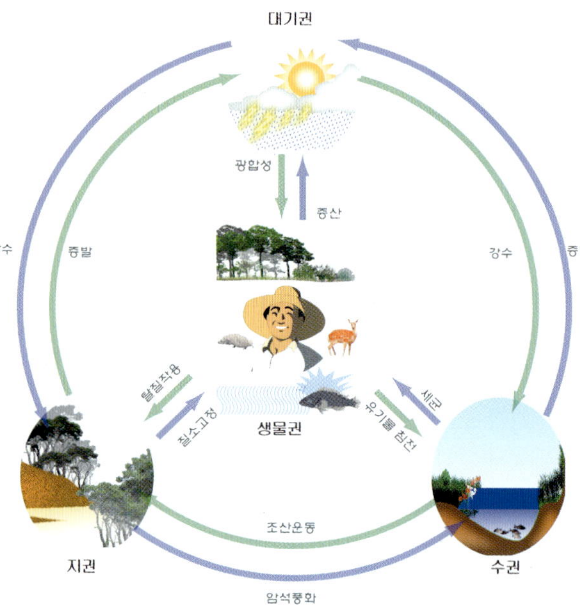

지구의 4 대 권역 생물권, 지권, 수권, 대기권은 에너지 흐름과 물질 이동에 복잡한 메커니즘으로 서로 연결되어 있다. 일차 생산자인 식물은 광합성 작용에 의하여 태양에너지를 생물이 이용 가능한 화학에너지로 변환해 주며, 대기권 내에 흩어져 있는 탄소(C)를 고정해 주는 유일한 장비라고 할 수 있다. 따라서 지구상에 있어서 삼림 면적의 감소는 곧 지구 생태계의 항상성을 교란하게 되는 주된 원인이 된다.

토론 거리 *Topical Q & A*

지구생태계의 항상성(homeostasis)과 인체의 생리적 항상성은 본질적으로 같은 것인가?

지구생태계는 에너지 흐름과 물질 순환의 매우 역동적인 계(dynamic system)인데도 불구하고, 인간의 시간 계열(감각적으로)로부터 그것을 감지하지 못함으로써 정지되고, 조용하고 보수적인 자연으로 자각(착각)하고 있을 뿐이다. 지구생태계의 그런 역동적 기능은 지구에 생명체가 존재 가능하도록 항상성을 유지한다. 즉 살아있는 생명체의 낙원인 지구생명력을 유지한다. 에너지 흐름과 물질 순환이 차단되고, 정지되고, 낭비된다면 지구생태계의 항상성 유지는 한계에 도달한다. 결국 신음하는 지구, 병든 지구, 생명체들의 삶터로서의 생리적 잠재력과 기능을 상실하게 된다. 마찬가지로 극히 복잡한 인체구조 때문에 소우주라고도 부르는 우리 인간의 몸은 신체부위 한 군데의 생리적 이상으로 생명에 위협을 받는 것과도 같다. 사람의 신체이건 지구생태계이건 모든 구성 요소의 항상성 유지(예를 들면'기가 막힌다'는 말은 신체의 '에너지 흐름'과 '물질의 순환'이 막힌다는 뜻으로 해석이 가능함)는 건강을 유지하기 위한 최고의 방법이다.

생물다양성의 가치는 무엇인가

지구 생물다양성을 불교의 삼라만상으로 표현한 UNESCO 포스터. 그림 속에는 한국에서 멸종된 호랑이도 포함되어 있다.

생물다양성은 지구 생태계의 보전과 인류 식량자원을 획득할 수 있는 원천이다. 따라서 생물다양성의 유실은 차세대의 삶의 질을 저하시키는 결정적 요인이 되며, 그것은 생물 서식처의 파괴로 인해 크게 위협받고 있다.

우리는 살기 위하여 매일 밥을 먹어야 한다. 섭취된 음식은 소화기관에서 효율이 높은 고단위 에너지 물질로서 생물세포의 화폐라고 하는 ATP(Adenosine TriPhosphate)로 바뀌어 생명활동의 에너지원으로 이용된다. 이 ATP 가운데 30%

이상을 두뇌의 신경세포가 소모하며, 나머지는 육체적·생리적 운동에너지와 기초대사를 위하여 사용된다. 먹지 않으면 힘을 쓸 수 없고, 정신도 혼미해진다. 정박아처럼 신경세포에 의한 에너지 소모가 적다면 쉽게 비만해질 수 있으며, 정신분열증 환자처럼 신경세포가 끊임없이 에너지를 소모하게 된다면 비만은 발생하지 않는다.

동물과 식물은 에너지 이용 분배에서 뚜렷이 구별된다. 진화된 고등생물일수록 신경세포의 에너지 사용과 배분 양은 크게 증가한다. 그래서 두뇌 활동이 정지되어 신경세포의 에너지 소모가 극히 적은 상태의 사람을 '식물인간'이라 부르며, 우리는 수면(잠)이라는 형태로 매일 식물인간 상태를 경험한다. 그러므로 물질도 아니며 만질 수도 없는 '정신'이라는 추상명사의 유기체적 에너지 원천은 바로 만질 수 있고 물질적인 것인 바로 음식물이며, 이 음식물은 모두 땅에서 얻게 되는 최고의 식물자원이다. 기름진 땅, 척박한 땅 그러한 땅의 환경조건에 따라 그 속에서 생산되는 식물자원의 특성이 다르다.

우리 인류에게 이용되고 있는 식량의 95%는 30여 가지의 식물종과 몇 가지 안 되는 수종의 동물종으로부터 획득되고 있다. 특히 쌀, 보리, 밀, 감자를 포함한 24여종의 주요 식량자원은 80,000여종의 식용 가능한 식물종 가운데 극히 일부분으로 인류 주식의 90%를 감당하고 있다.

세계 7대 식량자원. 동양의 최대 주식은 벼이며, 밀은 서양의 최대 주식이다. 이러한 인류의 식량자원은 전통적인 농사법의 종자 고르기로부터 생명공학 기술에 이르기까지 끊임없는 우량 유전자 자원을 확보하려는 인류의 노력으로부터 유래한다.

UNEP(유엔환경계획 : United Nations Environmental Programme)에 따르면, 지구상에는 1천만~3천만 종의 동식물이 살고 있을 것으로 추정(1억종 이상을 주장하는 학자도 있음)하고 있으나, 과학자들에 의해 이름이 붙여진, 즉 인간에 의하여 인식되어 분류되고 있는 생물종은 겨우 2백만 종에 불과하다. 따라서 지구상의 생물종 가운데 85% 이상이 인류에 의해 아직까지 규명되지 않은 상태로 지구생태계를 구성하고 있다. 더욱이 밝혀져 있는 15% 미만의 생물종 가운데에서도 겨우 30여 종류만이 인류의 식량자원으로 이용되고 있다. 그러므로 지구 생태계의 보전과 인류 식량자원의 획득을 위하여 생물다양성(biodiversity 또는 biological diversity)의 잠재성은 매우 크고 중요하다.

[도움글] 지구의 생물다양성(biodiversity, biological diversity)

현재 알려져 있는 지구상의 생물 종수는 지구생태계에 서식할 수 있는 수용범위를 고려하여 산출한 총 생물종수의 약 15%에 불과한 것을 고려할 때, 우리나라에서도 그와 유사한 실정일 것이다. 따라서 약 85%의 미확인 생물종에 의해 생태계가 유지되고 있음을 고려할 때, 그들의 서식처를 보전함으로써 생물다양성 보전이 가능함을 알 수 있다. 우리나라의 생물다양성은 현재 유관속식물 4,200여종, 해초류 50여종, 선태류 700여종, 균류 820여종, 담수 조류(藻類) 1,400여종, 해수 조류 500여종의 총 7,470여종의 식물종이 알려져 있으며, 동물에 있어서 양서파충류 30여종, 조류(鳥類) 420여종, 포유류 95종이 서식하고 있으며, 그 가운데 각각 40%, 17.1%, 22.1% 정도가 희귀종으로 보호대상이 되고 있다(참고: 생물종 수는 분류학의 수준과 발전에 따라 약간의 변동은 항상 존재한다). 그러나 생물의 번식률과 종보전(種保全)에 깊은 상관관계를 가지고 있는 개체의 수는 실제로 매우 빈약하다.

생물분류군별 다양성 정도를 그림의 크기로 나타내고 있다. 지구 생물다양성 가운데 곤충이 가장 많은 종류를 가지고 있다.

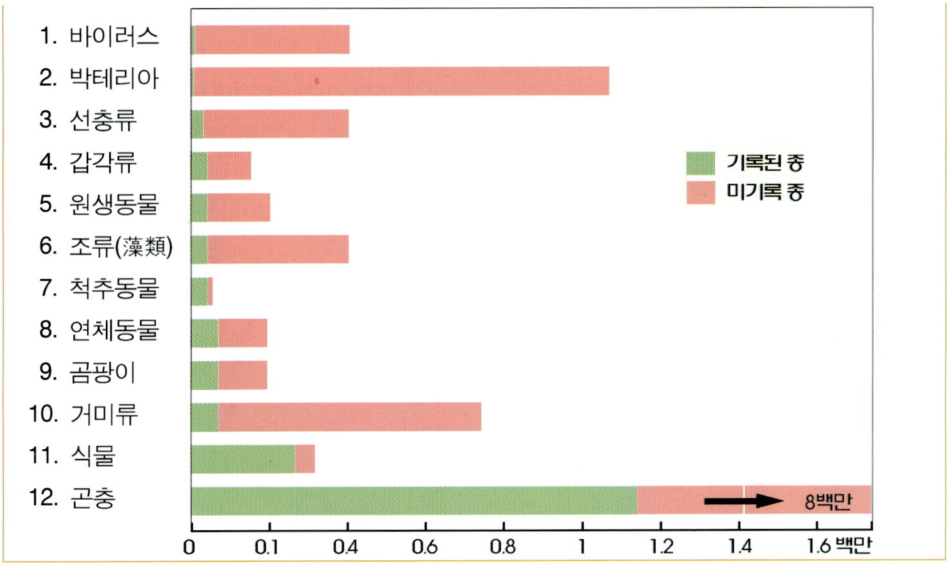

생물다양성은 생태계(ecosystem), 종(species), 유전자(gene)의 수(數)와 빈도(頻度)를 포함하는 자연의 다변성으로 정의할 수 있다. 따라서 우리가 자연(nature)이라고 하는 것도 생명체뿐만 아니라 생명체간의 상호작용을 포함한다면 바로 생물다양성을 의미한다. 오염, 물리적 파괴, 식량 및 여러 가지 용도를 위한 과도한 이용, 고의적인 절멸(絶滅), 그리고 도로건설과 같은 생물 서식처의 유실과 조각화 등의 아주 다양한 요인들에 의하여 오늘날의 생물다양성은 전 세계적으로 크게 위협받고 있으며, 모두 차세대의 삶의 질을 저하시키는 심각한 요인이 되고 있다.

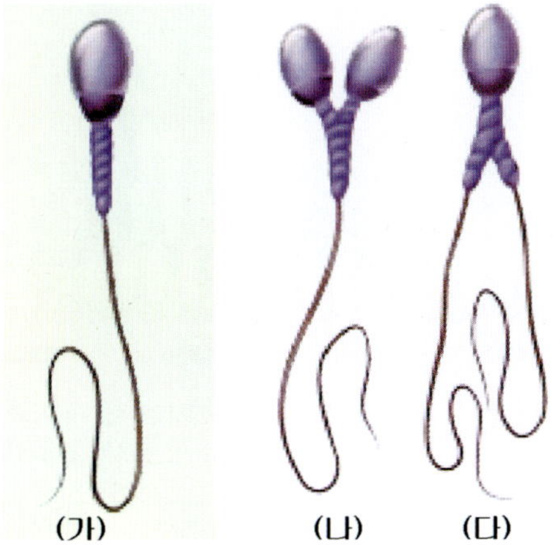

탄자니아에 서식하는 수컷 사자의 정자(精子) 모양. (가) 정상적인 정자, (나) #머리가 둘 달린 정자, (다) 꼬리가 말려버린 정자. 서식처 조각화로 말미암아 근친교배약세(inbreeding depression) 하에 처해져 있는 수컷 사자 무리에서는 정상 기능을 할 수 없는 기형 정자의 비율이 높게 관찰되고 있다. 결국 서식처의 조각화는 사자 개체군의 소멸의 원인이 된다.

보존이냐, 개발이냐의 갈등 속에서 하루 평균 1백36 종의 생물들이 사라지고 있다. 우리나라에서도 매년 2백50~3백 종의 야생동식물이 멸종 위협을 받고 있다는 것이 환경부의 추산이다. UNEP는 최근 펴낸 “지구다양성평가”에서 화석 기록을 가진 생물종들의 평균 생존기간이 5백만~1천만년으로 추정됨으로써 지구상의 생물종 멸종 속도(率)가 한해 평균 1~3종인 것으로 계산했다. 포유동물은 그 계통의 존속 기간이 약 1백만 년이며, 1종이 멸종되는 데는 약 2백 년이 걸리는 것으로 과학자들은 추정하고 있으나, 최근의 멸종 속도는 이 보다 50~100 배 빨라졌다고 하는데, 급기야는 매 20분마다 식물종 또는 동물종의 한 종이 멸종되어 가고 있다고 추정하고 있다. 6천 5백만 년 전 공룡 1종이 사라지는데 1천 년이 걸렸지만, 지난 서기 1,600 년부터 4백 년 동안 사라진 동물은 4백84 종, 식물은 6백54 종이나 된다. 현재 세계자연보전모니터링센타(WCMC: World Conservation and Monitoring Center)에 의해 수년 내에 멸종될 것으로 분류된 동식물도 최소한 3만 1천4백72 종이다. 이처럼 멸종속도가 빨라지는 이유는 무분별한 개발로 서식처가 변형되고 서식 환경이 나빠지고 있기 때문이다. 국제자연보전연맹(IUCN: International Union for the Conservation of Nature and natural Resources, 현재는 WCU-World Conservation Union)은 야생 동물의 멸종 요인으로 서식처 파괴, 남획, 외래종의 영향, 먹이부족, 농작물 가축의 피해방지를 위한 포획 등을 가장 위협적인 요인으로 지적하고 있다.

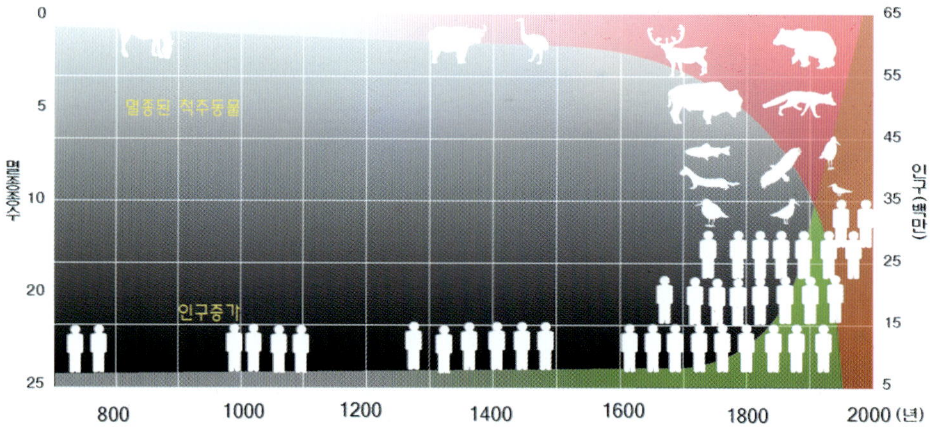

독일의 인구 증가와 생물종 감소(Heinrich *et* Hergt 1996). 산업혁명 이후 유럽 국가의 급격한 인구 증가에 따른 야생생물의 서식 환경의 급격한 쇠퇴로 말미암아 고등 동물종(특히 척추동물)의 멸종이 급격히 진행되었다.

인간을 포함한 고래 종류, 물고기, 사슴, 호랑이, 멧돼지, 곰, 토끼, 여우 등의 동물 150여 점이 암각화(5,000~6,000년 전)되어 있는 울산반구대. 지금은 한반도에서 멸종된 다수의 종들도 그려져 있다. 환경과 문화에 대한 잘못된 평가로 말미암아 산 아래에 축조된 저수지 때문에 인류문화유산은 물에 잠기고 말았다.

인류 생존의 토대가 되는 생물다양성을 보전하기 위한 국제적, 국내적 노력이 최근 두드러지게 나타나고 있다. 지난 1992년 리우환경회의에서 생물다양성이라는 개념이 국제무대에 처음 소개되어 생물다양성협약(Convention on Biological Diversity)을 만들어 냈다. 생물다양성협약의 기본 정신은 생물다양성에 대한 터주권(farmer's rights)과 윤리적 고려(ethical consideration)에 있다. 현재 우리나라를 포함한 협약당사국은 생물자원을 보호를 추진하기 위해 경제적인 유인 정책을 개발하고 있다. 스위스는 1993년 "생태 보상 계획"을 마련, 자연 상태 그대로 농지를 보존하는 농부들에게 보상금을 주고 있다. 덕분에 전체 경작지의 4%인 4만 7천 헥타르가 그대로 보존되고 있다. 스위스는 이 계획을 지속적으로 추진하여 전체 경작지의 12%를 생태 지역으로 만든다는 목표를 세웠다. 미국과 캐나다는 이미 1986년에 북미지역에 사는 물새 서식지 보호를 위해 "북미물새관리계획"을 마련했다. 북미 지역에 사는 물새 수를 2001년까지 1970년대 수준으로 늘린다는 목표 하에 물새가 많이 사는 지역을 사들이고 있다. 2001년까지 총 투자액은 10억 달러이며 이중 75%는 미국이 25%는 캐나다가 부담한다. 우리나라는 최근 자연환경보전법을 개정(1998년), 멸종 위기에 처한 동식물종을 법으로 지정해 보호하고 있다.

[도움글] **터주권(farmer's rights)**

1964년 에티오피아의 향토 생물학자 렘마는 '자리공' 열매로 빨래를 하는 촌마을 개울가에서 달팽이가 몽땅 죽어 떠오르는 것을 목격했다. 세계보건기구에 따르면, '시스토소미아시스'라는 병으로 말미암아 일년에 2억 인이 감염되어 약 20만 명이 죽게 되는데, 그는 이 마을에서 이 병에 걸려 죽는 사람이 없음을 발견하였다. 자리공 열매로부터 이 병을 옮기는 중간 숙주인 달팽이만을 구제(驅除)하고, 사람을 포함한 다른 물 속 생물체에는 전혀 해가 되지 않는 무공해 루미사이드의 생화학 작용에 의한 것임이 밝혀졌다. 아프리카 원주민뿐만 아니라 인디언이나 우리 민족도 자리공을 자연산 세제 식물로 이용하였다. 오늘날 선진국에서는 생물자원에 대한 동양의 이러한 독특한 생물 이용 정보로부터 값비싼 화장품과 약을 개발하고 있다. 생물다양성협약에서는 이와 같은 생물다양성에 대한 전통 지식과 정보가 세계 무역시장의 지적재산권의 하나로서 그 지역의 토착민(indigenous people)에 귀속되거나 공유해야 하는 터주권으로 규정하고 있다.

북미에서 귀화해온 미국자리공

[도움글] 생물다양성의 윤리적 고려

지구생태계에 존재하는 생물다양성, 즉 생물종 자원에 대한 윤리적 고려(ethical consideration)는 어떤 특정의 경제적 가치를 부여하지 않더라도 인류의 유일한 삶의 터전인 지구생태계의 온전성(integrity)을 유지하기 위한 생물종의 본질적인 가치(intrinsic value of species)에서 시작한다(그림 22):

- 모든 생물종은 존재할 권리가 있다.
- 모든 생물종은 상호의존적이다.
- 인간은 다른 생물종과 마찬가지로 생태적 제한조건 속에서 살아가야만 한다.
- 사람들은 지구의 관리자로 활약해야 할 책임을 가진다.
- 인간의 생활양식과 다양성은 생물종의 다양성과 마찬가지로 주목 받는다.
- 자연은 경제적 가치를 초월하는 정신적, 심미적 가치를 가진다.
- 생물다양성은 생명의 기원을 규명하기 위한 필수적 요소이다.

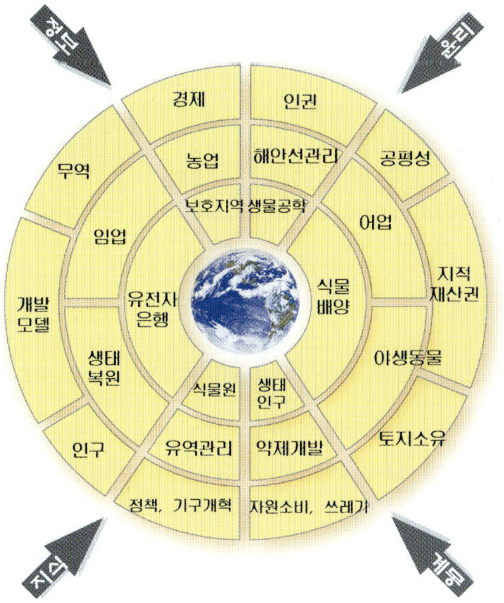

21세기에는 생물다양성에 대한 정보와 지식에 대한 능력 배양(capacity building)은 우리나라와 같이 무역에 의존하고 있는 국가의 경쟁력을 확보에 필수적이며, 궁극적으로 생물다양성 보전의 목표를 성취할 수 있다.

우리나라에 생물다양성 파괴에 가장 심각한 원인은 대규모 토지개발에 의한 서식처의 구조적 조각화를 들 수 있다. 우리나라 생물자원의 지속 가능한 관리와 이용을 위해서 생물다양성의 보전, 즉 유전자, 종, 생태계의 보전 및 유지를 추구해야 한다. 이것은 생물다양성협약에 따른 국가적 의무사항을 이행하는 것으로서 현지내(現地內) 및 현지외(現地外) 보전, 서식처 보전, 생물다양성 보전을 위한 핵심종(核心種)의 보호 및 서식지 조각화의 방지 등의 내용을 포함하고 있다. 한반도 생물다양성 회복은 우선 유전자 및 종의 존재 유무에 대한 일차적으로 목록작성을 추진하고, 그들의 분포양상에 대하여 생육서식처에 대한 정보를 수집하고, 그 서식처에 대한 환경조건을 기록하고, 나아가 시간적 변이에 따른 추적 연구를 통해 가능하다. 우리나라는 이미 1990년대 이후로 주기적인 자연생태계 전국조사를 실시하고, 특정야생 동식물을 지정하여 이들에 대한 포획, 채취 등을 금지하는 야생동식물보호 대책을 추진하고 있으나, 생태적으로는 아직 크게 미흡한 실정이다.

[도움글] **현지내 보전과 현지외 보전**

생물다양성 보전을 위한 통합적 접근으로 생물종을 보전하는 행위에는 크게 본래 서식하고 있는 야생 서식처 내에서의 현지내(*in-situ.* in site) 보전과 동물원이나 식물원 그리고 종자은행과 같이 본래 서식처로부터 옮겨져 현지외(*ex-situ,* off site)에서 보전하는 행위로 구분한다.

현지외 보전(종자은행)

현장 유전자은행

현지내 보전

[도움글] **핵심종(keystone species)과 깃대종(flagship species)**

특정 서식처 내에서 많은 다른 생물종들의 생태가 의존하고 있는 생물종 또는 먹이사슬의 최고차(最高次)에 위치하는 생물종으로 생태계의 기능(먹이사슬, 천이 등)을 유지하는 데에 결정적인 생물종을 핵심종(核心種)이라 한다. 따라서 먹이사슬 및 영양단계에 있어서 최고차 포식자(捕食者)를 포함한 특정 생태계의 기능적 토대가 되는 생물종을 일컫는 총칭이다.

UNEP에서는 지역의 생태계 및 자연환경의 보전에 기여하면서 지역공동체의 경제적 이득을 추구할 수 있는 상징적인 기능을 감당하는 깃대종(flagship species)의 선정을 권고하고 있다. 따라서 현재 우리나라 각 지역의 지자체에서 지정해 두고 있는 상징생물체 (예, 市木, 市鳥, 市花, 校木, 校花 등)에 대하여 이와 같은 핵심종과 깃대종의 개념을 도입할 필요가 있다. 오늘날 우리나라 초등학교 교화로 가장 흔하게 채택되고 있는 '장미'는 지역 및 향토의 자연환경과 민족 문화사적 배경으로부터 전혀 어울리지 않는 깃대종이다.

Think globally Act locally	실천 가능한 생물다양성 보전 행위는 무엇일까

- 여러 가지 야생 꽃 및 곤충, 새를 불러들이기 위해 전통정원을 만들고 그 속에 연못과 야생 화단을 만든다.
- 애완동물로 외래종이 아닌 향토 고유종을 선택하여 기른다.
- 상아, 모피, 산호, 박제 등 생물상품을 구입하지 않는다.
- 자발적으로 생물다양성 관련 환경보전 단체(NGO)에 가입하여 활동한다.
- 각종 공원에 자원봉사자로 활동한다.
- 승용차를 이용한 여행은 자제한다.
- 전원 경관을 가꾸기에 참가한다.

지구 생물다양성 속의 하나의 생물적 개체로서 '나'는 나의 생명(life)과 독특성(uniqueness)에 대하여 모든 지구 생물다양성의 생명성과 독특성처럼 인정받고 상호 연결되어 있다.

생태논쟁 *Topical ECOncern*

생물다양성 그리고 여성

"환갑을 맞이하는 60세 된 노익장 여성, 이름은 스미스 루씨, 직업은 176년 역사를 자랑하는 노르웨이 오슬로대학의 최초 여성 총장, 전공은 어린이 권리에 관한 법, 법을 전공하는 세 딸을 둔 어머니, 서울에서 강릉까지의 왕복 거리 보다 먼 540km 자전거 경주를 두 차례나 참가 완주, 매일 자전거 출퇴근, 지금 그녀의 최대 관심사는 대학 총장으로서의 학생과 교수를 위해 보다 훌륭한 면학 및 연구 분위기를 조성하는데 있음”. 이것은 한 여성이 가지는 인생살이의 다이내믹성과 생활양식의 다양성을 보여준다. 그녀와 또 다른 개성과 양식을 가지고 있는 여성, UNEP의 사무국장 ‘다우즈웰’(1996)이란 미국 여성, 환경 문제에 대한 여성의 역할 또한 매우 지대하고 다양하다. 온갖 모습의 인간과 습관, 각양각색의 생물과 생존전략, 가지가지의 녹색자연과 지역경관, 이 모든 것은 바로 만물의 다양성을 의미한다. 자연이 잘 관리되고 윤택한 생활을 하는 국가나 사회일수록 그 다양한 정도가 매우 다양하다. 최근에 들어서 우리나라는 사회 각 분야에서의 다양성이 과거 반만년 역사 속에서 가장 급진적으로 발전되고 있다. 다양성은 곧 사회 각 구성 요소의 개성 창출이 보장되는 다이내믹성을 의미한다.

세계화는 유행처럼 널리 퍼진 경제적 이데올로기이다. 그러나 성공적인 외래 침투 생물종들이 전 세계로 퍼져나가게 되는 생물상의 세계화는 종종 지역 생물종의 멸종을 야기하기도 하지만, 범지구적 생물상의 균질화를 야기할지도 모른다. Lövei(1997)는 이것을 생물권의 “맥도날드화”로 표현하였다. 그러나 생물종의 다양성, 서식처의 다양성, 유전자의 다양성은 지구환경의 변화에 대응하여 지속가능한 번영을 보장받을 수 있는 최고의 방법이다. 결국 다양성을 인정하는 것은 민주사회의 발전과 생태계 보전의 최고 덕목이다. 이러한 다양성을 보존하는 데에 있어서 사회적, 지구환경적 여성의 역할은 매우 지대하다.

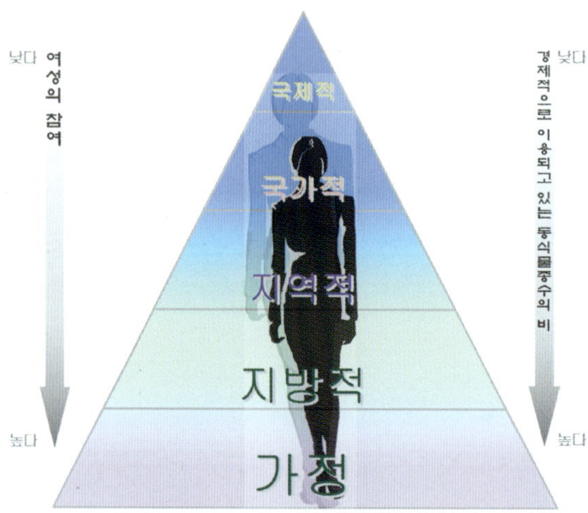

생물자원 소비와 무역의 체계

생물자원은 국제적 수준보다 가정생활에서 더욱 적극적이면서 집약적으로 이용되고 있다. 또한 여성의 참여도는 국제적 수준에서보다 가정생활에서 훨씬 더 높다. 따라서 생물다양성에 대하여 여성의 기여도는 상대적으로 크다는 것을 의미한다.

다양성의 가치는 무엇인가?

다양한 것과 단순한 것에 대한 장점과 단점을 서로 비교해보자. 지구 생태계 속에서 생물종의 다양성은 생물종들의 멸종 위험성을 감소할 수 있다. 단일 종으로 조림된 숲보다는 여러 가지 나무들이 섞여 있는 혼합림에 많은 생물종들이 살 수 있다. 개성이 다른 인간의 다양성은 그 사회를 풍요롭게 하고 민주주의의 기본 요소이다. 그러나 그러한 다양성은 공통된 합일점을 찾기가 매우 어려울 뿐만 아니라, 추구할 필요가 없다. 특히 환경 문제는 서로 이해를 달리하는 집단의 대립으로 해결이 어려울 때가 많다. 상충된 사고와 의견에 대하여 토론을 통해 도출된 합일점은 강한 민주사회를 만든다. 자연생태계에서 수많은 생물종과 환경조건의 자연적인 얼개(먹이사슬, 진화, 도태 등)를 통한 현재의 다양성은 여러 가지 환경변화에 대응하여 생물공동체의 계통적 생존의 최고 방책이다.

돌연변이는 자연계의 생물다양성을 증가하게 하는 주요 기작 가운데 하나이다. 그런 돌연변이는 특정 환경에 대한 적응과 생존을 통해 생물체의 계통 존속을 가능하게 하는 생물체들의 돌발적 대응으로 규정할 수 있다. 오염된 하천변에서 드물게 나타나는 '털갈퀴덩굴'의 돌연변이체 '흰털갈퀴덩굴'.

4 땅은 제한 자원이다

지구 생태계의 생명 기반인 식물은 땅에 뿌리를 내린다. 뿌리들은 겨우 0.2mm 수준으로 땅 속 공간을 나누어 사용하며, 일생동안 한 평에서 모든 것을 얻는다. 그 덕택에 무한하지 않는 토지 자원이지만 그 위에 살아가는 식물들은 우리 인류 모두를 부양할 수 있는 것이다. 토지는 사람들에 의하여 소유되고 있지만, 생명을 부양하는 공공재 성격을 포함하고 있을 뿐만 아니라 수자원처럼 제한된 자원이다. 우리에게 살아 숨쉴 수 있도록 도와주는 식물, 동물, 식량 그리고 마실 물을 제공하는 것은 토지(땅)이다. 조리와 냉난방을 위하여 사용하는 연료와 에너지는 직접 나무로부터 얻기도 하고, 간접적으로는 매장된 생물체의 시체로부터 장구한 세월에 걸쳐 만들어진 석탄, 천연가스, 석유 등의 화석연료로부터 획득된다. 우리는 땅 속에서 채굴한 광물로 기계를 만들고, 다시 그 기계를 이용하여 태양력, 풍력, 수력, 조력을 만들어 낸다. 또한 우리는 지표면에서 얻은 재료를 이용하여 건물과 옷, 그리고 여러 가지 재산을 만든다. 결국 우리가 소유하고 필요로 하는 모든 것은 어떤 형식으로건 바로 이 토지에 의존하고 있다.

흙, 토지, 그리고 사막화

아름다운 숲이나 바다처럼 생명체를 먹여 살리는 또 다른 생명부양계인 토양은 '생명의 흙'이다. 그런 흙이 있는 어느 곳에서도 지구상의 최초 생산자인 녹색 식물이 깃든다. 10,000년이란 장구한 세월 속에 만들어진 10 cm 깊이의 토양을 보전하는 것은 생명의 지속가능성을 보장받기 위한 첫걸음이다.

토양(土壤, 흙)은 지구 표면의 최상층을 차지하며 토양입자와 암석 그리고 물과 공극(孔隙)의 미세한 입자 크기로 이루어져 있다. 토양층의 최상부는 죽은 동식물 시체가 썩은 거름(humus)과 덜 썩은 찌꺼기(litter)로 이루어져 있다. 거름은 비옥한 토양을 만드는데 가장 중요한 비입자성 물질이다.

토양은 지구의 최초 생산자인 식물이 필요로 하는 여러 가지의 화학 성분을 제공하는 식물성장에 필수적인 공간이다. 표층 토양(topsoil, 표층토)은 지표면 가까이에 거름이 풍부하며, 그 아래 미네랄이 풍부한 흙으로 이루어져 있으며, 다시 그 아래에는 모암(母岩)이 위치한다. 식물 뿌리는 물과 공기 그리고 미네랄을 흡수하기 위하여 미세한 토양입자(토양알갱이) 사이에서 살아간다. 대부분의 토양은 빗물, 바람, 얼음, 산악 가스, 그리고 식물 뿌리에 의하여 대형 암석이 부서지는 풍화작

[도움글] 토양층(soil layer)과 토양입자(soil particle)

토양층은 최상부 O층의 낙엽층(litter층)과 거름층(humus층), 그 아래에 토양미소생물이 가장 풍부한 A층, 미네랄이 아주 풍부한 B층 등으로 이루어져 있다. 식물 뿌리는 주로 A층과 B층에서 잘 발달한다.

토양 생물상(soil biota)을 제외한 토양의 물리적 구성요소로서 토양입자의 크기에 따라 자갈(2mm 이상), 모래(2~0.05mm), 실트(0.05~0.002mm), 점토(0.002mm 이하) 등으로 구분한다.

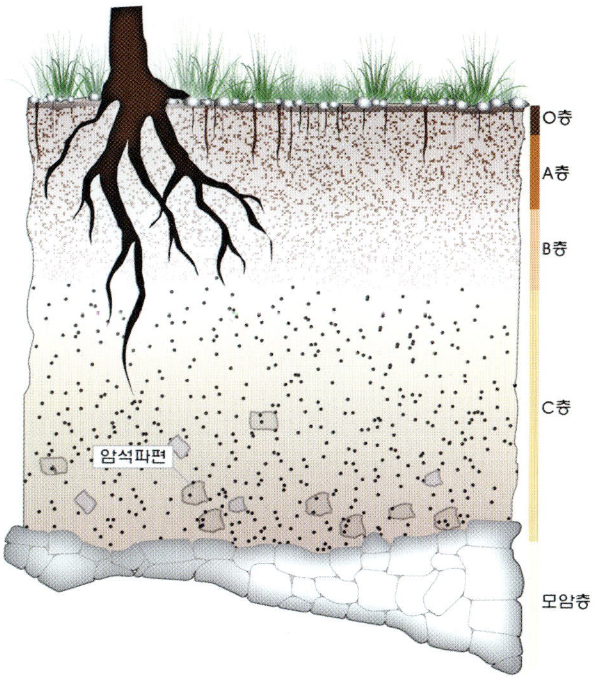

토양은 토양입자 간의 공극(토양입자 간의 틈) 속을 채우고 있는 물 분자와 미네랄, 생물찌꺼기 등의 비생물적 요소들과 공극 속에 살고 있는 각종 토양소동물들의 생물적 요소로 이루어져 있는 하나의 생태계이다.

토양입자의 크기에 따라 토양 공극의 크기도 크게 다르다. 공극이 큰 모래는 공기와 물이 잘 통하는 통기성과 통수성이 탁월하지만, 점토는 그 반대이다. 따라서 토양 입자에 따라 공극 속에 살고 있는 토양 생물상의 생태적 생활양식은 크게 다르다. 땅 속의식물 뿌리는 0.2mm 수준으로 공간을 나누어 뻗어간다. 토양을 구성하는 입자에 따라 뿌리 생장의 차이도 크다. 일반적으로 입자가 작은 진흙(점토) 성분이 많은 토양은 모래가 많이 섞인 것보다 통기성(通氣性)과 통수성(通水性)이 불량하다.

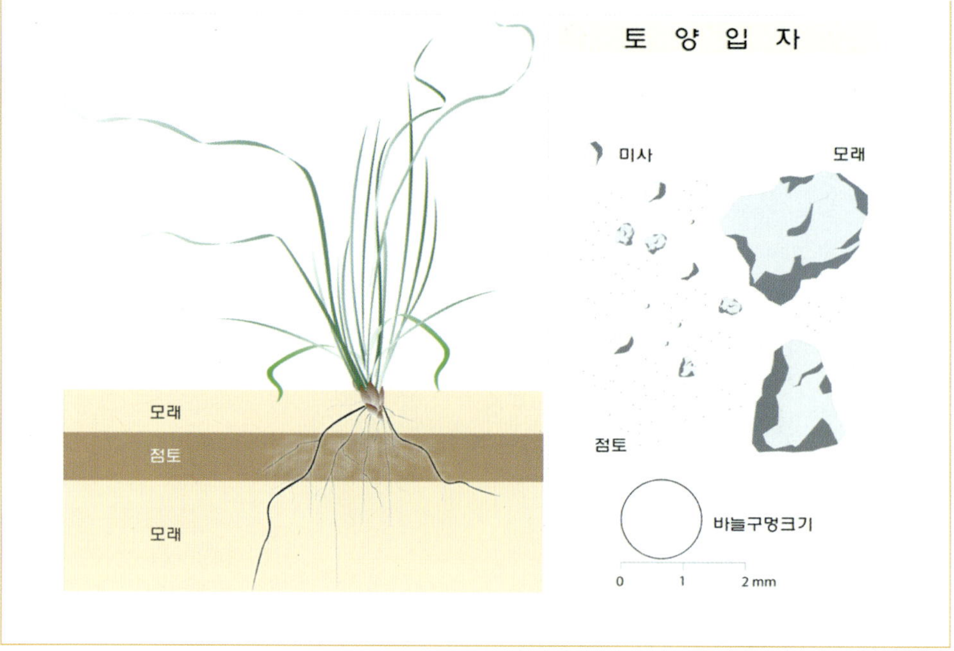

용에 의하여 미세한 입자성 암석파편으로부터 만들어진다. 또한 하천은 토양의 재료가 되는 물질을 50년에 걸쳐서 약 30cm 정도를 그 하류에 옮겨 퇴적시킨다.

토양 속에는 우리가 상상하는 것보다 훨씬 많은 생명체들이 살고 있으며, 지구상의 모든 생명체들은 토양에 의존하고 있다. 토양은 아름다운 숲이나 바다처럼 생명체를 먹여 살리는 생명부양계(life-support system)로서 기여한다. 축구장 크기의 면적 속에는 서울 인구의 30배에 이르는 3억 마리의 지렁이, 진드기, 노래기 같은 소형 동물이 살고 있으며, 미소생물종(微小生物種)인 박테리아, 조류, 곰팡이 등은 상상할 수 없을 정도의 엄청난 숫자(richness)로 서식하고 있다. 이들 상리공생(相利共生) 생물들은 유기물을 식물이 이용 가능한 형태인 무기물로 바꾸어 주며, 다시 식물이 만들어 준 유기물을 먹고산다.

따라서 토양은 다양한 생물종의 서식공간으로 지구 생태계의 일차 생산자인 식물의 성장에 필요한 물질과 에너지의 공급처이다. 그리고 모든 생물의 시체나 배설물을 무기물로 최종 분해·처리하는 장소로서 지구환경 속에서의 그 기능은 매우 지대하다.

토양은 지역이나 경작지에 따라 질적으로 큰 차이를 보여준다. 작물 생산에 적합한 토양이 있는가 하면, 사막이나 습지처럼 극단적으로 건조하거나 습한 토양도 있다. 지구상에는 육지로 노출되어 있는 135억 헥타르의 면적 가운데 겨우 약 1/10 남

방목은 삼림황폐를 초래하고 연쇄적으로 토양유실과 토질 쇠퇴가 촉진됨으로써 사막화 현상을 가속화한다.

짓의 면적(15억 헥타르)이 경작지로 이용되고 있으며, 인류의 노력에 따라서는 약 33억 헥타르의 면적을 경작지로 활용할 수도 있는 잠재적 유용 토지가 있다.

우리가 작물을 경작하려면 토양 속에 적절한 양의 영양분이 있어야 한다. 그렇지 않고 거름성분이나, 표층 토양, 그리고 미생물이 존재하지 않는 토양에서는 식물이 살아갈 수 없다. 장구한 세월에 걸쳐서 집약적인 영농이 이루어진 토지는 그 토양 속에 극히 적은 수의 미소동물(微小動物)만이 포함되어 있으며, 주요 미네랄이 부족하고, 화학비료나 제초제에 의하여 크게 황폐화되어 있다. 뿐만 아니라 침식작용에 의해서 암석 파편으로부터 만들어지는 새로운 토양은 1cm 깊이의 흙을 만들기 위해서는 무려 1,000년이란 시간이 걸린다. 따라서 모든 식물종자와 토양 미소생물을 포함하고 있는 '생명의 흙'은 경작을 위해 필요하며, 그러한 경작을 위한 최소한의 토양 깊이인 10cm를 유실하게 된다면 10,000년이란 자연의 잠재력을 잃고 마는 것이다.

삼림의 남벌, 척박한 토양에서의 경작, 집약적인 경작과 방목 등은 토양 유실에 의해 촉진되는 토지의 사막화 현상의 주요 원인이다. 현재 지구상의 사막은 8억 헥타르로 지구 전체 육상면적(135억 헥타르, 빙하지역 제외)의 6%를 차지하며, 사막화의 위험에 처해 있는 지역은 약 38억 헥타르로 28%에 이른다. 이러한 사막화 현상은 아프리카와 같은 열대 지역과 몽고 및 중국 내륙지역의 온대 건조지역에서

[도움글]	방목 (pasture)

방목은 두 가지 형태로 이루어진다. 지역의 계절에 따라 자연 지역 내에 직접 동물을 방사하여 초식(草食)을 하도록 하는 경우와 일정한 제한된 공간 내에서의 목축(meadow)이 있다. 야생지역 내에서의 집약적 방목으로 사막화가 진행되고 있는 몽골 내륙지역.

이러한 방목에 있어서 염소나 양의 경우와 말과 소의 경우의 초식 영향이 그들의 입 모양과 초식방법에 의하여 방목의 영향은 크게 다르다. 식물체의 분열조직(meristem)까지 초식하는 염소나 양의 대량 방목은 식생의 초토화를 초래하고 사막화를 촉진한다.

심각하게 일어나고 있다. 땅 크기가 미국보다 6배나 작은 에티오피아에서 연간 토양 유실량은 미국 전체의 그것과 같을 정도로 매우 심각하다. 한편, 사막화 현상은 지역의 기후적 특성에 따라 국지적으로 발생한다.

우리나라와 같이 계절적 강수량의 편향에 따라 홍수와 가뭄이 발생하는 지역에서의 토양 보전은 국지적 사막화를 방지하는 주요 전략이다. 우리나라의 과우지역(寡雨地域)에 속하는 동해안 포항 지역 일대에서 발생한 산불(1994)은 그 지역의 삼림황폐화를 초래하였고, 이로 인하여 토양유실이 발생하였으며, 결국 자연의 회복이 매우 느린 '준사막화 현상'이 관찰되고 있는 실정이다.

산불은 토양침식과 같은 이차적 환경피해를 발생한다.

토양침식을 막기 위해서 산불지역에 대한 등고선 방향으로의 잔챙이 정리가 이루어지고 있다.

[도움글] **사막화 현상(desertification)**

토양의 유실과 척박함으로 인하여 식생의 발달이 거의 불가능한 입지환경으로 변화하는 현상이다. 토지의 사막화로부터 본래의 토지환경으로의 회복은 거의 불가능하거나 아주 장구한 세월이 걸리는 것이 특징이다. 이러한 사막화 현상은 현재도 진행되고 있다. 지구상의 사막화 현상은 크게 4 가지로 구분한다. (1) 사막으로 분류된 지역은 이미 사막으로 존재하는 지역으로 지구 전체 육상면적(135억 헥타르, 빙하지역 제외)의 6%를 차지하는 8억 헥타르에 이른다. (2) 극사막화 현상(very high risk)은 이미 사막화가 크게 진전되어 있는 지역으로 약 4억 헥타르 지구 육상면적의 3%)를 차지하고, (3) 고사막화 현상(high risk)은 약 16억 헥타르(지구 육상면적의 12%), 그리고 (4) 중사막화 현상(medium risk)은 사막화의 초기단계로서 식생의 발달이 매우 느리게 진행됨으로써 앞으로 다가올 불규칙적 기상재해(가뭄 또는 집중호우 등)에 의한 토양 침식의 우려가 높은 지역으로 약 18억 헥타르(지구 육상면적의 13%)를 차지한다.

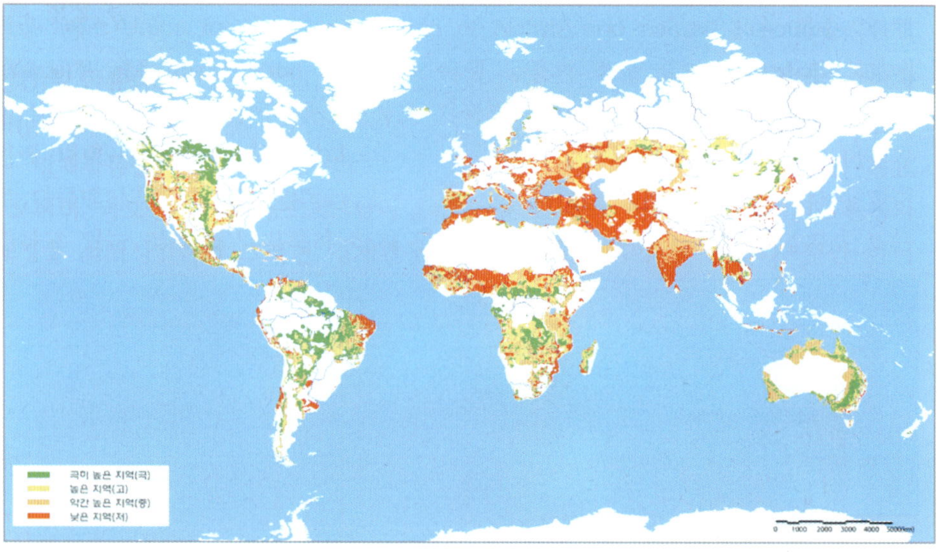

아프리카 전역의 55%가 사막화 상태이며, 아시아 지역의 2/3는 사막화의 위험에 직면해 있다. 이들 지역에서의 주된 요인은 삼림황폐화 및 집약적인 농업과 부적절한 관개 시설에 따른 수자원의 고갈에서 기인하다.

땅의 의미는 무엇이며, 흙냄새가 새롭게 느껴지는 이유는 무엇일까?

흙과 바위로 이루어진 땅은 지구환경의 유일한 생산의 근원이다. 모든 생명의 근원(종자, 알, 애벌레, 영양분, 물 등)을 잉태하고 생산하기도 하면서 모든 사체를 분해하여 저장하기도 한다. 그래서 흙은 하나의 우주라고도 한다. 그런 땅 가운데 흙은 지구생태계 보전에 매우 중대한 기능을 감당한다. 흙 속에는 수많은 생물체들의 독특한 생태계가 형성되어 있으며, 그 나름의 항상성과 질서를 가지고 있다. 그런 흙은 항상 공기와 접하여 호흡할 수 있도록 노출되어 있을 때, 살아 숨쉬는 생명력이 있는 흙이며 땅인 것이다. 오늘날 도시 지역에서의 흙 밟기는 매우 드문 일이다. 하루 일과 중에서 흙을 밟아보는 시간이 얼마나 되는지 토론해 보자. 그리고 멀리가 날 때에 상큼한 흙냄새는 멀미를 가시게 한다. 그 이유가 무엇인지 조사해 보자. 흙과 친숙해질 수 있는 시간이 갈수록 짧아지는 현대인의 도시 문명생활은 과연 바람직한 것인지도 논의해 보자.

비생물적 환경으로 대표되는 회색의 도심지역

녹색의 생명체, 식물

식물은 우리를 먹여 살리고, 우리에게 옷을 입혀주고, 우리를 숨쉴 수 있도록 해 준다. 그러나 인류를 직접 먹여 살리고 있다고 생각하고 있는 경작물의 생체량은 지구 전체의 식물 생체량에 0.5%에 지나지 않는다.

지구상의 녹색 생명체인 식물이 존재하지 않는다면 어떠한 동물도 생존할 수 없다. 모든 동물은 살아가기 위하여 호흡을 통해 산소를 흡수하여야 한다. 지금으로부터 25억 년 전 지구상에 광합성(photosynthesis) 식물이 출현함으로써 공기 속에는 산소가 증가하게 되었다. 식물은 광선(빛에너지)을 이용하여 종속영양 생물인 동물들이 사용 가능한 화학에너지라고 하는 물질(탄수화물)을 만들어 준다. 동물들은 그러한 식물을 먹기도 하고 또 다른 동물을 먹기도 한다. 식물은 비바람으로부터 토양 유실을 보호하고 직사광선으로부터 토양건조를 방지한다. 식물의 뿌리를 이용하여 토양 속의 물을 흡수하여 잎의 증산작용을 통하여 대기 중으로 수송한다. 그래서 혹서(酷暑)와 혹한(酷寒)으로부터 인간과 동물들이 살아갈 수 있도록 지역의 기후를 온화하고 조용하면서도 쾌적한 환경으로 만들어준다. 뿐만 아니라, 우리에게 의식주(건축, 옷, 염색, 약 등)를 위한 유용한 재료를 제공한다.

[도움글] **광합성(photosynthesis)**

식물은 잎의 엽록체에서 빛(光) 에너지를 이용하여 대기 중의 탄소(CO_2, 炭素)와 토양 속의 물(H_2O, 水)을 합성하는 화학적 작용에 의하여 탄수화물(炭水化物)을 생산한다. 식물은 이 탄수화물로부터 지질과 단백질을 만든다. 식물은 이러한 광합성을 통하여 우리가 호흡하는 데에 필요한 산소를 대기 중으로 방출해 준다. 따라서 대기권 속에 산소(O_2)와 이산화탄소(CO_2)의 양을 자연적으로 조절하는 유일한 생명체는 지구를 덮고 있는 녹색의 식물 사회인 식생(植生, vegetation) 자원이다.

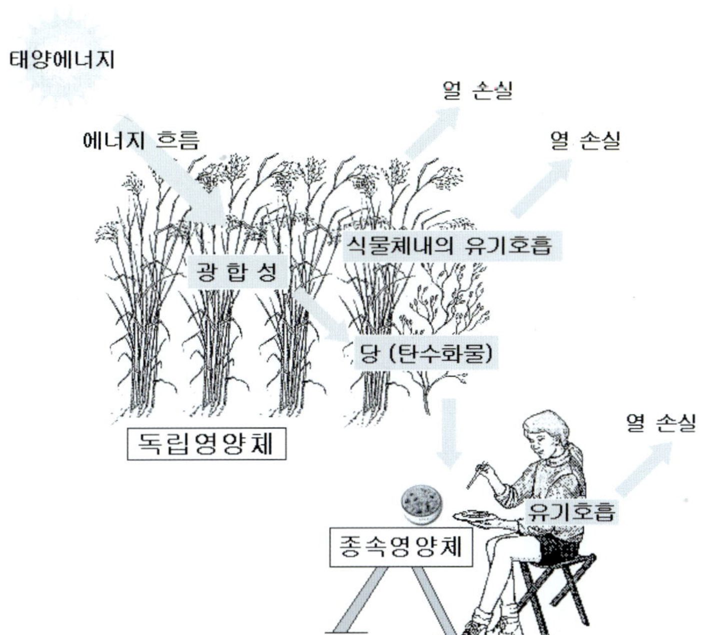

지구 생태계를 부양하는 에너지의 원천은 일차생산자(독립영양체)인 녹색 식물에 의해 태양에너지가 화학에너지(탄수화물)로 고정됨으로써 얻어진다. 그러한 에너지 고정 과정을 광합성이라 한다.

지구상의 모든 살아 숨쉬는 생명체의 생체량(biomass) 가운데 99%가 식물이지만, 그러한 생체량이 이 지구상에 고르게 분포하고 있지 않다. 지구 육상 면적의 50% 이상을 차지하는 사막과 툰드라지역은 지구 전체의 식물자원 생체량 가운데 겨우 2%만을 차지하며, 지구 전체 생체량의 50%를 차지하고 있는 열대강우림 지역은 겨우 지구 육상면적의 약 10%에 지나지 않는다. 우리가 살고 있는 온대림 지역은 지구 육상면적의 약 8%를 차지하면서 지구 전체 생체량의 21%를 차지한다. 따라서 열대강우림 지역과 온대림 지역을 합하면 지구 전체의 식물생체량의 70% 이상을 차지하는 매우 중요한 생물군계(biome) 지역임을 알 수 있다. 이것에 비하여 인간의 영농에 의하여 획득되는 경작물의 생체량은 지구 전체 식물생체량에 0.5%에 지나지 않는다.

[도움글] **열대강우림(tropical rain forest)**

열대강우림의 식물들은 매우 빨리 자라며, 매년 새롭게 만들어져 삼림을 구성하는 식물 생장량은 약 25%에 이른다. 열대강우림 지역의 식물자원 생산 속도는 온대 지역의 2배, 북방침엽수림지역의 4배이다. 그러므로 열대강우림 지역의 토양 미네랄과 수자원, 그리고 이산화탄소는 삼림 형태로 저장되어 있는 셈이다. 그러므로 열대강우림의 벌채에 따른 삼림 면적의 감소는 열대강우림 지역의 토양잠재력을 유실하게 하며, 대기 중의 이산화탄소의 증가를 초래할 수 있다. 1950년대의 지구 육상지역의 1/3은 열대림과 온대림으로 이루어져 있었으나, 그 후 1975년에 이르기까지 열대림의 급격한 면적 감소가 있었다. 20세기 말, 열대림은 50년 전의 면적의 1/3만이 남아 있으나, 온대림 지역은 그래도 현상을 유지하고 있다. 그것은 온대림 지역의 대부분의 국가는 선진 산업국가들로서 자국의 삼림 보호와 삼림 증진에 노력해 왔으나, 열대림 지역은 대부분 저개발국가들 속에 위치하고 있으며 국가 경제의 중요한 부문이 이 열대림을 통해서 획득되고 있기 때문이다. 그러나 그러한 열대림 면적의 감소는 오히려 선진 산업국가들의 무절제한 자연자원의 소모로부터 기인한다. 그것은 문명사회에 하나의 척도로 이용되고 있는 종이의 소모가 대부분 선진산업국가에서 이루어지고 있으며, 값싸게 수입한 목재로부터 종이를 만드는 펄프산업이 중흥하고 있기 때문이다. 결국 벌채된 열대림 지역은 그 토지의 잠재력을 상실하게 되어 열대림 지역의 지속가능한 경제활동이 더 이상 유지될 수 없다는 데에 문제의 심각성이 있다.

[도움글]	생물군계(biome)

지구상의 식물사회에 의한 생물군계(生物群系)에는 크게 10 가지가 있다. 극지방과 고산의 툰드라, 고위도(高緯度) 지방의 북방침엽수림, 중위도(中緯度) 지방의 온대활엽수림과 온대초원, 적도 지방의 열대초원, 사바나, 열대강우림, 열대낙엽수림(열대계절림), 지중해 지역의 상록경엽관목림, 그리고 사막 등이다. 따라서 생물군계는 경관(landscape) 단위보다는 크며, 생물지리학적 지역(biogeographical region) 단위보다는 작은 단위이다.

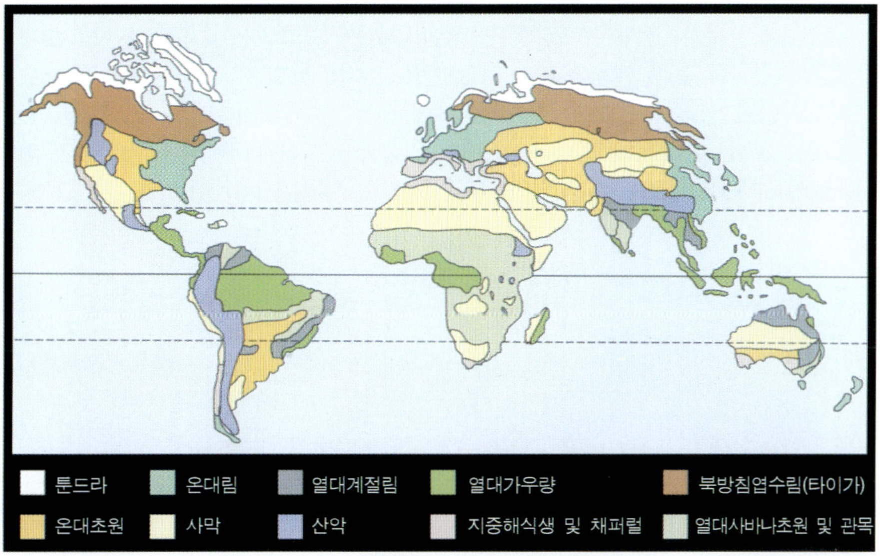

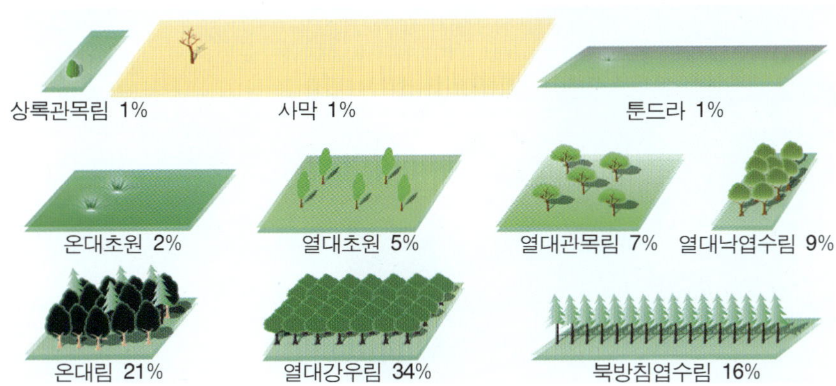

생물군계별 육상 생태계의 생산성. 지구 육상 면적(그림의 밑받침대 크기는 생물군계별 상대적 면적을 나타냄)의 28.1%(42 x 10^6 km^2)를 차지하는 사막은 육상 생태계의 생체중량 가운데 겨우 1%를 차지하지만, 육상 면적의 10% 밖에 차지하지 않는 열대강우림은 육상 생체중량의 약 34%를 차지한다.

녹색의 식물이 존재하지 않는다면 지구는 어떤 모습일까?

지구 대기권에 존재하는 산소는 식물에 의해 토양으로부터 뿌리를 통해 흡수된 물이 분해됨으로써 만들어진다. 뿐만 아니라 일차생산자로서 녹색 식물은 인간이 직접 사용할 수 없는 태양광선을 이용하여 공기 중의 이산화탄소와 뿌리에서 흡수된 물을 반죽하듯 광합성 작용을 통해 인간이 사용 가능한 물질에너지(탄수화물) 즉 식량을 생산한다. 결국 녹색 식물은 공기 중의 산소를 공급하고, 이산화탄소를 흡수하고, 식량을 제공하고, 지구의 물 순환 통로로 기여하는 지구생태계의 토대가 된다. 따라서 지구 전체의 식물은 식량자원으로서의 역할보다도 지구환경적으로 지구를 생명의 삶의 터전으로 부양하는 데에 훨씬 큰 역할이 있다. 한 사람이 하루 동안 소모하는 산소량과 내뱉는 이산화탄소량이 얼마이며, 그 양을 감당하기 위해서는 몇 그루의 나무가 필요한지 조사해 보자.

녹색 식물은 지구상에 산소를 공급해 주고, 탄소를 저장하고, 물을 순환하게 한다. 따라서 1차 생산자로서 녹색 식물이 존재하지 않으면 지구는 산소결핍증으로 인간을 포함한 종속영양자들은 생존할 수 없다. 녹색 식물의 증산과 광합성은 수권, 토양권, 생물권, 기권의 지구 권역 속에서 물과 탄소를 순환하게 하는 동력 가운데 하나이다. 따라서 녹색식물이 존재하지 않는 지구는 엄청난 열수지 환경에 혼란이 발생함으로써 과학자도 예측할 수 없는 지구기후변화를 초래할 것이다.

삼림의 존재 가치

삼림은 지구 자연자원의 최대의 보고이다. 그러나 그 보다도 삼림은 지구생태계를 구성하고 있는 생물종과 인류의 삶의 터전을 보장해 주고 있어 그 존재의 가치가 훨씬 크다.

삼림(森林, forests) 식생은 산림청에서 사용하는 산림(山林, mountain forests) 식생을 포함한다. 숲(forest)은 다층 구조를 가지는 식생형의 한 형태이다. 따라서 산지와 충적대지, 충적구릉지, 암각지, 사력지(沙礫地) 등의 다양한 입지의 토지환경 속에서 다층의 임분(林分, forest stand)이 존재하기 때문에 삼림의 총칭을 산림으로 사용하는 것은 부적절하다. 조선총독부의 한반도 '산림자원 조사'에서 사용된 산림은 다층의 숲을 지칭하고 있기 때문에 정확한 용어 사용이라 할 수 없다. 삼림은 다층의 구조(木 + 木 + 木 = 森)를 가지는 숲을 의미하며, 산림은 산에 있는 숲 또는 인공적으로 관리되고 있는 숲으로 일정한 크기의 수목을 나란히 식재(木 + 木 = 林)하여 가꾸는 숲을 의미한다. 본래 산림이란 불교용어로서 절의 재산을 관리하는 일을 의미하였으며, '살림을 잘 한다는 말'의 살림도 이 산림에서 유래한다.

삼림을 다층의 구조를 가진 입체적인 생물 서식 공간으로 기여한다. 삼림의 수평적, 수직적 위치에 따라 각기 다른 생물종이 서식한다. 숲 가장자리에서 내부로 향하면서 숲의 소매 부문과 숲의 어깨, 그리고 숲의 몸통 부분에 따라 각기 다른 생물종이 서식하며, 숲 바닥층에서 숲 중간층과 숲 지붕층으로 옮겨가면서 각기 다른 생물종이 서식한다. 이와 같이 숲은 아주 다양한 생물종이 동시에 함께 살아갈 수 있는 서식처이다. 따라서 층 구조가 완전히 다른 삼림과 초지는 생물 서식 공간으로서의 기여도가 크게 다르다.

삼림으로부터 건축 재료인 목재, 난방 및 요리를 위한 연료, 문명 활동을 위한 종이, 아스피린과 같은 약품을 만들기 위한 물질, 그리고 버섯과 같은 식량 자원을 획득하고 있다. 목재로 만들어진 주택의 벽은 주택의 난방 및 냉방의 효과가 시멘트, 플라스틱, 금속 등으로 이루어진 벽보다 탁월하여 에너지 이용효율 면에서 훨씬 유리하여 고급주택일수록 많은 목재를 필요로 한다. 그러나 무엇보다도 삼림은 지구생태계를 구성하고 있는 생물종과 인류의 삶의 터전을 보장해 주고 있다. 삼림은 아직도 비밀을 간직하고 있어서 얼마나 많은 생물종이 삼림에 의존하고 있으며, 따라서 얼마만큼 인류에게 도움을 줄 수 있는 잠재력을 내포하고 있는지를 가늠할 수 없을 정도이다. 따라서 인류는 삼림으로부터 그 미래를 찾을 수도 있다.

폭발적인 인구증가와 그에 따른 식량공급을 위하여 경작지 면적의 확대는 필연적이다. 경작지 조성의 가장 간단한 방법으로 인류는 원시림을 태워 농지를 만드는 화전 농법을 이용하였다. 동남아시아에서 이 농법이 가장 번성하였고 그로 인해 열대원시림이 급속히 감소하게 되었다. 오늘날 삼림에 직접적으로 의존하면서 생활하고 있는 인류는 2억여 명으로 추산되고 있으며, 이들에게의 삼림은 생활의 터전이자 생명이기도 하다. 또한 삼림은 지구 인구의 1/2 이상이 살고 있는 저개발국에서 주로 땔감으로 이용되고 있으며, 선진 산업국에서는 펄프를 포함한 여러 가지 산업의 재료로 이용되고 있다.

[도움글] 인구 증가

일만 년 전부터 세계 인구는 매우 극적인 증가를 보여주고 있다. 특히 최근 천년 간(서기 1000년~2000년)의 인구증가는 폭발적이다. 서기 1492년에 지구 전체 인구는 현재 우리나라 남북한 총인구 수준인 겨우 7천2백만이 넘지 않았다. 그러나 1950년과 1985년 사이에 지구 인구는 25억 인에서 50억 인으로 배로 증가하였으며, 현재 약 55억 인으로 추산하고 있다. 이러한 증가 추세는 서기 2050년에 지구 인구가 89억 인을 돌파하게 될 것을 의미한다. 인구증가율은 산업선진국과 개발도상국간의 차이가 뚜렷하다. 대부분의 산업선진국에서는 증가율이 1% 이하를 나타내지만, 아프리카와 라틴아메리카, 그리고 동남아시아 등에 위치하는 개발도상 국가들에서의 인구증가율은 2%를 상회하고 있다. 우리나라의 최근 인구증가율을 전 세계에서 가장 낮은 수준을 보여주고 있다.

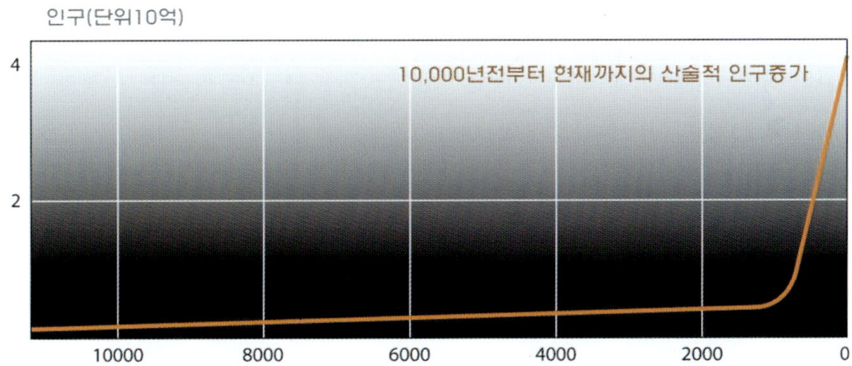

서기 1,000년 이후의 폭발적인 세계인구 증가는 지구환경과 인류 식량 문제를 위협하는 근본적인 원인으로 대두되고 있다.

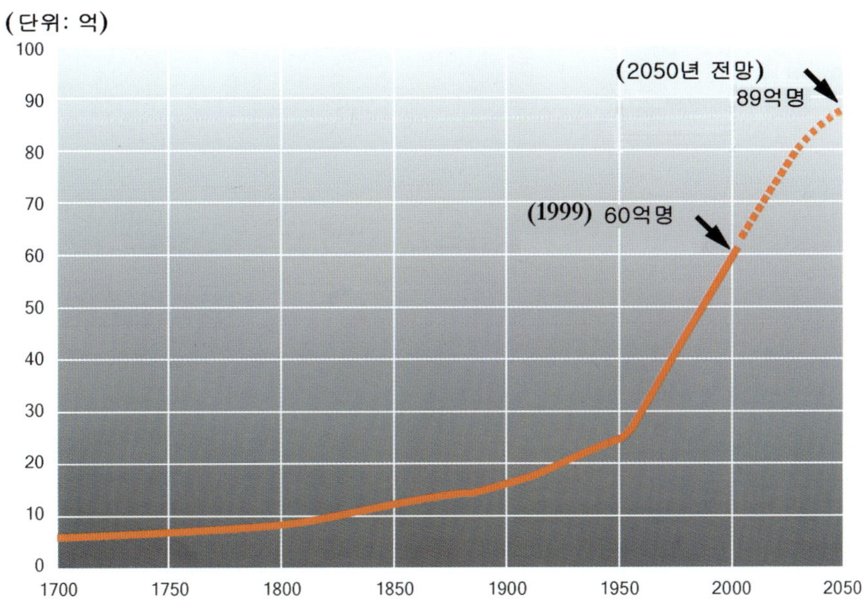

지구 자체의 건조화뿐만 아니라 인간의 활동에 의해 삼림의 파괴가 계속되어 육지의 35~40%에 해당하던 삼림면적이 지금은 30% 정도로 감소되었다. 특히 열대강우림의 경우 35억 헥타르가 지금 25억 헥타르로 줄어들었으며, 여러 가지의 이유로 인해 매분 마다 10헥타르가 사라지고 있는 실정이며, 매년 우리나라 면적의 약 두 배 정도인 1천7백만 헥타르의 삼림지역이 유실되고 있다. 이러한 삼림지역의 감소에 따라 대기권에 산소 및 이산화탄소의 불균형이 발생하고 있지만, 우리에게 어떤 영향이 미치게 될지 그 결과를 명확하게 진단하고 예측하기란 그리 쉬운 일이 아니다.

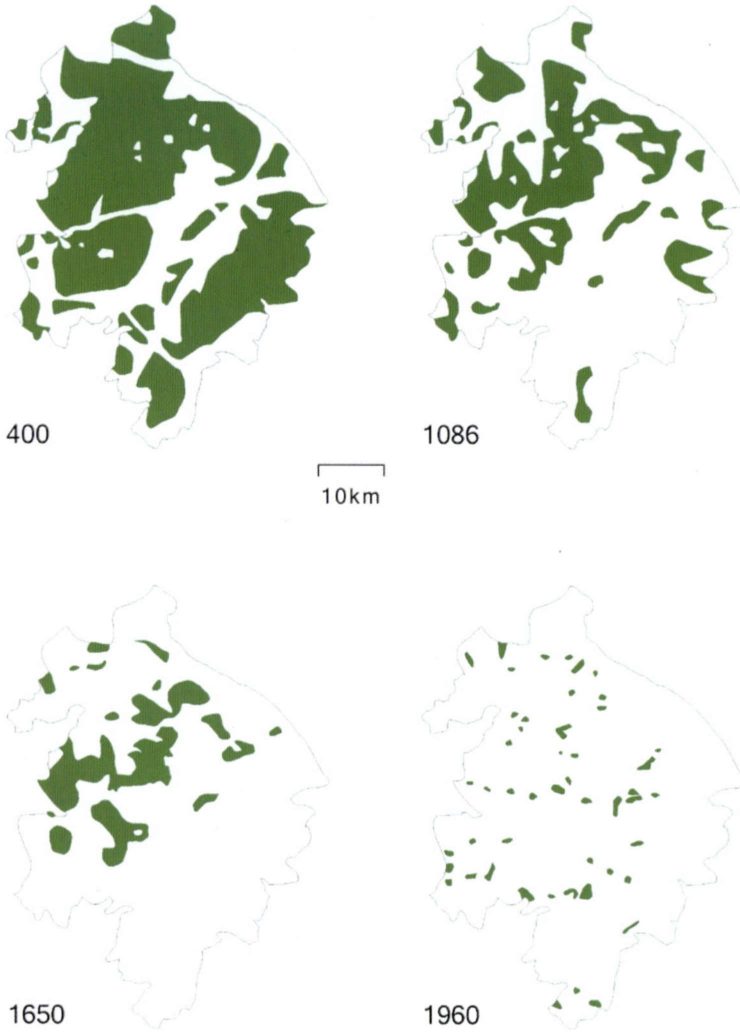

영국 Warwickshire 지방의 삼림의 조각화와 면적 감소 (Primack, 1995). 지난 1,000 년간의 삼림 면적의 감소는 특히 온대지역에서 극적으로 진행되어 왔으며, 이러한 현상은 선진 산업국가에서 공통적으로 관찰된다.

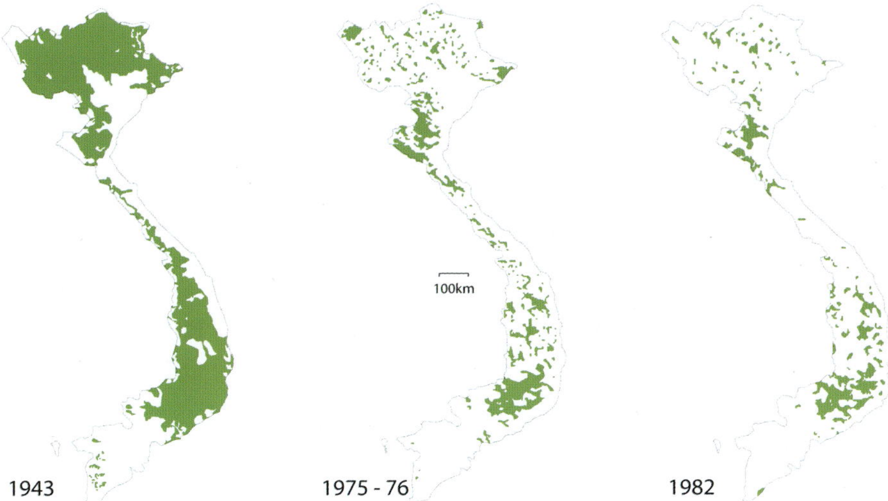

베트남의 삼림 조각화와 면적감소는 1970년대 이후 극적으로 진행되고 있으며, 대부분의 경제개발도상국은 이와 유사한 패턴을 보이고 있다.

산성우에 의해 파괴된 독일 흑림지역의 벌채

대규모 산불은 이산화탄소의 저장고와 야생생물 서식처를 유실하게 된다.

수많은 식물종들로 이루어진 삼림은 광합성을 통하여 식물의 생장과 더불어 생산되는 산소 공급원으로서, 그리고 이산화탄소의 저장고로서, 나무의 뿌리와 잎은 토양에서 대기 중으로의 수분 수송을 감당함으로써 지구상의 생물체를 위해 아주 적합한 기후환경과 대기 정화의 기능을 감당하는 핵심적 생태계 요소이다. 뿐만 아니라, 삼림은 홍수 방지에 크게 기여하고 있으며, 수많은 생물종의 번식과 생장을 가능하게 하는 건전한 서식처로서 매우 중요하다.

모든 인류가 삼림의 이러한 공익적 가치를 인정하고, 훼손되어서는 안 되는 것으로 인식하면서도 지구의 삼림이 계속 유실되고 있는 이유는 무엇일까? 그것은 삼림 벌채 및 이용을 통하여 인류가 잘 살수 있다는 막연한 생각에서 기인한다. 특히 지역 주민들은 그러한 방법을 통하여 부자가 될 수 있다는 단견에서 비롯되기도 한다. 그러나 삼림벌채는 향토지역을 더욱 황폐화할 뿐이며 결코 지속가능한 경제활동이 될 수 없다. 사실 지역주민에 의한 소규모 삼림벌채는 시간의 경과에 따라 그 회복은 느리지만 어느 정도 가능하다. 그렇지만 거대한 댐의 건설이라던가, 대규모 광산개발, 그리고 상업적인 목축을 위한 대규모 삼림벌채에 따른 광범위한 면적의 삼림 유실은 그 지역의 생태계 훼손은 물론, 궁극적으로 그 지역의 토지잠재력을 상실하게 하고 지역주민을 더욱 빈곤하게 하는 원인이 된다. 또한 그러한 대규모 벌채 또는 산불은 대기 중의 이산화탄소의 양을 증가시키는 원인이

되어 지구온난화를 초래한다.

1979년~1989년 기간 사이에 삼림황폐화의 결과로부터 방출된 탄소(C)가 41% 증가하였다고 한다. 또한 국부적인 삼림황폐화에 의한 수분 순환 환경의 교란은 일부 잔존림(殘存林)의 지속적인 건조현상을 초래함으로써 삼림지역의 변경으로부터 얻어지는 경제적 이익이 삼림자원의 지속가능한 이용으로부터 발생되는 경제적 이익보다 적은 것으로 밝혀져 있다.

이와 같이 전 세계에 걸친 삼림 유실로 인하여 생물 종 유실, 지역 기후의 변동, 하천과 유역의 피해, 그리고 결과적으로 침식 증가 등의 아주 많은 문제점이 야기되고 있다. 결국 삼림황폐화는 지구의 자연환경 조건에 큰 변화를 야기함으로써 지구의 이 아름다운 삶의 터전을 잃어버리게 된다는 것을 의미한다. 최근 인류는 이러한 삼림황폐화에 대한 심각한 자각으로부터 '삼림보전원칙'(Convention for Deforestation)을 만들어 잔존하는 지구의 삼림을 보전하고 건전한 이용을 위해 노력하기 시작하였다.

[도움글] 세계 각지의 삼림파괴 실태

아프리카에는 넓은 삼림지역이 남아 있는 곳은 남위 0~30도 지역이며, 나머지는 거의 사막이다. 아프리카 중앙의 수단은 과거에는 대부분이 삼림 지역이었으나 지금은 사막이다. 수단의 사막화는 17년간 100km나 남하하였으며, 사하라에서는 매년 약 일만 헥타르 이상이 사막화되었다. 이러한 아프리카 지역의 삼림 유실로 지역의 기후현상도 변화되고 있으며, 매년 감소하는 강수량은 지역의 삼림 유실과 밀접한 관계가 있음이 밝혀져 있다. 지하수는 1,000m 이상의 지하 깊숙한 곳에 위치할 뿐만 아니라, 염분이 섞여 있어 야채 재배마저도 불가능하다. 식물의 뿌리까지 먹어치우는 산양의 방목으로 다음 해에는 새싹마저 돋아나지 않게 되어, 결국 식피면적(植被面積)이 감소하면서 토지는 점점 사막화되어 잠재적 복원력을 잃어가고 있다.

중동 · 인도 지역 (이란, 사우디아라비아, 인도)은 원시림이 거의 존재하지 않는다. 인도에서는 최근 30년간 150만 헥타르의 삼림이 사라졌으며, 네팔의 경우 국토의 60%를 차지하던 삼림 면적이 20%로 감소하였다. 그 결과 표층토는 비와 바람에 의해 침식되고, 경작지는 평지에서 점점 고지대로 옮겨감으로써 해발 4,000m까지 밭이 조성되어 있다. 히말라야 산지의 황폐에 의하여 인더스강, 갠지스강, 브라마푸트라강의 강바닥은 매년 30cm나 높아지고 15년 내에 해수면 보다 높은 대지를 형성하게 된다. 이미 방글라데시에서는 아주 적은 강수량에도 홍수가 빈번하게 발생함으로써 매년 수만 명이 목숨을 잃게 되는 수해를 입고 있다.

중국과 몽고 지역 내에는 삼림이 극히 좁은 면적으로 잔존하고 있다. 중국은 미얀마, 베트남으로 이어지는 남부 지역에 한정되어 겨우 국토의 13% 정도가 삼림지대이다.

특히 최근 30년간 600만 헥타르가 사막으로 변해 버렸다. 만리장성의 벽돌제작으로 삼림이 크게 감소되었으며, 삼림지대는 거대한 초원으로 바뀌고 다시 초원은 밭으로 일구어 개발함으로써 오늘날에는 북경 시내에도 모래바람이 부는 날이 빈번해지고 있다. 중국의 중부, 북부는 사막지역이 넓으며, 몽고와 국경을 접하는 고비와 다구라마칸 등의 사막에서 발생하는 황사(黃砂)는 계절풍에 의해 우리나라에까지 그 영향을 미치고 있다.

페루, 콜롬비아에서 시작하여 대서양으로 흘러 들어가는 6,240km의 아마존강, 그 유역은 습윤 열대원시림의 최후의 보루로 불린다. 이곳에서 생산되는 산소량은 지구 산소 생산량의 1/3~1/5을 차지한다. 그러나 펄프의 원료획득을 위해 오지(奧地)까지 임도(林道)를 건설하고 1분에 20헥타르의 원시림이 벌채되고 있는 수준으로 삼림면적이 급격히 감소하고 있다. 이러한 벌채가 계속된다면 2,080년에는 이 지역 전체의 열대강우림이 사라지게 된다. 열대강우림은 수분이나 영양분이 식물체 지상부에 집적되어 저장되어 있는 셈이며, 흰개미, 원생동물, 세균류의 활동이 활발하여 쓰러진 나무나 낙엽은 일순간에 분해되어 양분은 다시 수목에 흡수됨으로써 토양은 의외로 유기물이 빈약하다. 또한 열대강우림 지역에 있어서의 지역성 집중강우는 토양과 영양분의 유실을 가속화한다. 따라서 열대강우림 지역에 있어서 화전과 방목지로의 토지 이용 방식은 매우 부적절하다. 현재도 아마존 지역은 화전농업이 성행하고 있으며, 이 열대 원시림은 수십 년 후에는 그 모습을 볼 수 없을지도 모른다.

토론거리 *Topical Q & A*

삼림의 공익적 가치를 인정하면서도 지구적 규모로 삼림벌채가 계속되는 이유는 무엇일까?

열대우림지역의 기업형 목축을 위한 대규모 벌채 및 산불, 위락단지 조성을 위한 산지개발, 대형 댐 건설에 의한 대규모 수몰지역 발생 등의 이유로 삼림은 크게 유실된다. 오늘날 삼림에 대하여 금전적으로만 매겨지는 시장 경제적 가치평가는 삼림의 공익적 가치를 과소평가할 수밖에 없다. 생태경제학(ecological economics)은 그러한 삼림의 공익적 가치를 평가할 수 있는 모델을 개발하여야 할 것이다. 삼림이 가지는 생태계에 대한 기여, 즉 산소공급, 이산화탄소 저장, 지역 기후조절, 생물서식공간 제공 등과 같은 생태계서비스(ecosystem services) 기능은 현재의 시장 경제적 화폐 가치 이상의 가치를 포함하고 있다. (추천 영화 : The Burning Season, HBO Films, 1994년 작)

열대, 아열대 지역의 해안 망그로브 숲의 벌채

Think globally Act locally

실천 가능한 녹색 가꾸기

- 가뭄으로 건조한 계절에는 허드렛물을 이용하여 물을 준다.
- 가족 나들이에서 수목에 대하여 관심을 가지고 공부하는 기회를 만든다.
- 좋은 식물에 대하여 건전한 종자를 수집하고 묘목을 나누어 준다.
- 생활 주변(정원, 학교 울타리, 공터 등)에 고유 식물종을 심고 기른다.
- 선물로 나무를 선택하도록 한다.
- 공공의 삼림(예를 들면, 그린벨트의 녹지대)을 훼손하는 행위에 대하여 관계당국에 알린다.
- 삼림 보호를 위해 활동하는 사회단체(NGO)에 자발적으로 참가하고 지원해 준다.

지구 생태계를 위하여 좀 참아 주십시오!

지구의 육상 토지(land)를 건전하게 그리고 보다 지속적으로 보호하기 위한 최선의 방법은 그 토지에 몸담고 사는 현지 주민을 이해하고 도와주는 것이다. 개발도상국가의 현지주민들은 삼림의 이용과 이익에 있어서 그들 간의 공평한 분배를 하고 있으며, 그렇게 하기 위하여 그들은 삼림을 잘 보전해 오면서 지속가능한 이용을 추구하고 있다. 이미 많은 국가에서는 현지 주민들이 삼림을 보호하고, 땔감이나 가축의 먹이, 건축자재, 그리고 기타 필요로 하는 생활일용품을 공급하는 다목적 자원 수목을 조성할 수 있도록 도와주고 있다. 이들 국가들은 다목적 댐과 같이 보다 건전한 다목적 삼림의 보호와 조성을 통하여 홍수와 가뭄을 완충하고, 토양 침식이나 산사태 등을 방지하여 하천과 개울의 생태적 기능에 안정성을 확보하는 등의 성과를 획득하고 있다. 그러나 선진산업국은 외국으로부터 목재를 수입할 수 있는 능력이 있기 때문에는 자국 내에서의 삼림보호 문제가 심각하지 않지만, 종이의 재활용이나 열대목재를 덜 씀으로써 전 지구의 삼림을 보전하는 데 크게 기여할 수 있다.

우리나라의 경우는 2001년도 국민 일인당 종이소비가 세계 21위인 159kg로서 매일 A4용지 93장을 소모하고 있다. 세계 1위인 미국은 우리나라의 약 두 배에 이른다. 독일인 한 사람은 1년에 226kg을 소비하는데, 그 가운데 폐지와 포장지로 소비하는 것이 약 88%에 이른다. 이처럼 선진산업국들의 소비량은 엄청나며, 지구 자연자원에 대한 건전한 보존과 지속가능한 이용을 추구함에 있어서 지대한 역할이 요구되고 있는 실정이다.

정부나 회사에 의하여 대형 댐의 건설, 펄프 목재를 위한 삼림벌채, 관광단지 조성 등, 어떠한 형태건 개발 의지가 내비칠 때, 현지 주민들에게는 그들의 토지 관리 방식에 변화가 일어나고, 토양과 식생 유실의 최초 원인이 발생하게 된다. 그러므로 현지 주민들이 사막화 현상의 발생과 토양침식을 방지할 수 있도록 자본과 기계의 지원, 과학자들과 기술자들의 영농에 대한 조언, 유기농법의 권장, 기후와 토지에 적합한 잠재 자연식생 자원의 이용을 적극적으로 지원하는 정부의 대책이 필요하다

이러한 지역의 건전한 토지이용은 지구 전체의 인류적 과제와도 본질적으로 그 맥락을 같이 한다. 선진산업국은 이미 훼손된 토지에 대하여 복원이 진행되고 있거나 복원에 성공한 개발도상국에 대하여 너무 많은 것을 요구해서는 안 된다. 즉 '지구 생태계를 위하여 당신들 좀 참아 주십시오' 라고 하는 식의 요구는 그들의 최소한 생존을 위협하는 오만한 행위에 불과하다. 오히려 산업선진국의 낭비적 생활양식과 헐한 자연자원의 무차별적 사용을 자제하는 것이 이 지구의 토지를 인류의 건전한 삶의 터전으로서 보장하는 유일한 길일 것이다.

독일인 한 사람이 일년 동안 내버리는 폐지와 포장지는 약 110kg에 이른다. 종이는 모두 목재에서 만들어진다.

5 인류의 식량

끝이 보이지 않는 인구증가는 식량 생산을 위하여 최신 영농법에 의한 무리한 영농을 강요하고 있다. 그러나 그러한 영농법은 토양을 피폐화하고, 수천 년이 걸려 지하 바위 틈바구니 속에서 저장되어 온 지하수와 같은 고귀한 자연자원을 소모해 버린다. 그러면서도 우리 가운데에는 항상 '배고픈 사람'이 존재한다. 1년에 북미의 한 사람이 소비하는 육류를 생산하기 위하여 사료로 이용되는 곡물 800㎏은 아프리카인 한 사람이 1년에 먹는, 그것도 아주 잘 먹는 수준의 곡물양의 다섯 배에 해당한다. 한편에서 풍부하게 고기를 먹는 식탁 문화로부터의 변화가 다른 한편에서는 아주 적절한 수준의 식탁을 꾸밀 수 있도록 도움을 줄 수 있다. 풍부한 고기로 차려진 식탁꾸미기의 과소비적 문화를 변화시켜야만 배고픈 자에게 최소한의 식량을 제공할 수 있을 것이다.

지구의 식량 자원

오늘날의 자본주의적 집약형 식량자원의 생산은 지구환경적 문제점을 야기한다. 전통적이고 민속적인 영농법은 인류의 식량자원 획득과 지구환경 보전 그리고 지구 생물자원의 유전적 다양성을 확보하는 가장 지속가능한 전략이다.

인류에 있어서 본격적인 농사라고 하는 것은 사람들이 강어귀에 정착을 하여 작물을 경작하고 가축을 키우기 시작한 약 10,000년 전에 아시아와 중동에서 시작되었다.

지구상의 경작지 면적은 미국 국토의 약 1.5배 정도에 해당하는 15억 헥타르에 이른다. 지구상에 나타나는 기후와 토양의 다양성으로부터 지역에 따라 다양한 농사가 이루어지고 있다. 아시아 동부지역, 미국, 유럽과 같이 온화한 기후와 비옥한 토양을 포함하고 있는 온대 지역에서는 아프리카, 중동, 오세아니아처럼 건조하고 가혹한 환경 조건을 포함하는 다른 생물군계 지역 보다 농사에 훨씬 적절하고 유리하다. 현대 기술은 건조지역에 물을 공급할 수 있게 하고, 척박한 토양을 보다 비옥한 토양으로 전환하는 한층 진보된 영농 방법도 있다. 그러나 개발도상국가의 많은 사람들은 그들의 토지 이용 방식을 개선할 수 있는 여유가 없다. 인도는 브라질의 비료 사용량의 반을 소모하면서도 브라질의 곡물 생산량과 똑 같은 수확을 올리고 있다. 인도인들은 보다 능숙한 기술과 노동 집약적이고 전통적인 농사를 통하여 그와 같은 많은 양의 곡물을 생산할 수 있다.

우리나라, 일본, 그리고 영국 같은 국토가 좁고 인구 밀도 높은 국가들은 곡물의 높은 생산성을 추구하고 있기 때문에 과다한 비료를 사용하고 있다. 경작물에 충분히 이용되고도 남을 만큼의 과다한 비료사용으로 주변의 대부분 수계생태계에서 부영양화가 발생되고 있다.

[도움글] 곡물

오늘날 우리 인류에게 이용되고 있는 식량의 95%는 30여 가지의 식물종과 수종의 동물로부터 획득하고 있다. 특히 쌀, 보리, 밀, 감자, 고구미, 옥수수, 시탕수수, 수수, 귀리, 호밀 등을 포함한 24여 종의 주요 식량자원은 8만여 종의 식용 가능한 식물종 가운데 극히 일부분으로 인류 주식의 90%를 감당하고 있다. 이 가운데 주식으로 이용되는 곡물은 모두 화본과(禾本科, 벼과, Gramineae) 식물종들이다. 일상 식탁에 오르는 식량 에너지의 반 이상을 제공하는 것이 이 곡물들의 볍씨들이다. 인류는 밥과 빵의 재료로 곡물을 탈곡하기도 하고, 밀가루와 같이 분말을 만들어 이용하기도 하면서 여러 가지 방법으로 곡물 농사를 지어 이용해 왔다. 인류에게 가장 폭넓게 이용되고 있는 밀은 냉온대(cool-temperate zone) 기후의 최대경작 곡물이며, 아시아인의 주식인 벼는 아열대(subtropical zone) 지역과 난온대(warm-temperate zone) 지역에서 연중 생산되는 곡물이다. 특히 이 벼가 경작되는 논은 인공적으로 습지를 이루고 있으며, 자연에 가까운 근자연(近自然) 생태계(nearly natural ecosystem)로 생물다양성이 높은 생물공간이다. 옥수수는 남아메리카 및 아프리카의 주식이며, 보리는 맥주와 위스키를 만드는 주요 재료로 사용된다.

그림 속의 표시된 지역은 여러 가지 곡물과 작물이 최초로 인류에 의해 이용된 지역으로서 지금도 전통적인 경작법에 의해 재배되고 있는 곳이다. 전통적 경작의 본질적 의미는 우량종자의 선별과 파종에 의한 것으로 지역에 따라 기후와 풍토에 가장 적합한 곡물과 작물의 유전적 다양성을 확보하였다는 것이다.

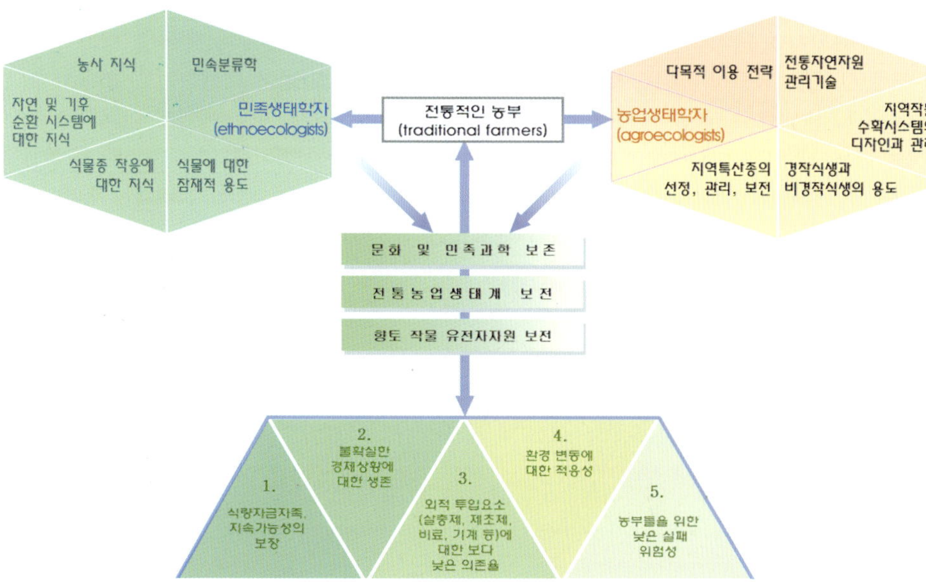

인류 문화와 농업 전망의 관점으로부터 전통 농업은 장점은 크게 다섯 가지(그림 아래부문)로 요약된다. 전통적인 농업생태계로부터 생태, 환경, 문화, 작물 유전자 다양성을 보전하기 위한 이론적·방법론적 접근을 유도할 수 있으며, 민족생태학과 농업생태학의 주요 관심사이다.

끝없는 인구증가는 식량 생산을 위한 무리한 영농을 강요하고, 그로 인하여 엄청난 문제를 야기하고 있다. 최신 영농법이라는 것은 토양을 피폐화하고, 지하 바위 틈바구니 속에서 수천 년이 걸려 저장된 담수(맹물)와 같은 고귀한 자연자원을 소모해 버린다. 대규모 상업적 식단 문화와 영농의 세계화는 몇몇 개인과 기업들을 갑부로 만들며 반건강적(反健康的)으로 풍부한 식량으로 과식하도록 한다. 반면에 나머지 수백만 명의 사람들은 빈곤층으로 배고픔을 경험하게 된다. 대규모 상업적 식단문화와 영농은 보통 지구를 오염시키는 비료와 제초제, 그리고 호르몬제와 같은 화학물질에 의해 이루어지며, 다음 세기까지 지속할 수 없는 자원에 의존하고 있다. 그것은 범세계적 야생 생물종의 대규모 유실을 초래하고, 넓은 전원지역을 반생명적 사막으로 전락시킬 뿐이다. 그러나 이러한 문제를 해결하는 데는 반드시 새로운 방법을 강구할 필요는 없다. 그것은 인류의 식량을 생산하는 또 다른 방법을 가까운 데에서 찾을 수 있으며, 인류의 지혜 속에 있기 때문이다, 우리는 모든 인류를 위한 성공, 그런 성공을 농사지을 수 있는 미래를 만드는 데에 도전하여야 한다.

우리나라는 이미 국가적으로 식량의 자급자족을 성취하고 있다. 특히 벼농사는 생산에서부터 수확에 이르기까지 집약적이고 과학적인 영농으로 성공한 국가로 국제사회에 인정받고 있다. 이러한 벼농사의 토대는 제한된 경작지 면적에 대한 집약적인 생산기술에서 비롯된다. 벼를 생산하는 논은 한반도 자연생태계에 대한 기능적 역할이 매우 큰 습지(wetlands)이다. 많은 생물종이 의존하여 살아가는 생물서식공간이며, 수자원의 보전과 홍수조절에 매우 유리할 뿐만 아니라, 지역의 기후조절에도 기여하는 생태계서비스 기능이 탁월한 반자연(半自然, seminatural) 습지이다. 따라서 한반도 자연생태계의 보전과 식량 생산이 지속가능 하도록 해주는 논에 대한 통합적 이해와 접근이 필요하다.

온전한 자연 습지(natural wetlands)가 감소되어 가는 현실에서 반자연(半自然, seminature)의 습지생태계인 논의 가치는 단위 면적에 대한 생산성 증대에 따른 식량자원 뿐만 아니라, 지역의 생물다양성 증대, 기후 조절, 수자원 저장 및 홍수조절 등에 크게 기여하는 데에 있다.

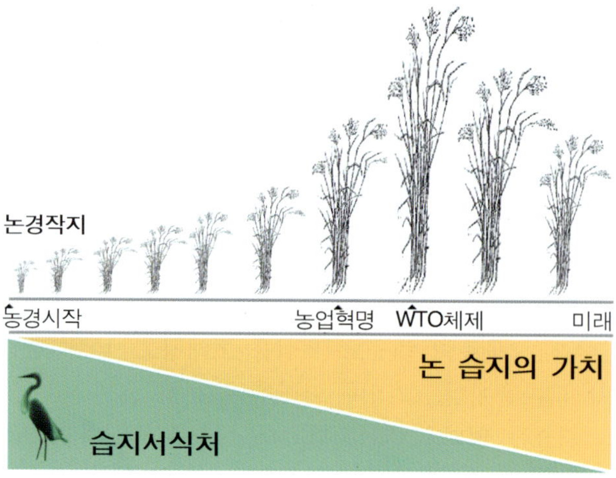

우리나라의 경우, 세계자유무역체제(WTO)에서 전통적인 또는 소규모적인 쌀 생산은 경제성이 매우 낮은 것으로 평가됨으로써 논의 면적이 크게 감소해 가고 있는 실정이다. 그러나 습지면적의 감소로 말미암아 '논'의 습지로서의 가치가 크게 증대한다. 지구적 그리고 지역적 기후온난화를 완충하는데 습지의 기능은 매우 중요하다.

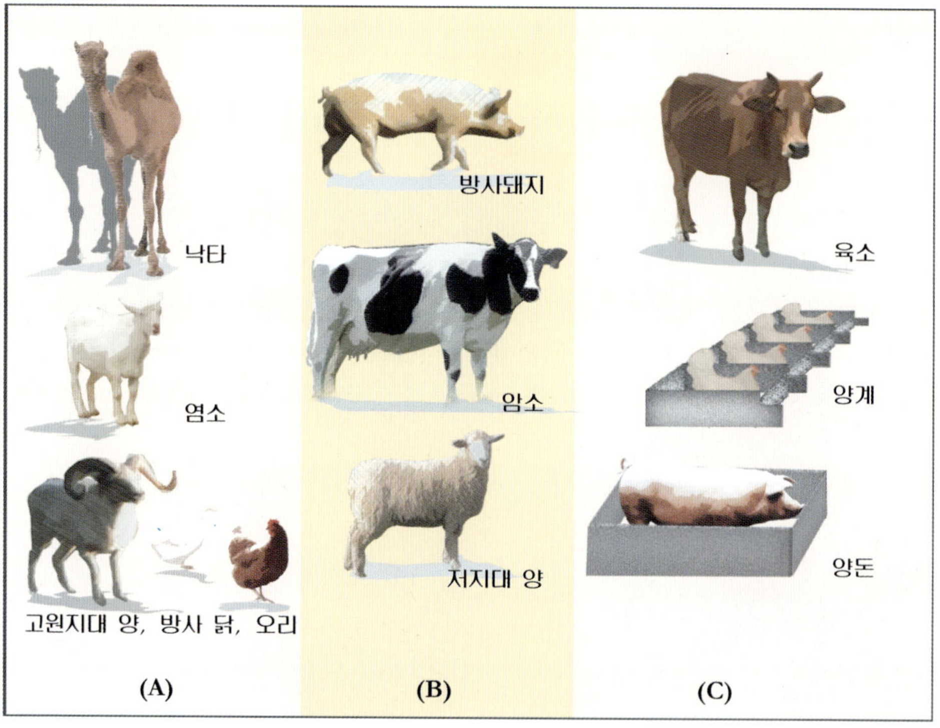

인류가 사육하는 가축은 사육 목적에 따라 저밀도 (A), 중밀도 (B), 고밀도 (C) 사육으로 구분할 수 있다. 특히 기업형의 고밀도 사육에는 환경비용이 많이 든다.

한편, 오늘날의 인류는 고기, 우유, 계란과 같은 식량과 가죽·모피와 같은 의복에서와 같이 동물성 자원에도 크게 의존하고 있다. 인류에게 동물성 단백질의 대부분을 공급하는 가축은 닭(거위 포함), 돼지, 소, 말, 양, 염소, 낙타, 보팔로, 노새(당나귀 포함) 등으로 단지 아홉 종류에 불과하다.

지구상에는 인류의 두 배가 되는 150억 마리의 가축이 있으며, 그 가운데 100억 마리의 닭, 8.5억 마리의 돼지, 그리고 30억 마리의 소, 말, 양 등으로 이루어져 있다. 그리고 전 세계의 돼지 가운데 2/3가 중국에서 길러지고 있으며, 전 세계 소의 15%가 인도에서 길러지고 있다.

이와 같은 동물성 자원을 획득하기 위해서 지구상에 방목을 하는 면적(약 30억 헥타르)은 경작지로 이용되는 면적의 두 배이다. 그러나 산악 지역이나 삼림지역 그리고 사막지역에서와 같이 자연적인 야생입지에서의 방목을 포함하면 지구상의 방목 면적은 약 60억 헥타르에 이른다. 이것은 매우 중요한 의미를 가지고 있다. 방목되는 동물들은 인간이 먹을 수 없어서 직접 에너지로 이용되지 못하는 야생의 식물자원을 섭식(攝食)하여 우리가 필요로 하는 에너지로 전환시켜 이용 가능하도록 해 준다는 데에 있다.

대도시 근교에서 성행하고 있는 고밀도 사육은 대량으로 발생하는 축사 분뇨로 말미암아 주변 소하천이 크게 오염되고 있다. 뿐만 아니라 근해에서 자주 발생하는 적조현상의 잠재적 원인으로 기여하기도 한다. 이러한 고밀도 사육은 점오염원이기 때문에 철두철미한 관리와 감시를 통해서 소하천의 생태를 보존할 수 있다.

집약적이고 광범위하게 일어나고 있는 기업형 방목은 토지를 나지(裸地)로 척박하게 하며, 마침내 대규모의 토양 침식을 야기하는 주요 원인으로 지적되고 있다. 특히 우리나라와 같이 좁은 국토에서 많은 인구를 부양하기 위하여 들판에서 이루어지는 자연친화적인 저밀도 가축 방목보다는 고밀도 수준의 집약형 기업축사가 도시의 위성 지역에서 성행하고 있으며, 이를 통해 동물성 단백질의 대량공급을 추구하고 있다. 이러한 기업형 축사는 가축의 오폐수와 위생을 해결하기 위한 환경적 부대비용이 많이 들며, 그 비용을 지불하고자 하지 않을 때에는 엄청난 사회적, 환경적 그리고 생태적 문제를 야기하게 된다.

토론거리 *Topical Q & A*

식량을 대량으로 생산하고 있는 이유는 무엇이며, 식단의 맥도날드화는 무엇을 의미하는가?

식량의 대량 생산은 최신 영농법을 이용할 수 있는 기업형 농업이 가능한 선진국에서 주로 이루어진다. 대량으로 생산된 식량은 다국적 판매망을 구축하고 있는 국제 농산물 유통회사와 식품회사를 통해 전 세계로 공급되고 소모된다. 그러한 식량은 국제 시장에서 가격 면에 높은 경쟁력을 가지고 있다. 그러나 가격 경쟁력을 지속적으로 유지하기 위해서는 대량생산을 추구할 수밖에 없다. 세계 시장에서의 가격경쟁은 기업형 대량생산을 더욱 자극할 것이다. 결국 식량의 대량생산을 추구하는 것은 오늘날의 대량생산 대량소비에 의하여 유지되고 있는 시장경제의 근본적인 구조에서 비롯된다. 세계 인류의 다양한 식량소비의 문화가 특정의 일방향성으로 변화되어 가고 있다는 것을 의미하는 식단의 맥도날드화(McDonaldization)는 대량 생산 및 대량 소비를 촉진함으로써 자연환경과 생명이란 관점에서 본질적으로 조화를 이룰 수 없도록 한다. 식단의 맥도날드화는 결국 김치마저 식탁에서 내몰리고 있는 실정이다.

미국의 지방 소도시 보통 호텔에서 제공되는 아침식사의 일반적인 메뉴이다. 식단의 맥도날드화의 전형을 볼 수 있으며, 식기는 100% 일회용이다. 이 사진을 통해서 식단의 맥도날드화, 대량소비, 대량생산, 불균형 영양공급, 쓰레기 양산 등에 대하여 토론해보자.

식량은 부족한가

지구상에는 지금도 매년 일천오백만 어린이들이 굶주림으로 죽어가고 있다. 설사를 막기 위한 설탕과 소금의 비용으로 그리고 가장 간단한 건강과 영양 수준을 유지하기 위해 필요로 하는 비용으로 겨우 6, 7천원이라는 금액은 기아에 허덕이는 어린이 한 명의 생명을 구할 수 있다. 그럼에도 불구하고 선진국의 사람들은 음식물의 1/4 정도의 양을 슈퍼마켓과 냉장고에서 썩혀 버리거나 식사 후에 남겨서 그대로 버려진다. 개발도상국의 수백만의 어린이는 선진국의 애완용 동물이 먹는 사료보다도 못한 음식물을 섭취하면서 울고 있다. 그런데도 우리는 이 5 달러의 지불을 망설여야 할 이유가 있는 것인가?

지구상에는 매년 4천만에 가까운 사람들이 배고픔과 기아로부터 죽어간다. 그 가운데 반은 어린이이다. 이러한 숫자는 300명이 타는 점보여객기가 매일 한 대 씩 추락하는 것과 같다. 기아의 주원인은 인류를 먹여 살릴 만큼의 식량이 생산되지 못하고 있기 때문은 아니다. 현재 생존하고 있는 지구 전체 인류의 수보다 15억인을 더 먹여 살릴 수 있는 기초 식량은 충분하다. 문제는 식량을 필요로 하는

아프리카 마사이부족의 생활환경. 그들은 제한된 식량자원과 식단으로 하루하루를 연명하고 있다.

사람의 손에 충분한 식량이 도달하지 못하는 반면에 부유한 선진산업국가에서는 과잉 공급이 이루어지고 있는 데에 문제가 있다. 그들은 과식으로 병을 앓게 될 뿐만 아니라 비만으로 고생하면서 많은 음식물을 내버리며 낭비한다. 북미 사람들이 이용하는 음식의 1/4에 해당하는 양의 음식물이 슈퍼마켓과 냉장고에서 썩어가고 있으며, 식사 후에 남겨서 그대로 버려진다.

한편, 개발도상국에서는 항상 충분한 식량을 확보하는 것이 국가적 과제이다. 못사는 나라에 사는 수백만의 어린이는 산업선진국의 애완용 동물이 먹은 사료보다도 못한 음식물을 섭취하고 있다. 이 지구상에서 아주 많은 사람들이 이전보다 더 심한 배고픔을 경험하고 그 숫자는 점점 증가하고 있다. 이것은 일인당 이용할 수 있는 식량이 25년 전보다 감소할 정도로 이미 아프리카에서 아주 심각한 상황으로 나타나고 있다. 아시아에서나 중남미에서도 수백 수천만에 이르는 사람들이 이미 그들이 수확하고 먹어왔던 것보다 훨씬 적은 양을 섭취하고 있다. 북한의 실정은 남한의 50년대 수준의 식량 궁핍을 경험하고 있으며, 지금도 식량 원조에 크게 의존하고 있다. 이러한 식량 부족국가들의 공통점은 그 지역의 생산기반인 토지에 대한 지속가능성이 매우 낮거나 상실하였기 때문이다.

기아는 물리적 고통이나 정신적 비통함 이상으로 사람을 고통에 빠뜨린다. 충분치 못한 영양 상태의 사람들은 노동이 어려울 뿐만 아니라 쉽게 병에 걸리고 만다. 굶는 어린이는 정상적인 성장이 불가능하다. 기아와 빈곤은 항상 불가분의 관계에 있다. 비록 저개발국가라 할지라도 그곳에 사는 부유한 사람은 가난한 사람들보다는 더 많이 더 좋은 음식을 먹는다. 물론 일부 개발도상국에서는 최소한의 식량 배급을 통하여 최빈민층의 기아를 방지하고 있다. 이와 같은 기아 문제의 해결은 그리 간단하지 않다. 모든 관계자나 해당 국제기구는 빈곤의 세계를 해결하기 위해서는 확고한 의지와 노력이 필요하다고 강조하고 있다.

유니세프(UNICEF, United Nations Children's Fund)에 따르면, 매년 아프리카, 아시아, 라틴아메리카 등지에서 죽어 가는 일천오백만 어린이들은 겨우 한 어린이를 위하여 5 달러만이라도 준비될 수 있다면 그 생명을 구할 수 있다고 한다. 이것은 설사를 해결하기 위한 설탕과 소금의 비용으로 어린이의 가장 기본적인 건강과 최저 영양 수준을 유지할 수 있는 비용이다. 이 금액은 선진국 사람들이 지불하기에 그리 큰 값이 아니라는 것을 우리는 심각하게 인식하여야 하며, 최소한의 인류애를 발휘하여 이 5 달러의 지불을 실천에 옮겨야 할 것이다.

토론거리 *Topical Q & A*

인류의 식량 문제의 본질은 무엇인가?

인류의 식량은 지구 인구에 비하여 그 생산량이 부족한 것인가, 아니면 충분하지만 분배의 문제인가? 북한의 기아 문제를 어떻게 해결할 것인가? 아프리카에 대한 식량원조는 끝이 없는가? 이 모든 물음에 대하여 토론한다. 본질적으로 오늘날의 인류 식량문제는 공급부족의 문제가 아니라, 분배의 불균형에서 비롯되며, 식량부족 지역에 대한 직접적이고 부분적인 식량원조는 궁극적으로 식량문제를 해결할 수 없다. 그것은 생산 기반인 토지의 지속가능성, 생산기술, 농부의 계몽(capacity building and awareness) 등에 대한 적극적인 지원이 이루어져야 하며, 식량의 공평한 분배를 위하여 국제기구에 의한 감시활동과 식량부족 국가에 대한 식량생산 기술을 이전해 주는 것이 식량문제를 해결하는 궁극적인 방편이 된다.

건조지대에서의 지하수 개발에 의한 경작지 이용

Think globally Act locally

기아와 빈곤으로부터 탈출하기 위한 작은 실천

- **육류와 그 부산물(동물성 식품)을 적게 먹고 적게 쓰기** : 곡식을 생산하는 한 마지기의 경작지는 소 방목지 한 개보다 12~30 배의 사람들을 부양한다.
- **건강 유지를 위해 필요로 한 만큼만 먹기** : 식료품에 붙어 있는 라벨은 하루의 영양분과 에너지 섭취량에 대한 상세한 정보를 제공하기 때문에 참고가 된다.
- 건전한 농촌의 보전에 도움이 될 수 있는 공정거래에 의한 식품만을 이용한다.
- 매년 10월 16일, 유엔식량기구(FAO)가 후원하는 '세계 식량의 날'에 자발적으로 참여한다.
- 기아와 빈곤 타파를 위해 노력하는 시민단체에 자발적으로 참가하고 후원한다.

건전한 식탁 문화

오랜 기간 썩지 않고, 외형이 깨끗한 시장 경제적 가치를 지닌 식품은 아주 잘 팔린다. 그런 식품의 낮은 시장가격은 농약, 제초제, 호르몬제 등의 화학제재 잔량을 포함하게 하는 원인이 된다. 뿐만 아니라, 농약을 살포하고, 식량을 수송하고, 신선도를 유지하기 위해서는 많은 연료를 사용함으로써 막대한 환경비용을 수반한다. 결국 세계화된 식량자원에 대하여 진정한 가격을 고려한다면, 차라리 지역적 농사가 훨씬 더 유리하다.

범세계적으로 최대의 산업은 농사이다. 1950년에서 1990년 사이에 세계 인구는 배로 증가했다. 1940년대부터 과학자들은 식량혁명을 주도하게 될 쌀, 보리, 밀 등 새로운 곡물 종자개발의 연구를 시작한 이래, 1960년대와 1970년대에 걸쳐 세계 각국은 이전에 비하여 세 배에 가까운 식량 증산을 달성하고 국가에 따라서는 자급자족의 식량을 확보하기에 이르렀다. 새롭게 개발된 곡물 품종은 대량의 농약과 비료, 경우에 따라서는 수자원의 인위적 관리를 통하여 최대의 수확을 보장할 수 있게 되었다. 우리나라를 포함한 일본, 서방 유럽, 뉴질랜드는 대표적으로 곡물 증산에 성공한 국가들이다. 그러나 이러한 형태의 식량혁명은 1980년대를 기점으로 증산의 한계를 드러내고 있다. 1984년 이후로 세계 인구 증가율보다 식량생산 증가율은 낮아지고 있다. 그것은 대부분의 화학 비료는 원유로부터 만들어지기 때문에 원유 산지의 원유 값에 의하여 비료의 가격이 연동하면서 상승하였으며, 또한 해마다 사용하는 곡물증산을 위한 화학 비료 및 농약 사용의 양적 증가와 인위적 관개 정비 등에 의하여 토지의 잠재력이 급격히 쇠퇴되었기 때문이다. 비옥한 땅에 대한 기업형 농사와 부농(富農)에 의한 독점은 빈농과 부농의 빈부 격차를 점점 크게 하였으며, 급기야는 원래 농사를 짓고 살았던 농부들마저 고향을 떠나게 한다. 또한 유전자 조작 농산물의 대량 생산과 보급은 지금까지 우리가 경험하지 못한 예측 불가능한 자연생태계 재앙을 초래할 수 있다. 마침내 1990년대에는 이용 가능한 인류의 식량이 1960년 중반보다 낮은 수준에 머물고 있다고 한다. 결국, 식량의 생산과 분배 방식에 대한 방향 전환을 통하여 진정한 인류의 식량혁명을 기대할 수밖에 없다.

[도움글] 유전자 조작 농산물(genetically modified products)

대량 생산을 위하여 몇 가지의 선택된 작물을 생산하는 단작 농법은 그 자체로 자연을 인위적으로 조작하는 행위이다. 그러한 농법은 살충제와 제초제를 엄청나게 살포하는 것과 함께 토양을 피폐화하고 생물다양성을 위협한다. 생명공학을 통하여 제초제에 대하여 저항력을 가지고 있는 작물을 심으면 농부들은 작물을 손상하지 않고서 더 많은 수준의 제초제를 살포할 수 있게 된다. 그렇게 되면 악순환이 생겨나 우리의 환경을 더욱 심각하게 오염시키고, 야생동물들은 독극물 중독으로부터 피할 수가 없게 된다. 또 다른 위험은 생명기술이 우리에게 새로운 종류의 질병 저항 작물을 만들어 준다는 것이다. 유전자 변이 작물(遺傳子 變異 作物)들은 바이러스, 박테리아, 동물 및 다른 식물들의 유전자를 포함하고 있다. 예를 들어, 유전자 변이 토마토와 딸기 속에는 그것들이 서리에 저항할 수 있도록 북극의 물고기로부터 추출된 반결빙(反結氷) 유전자가 포함되어 있다. 이러한 기괴스럽고 초현실적인 조합은 숙주의 유전적 기능에 교란을 가할 뿐만 아니라 식물들에게 극히 혼란스러운 생화학적 돌연변이를 일으킬 수 있다. 유전자 변이 작물들이 야생의 식물들과 이화 수분(異花 受粉)을 할 때, 그 과정에서 그 작물의 유전적 특성들 항생물질에 저항하는 특성을 포함)이 넓은 범위로 확산될 수 있다. 그러면 언젠가는 이것이 새로운 돌연변이를 일으키고, 농경지는 인간의 무분별한 유전자 조작을 통해 만들어진 슈퍼 잡초로 뒤덮이게 될 것이다(미라퐁 1998, 녹색평론 1999).

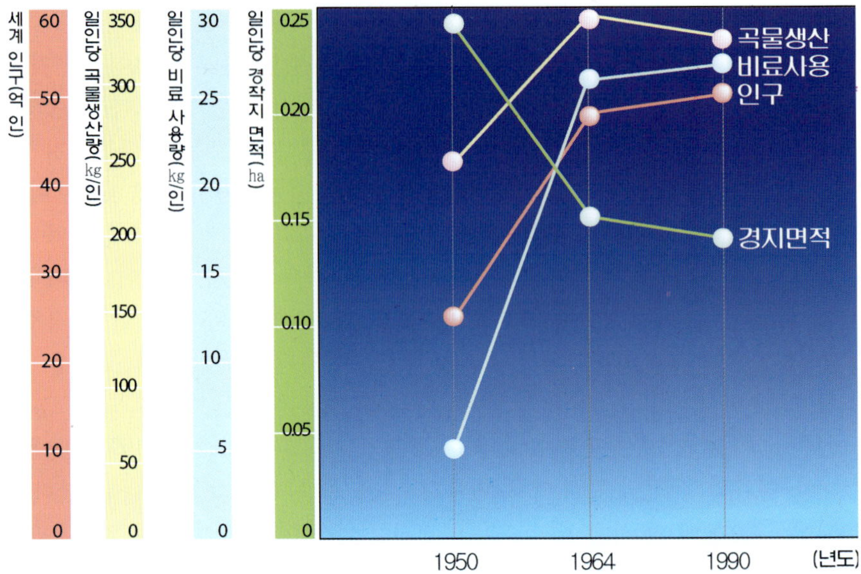

세계 인구증가율과 식량 생산 그리고 경작지 면적의 변천(자료: Gaia Book 1996). 세계 경작지 면적은 2차 세계대전 이후 급격히 감소하며, 일인당 곡물생산, 비료생산, 인구 등은 급격히 증가하였다.

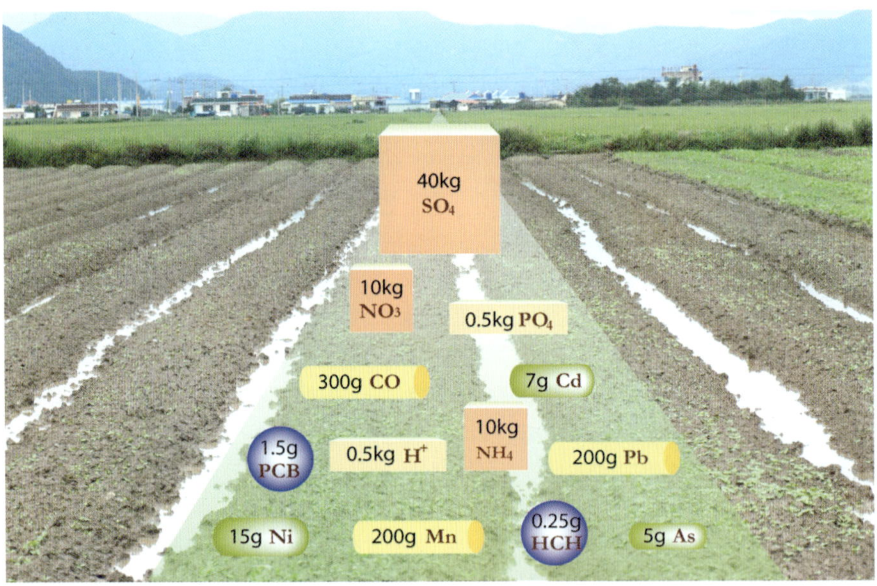

농경지 단위면적(ha)에 축적되는 연평균 영양물질량(Heinrich *et* Hergt 1994). 과다하게 사용된 비료 및 농약의 잔류체, 그리고 대기 오염으로부터 공급되는 각종의 화학물질은 농경지 토양을 척박하게 하며, 토지의 생산성을 떨어트리며, 수계의 생물농축현상의 원인이 되기도 한다.

잘 사는 나라의 사람들은 전 세계로부터 수입되는 매우 다양한 식품을 사먹는다. 그러나 이 식품은 항상 안전하고 자연적인 상품만은 아니다. 상품 가치를 유지하고서 슈퍼마켓에 공급될 수 있는 식품은 오랜 기간 썩지 않아야 하며, 외형이 깨끗해야 하는 어떤 표준화된 시장 경제적 가치에 적합하여야 한다. 뿐만 아니라 잘 팔리는 식품이 되기 위해서는 낮은 시장 가격을 계속 유지하여야 한다. 그러나 낮은 시장가격에는 반드시 환경비용이 수반된다. 농부는 값싸고 양질의 식량을 효율적으로 생산하기 위하여 농약, 제초제, 호르몬제 등의 화학제재를 다량으로 사용하며, 그 화학제재의 잔량을 포함하고 있는 경작물을 수확하고, 나아가서는 농촌생태계를 훼손하는 경우를 초래하기도 한다. 또한 농약을 살포하고, 식량을 수송하고, 신선도를 유지하기 위해서 많은 연료를 사용하기도 한다. 공산품을 수송하기 위하여 골판지, 포장지, 플라스틱 등의 다양하고 엄청난 양의 포장재를 소비함으로써 또 다른 환경비용을 수반한다. 그러므로 우리는 세계화된 식량자원에 대한 진정한 가격을 고려한다면, 차라리 지역적 농사가 더욱 유리하다는 것을 이해할 수 있다. 기업형 농사는 시장 경제의 가격에 유리할지는 모르지만, 소규모 영농의 농부들에게도 공정한 가격을 인정해 주어야 할 것이다.

친환경 유기농산물에 대한 국가적 지원이 이루어지고 있다.

개발노상국에서 현금 농산물이라고 하는 차, 커피, 설탕 등은 가장 잘 사는 나라에 대부분 수출되고 있지만, 현지 농부들은 점점 더 빈곤해지고 있다. 서방의 농부들은 자국 시장뿐만 아니라 외국 수출 시장을 위하여 가능한 더욱 많은 수확을 올릴 수 있도록 정부의 지원을 받고 있다. 이것은 가끔 과잉생산으로 여러 가지 문제를 야기하기도 한다. 선진국의 잉여 농산물이 개발도상국에 헐한 가격으로 대량 공급됨으로써 현지 농부들은 농사에 든 비용보다도 낮은 가격으로 공급하기도 한다. 거대한 자본과 기술을 가지고 있는 몇 안 되는 다국적 국제 영농회사는 오늘날 세계 식량 시장에 막대한 영향을 미치고 있기 때문에 소규모 농사를 지으면서 살아가는 현지 농부들은 점점 생존의 어려움에 직면하게 된다. 그러나 현지 농부들은 훨씬 조심스럽게 농사를 지으면서 지역의 농촌생태계(rural ecosystem)를 보전하는 지속가능한 경작을 추구하고 있다.

오늘날 범세계적 시장경제 시대에 사는 우리는 사고의 전환이 요구되고 있다. 보다 많은 식량은 지역적으로 생산되어야 하며, 보다 적은 환경 폐기물을 배출하는 영농을 추구해야 한다. 소규모적인 농사와 개발도상국의 농사는 충분히 정당한 가격을 보장해 주어야 하며, 정부와 소비자 그리고 생산자는 환경 파괴를 방지할 수 있도록 함께 힘을 모아야 한다. 구체적 실천방안으로 '유기농산물', 화학 제재가 포함되어 있지 않는 '환경농산물', 그리고 '공정거래 농산물' 등의 표식을 붙이는 농산품제도를 도입하고, 소비자는 이 표식이 붙은 농산품을 의도적으로 구매하는 실천이 필요하다.

생산자에게 정당한 이익을 보장해 주기 위한 공정거래를 주도하고 있는 영국의 옥스팜 (http://www.oxfam.org.uk)의 초기화면.

이차세계대전이 한창이던 1942년에 창립된 기근 구제를 위한 영국의 옥스팜(OXFAM)은 빈곤에 처해있는 생산자들에게 정당한 가격을 보장해 주기위한 공정무역(fair trade) 상품 판매와 구입 운동에 적극적으로 나서고 있으며, 그 성과는 매우 성공적인 것으로 나타나고 있다. 옥스팜은 1991년에 설립된 영국 최대의 공정거래 커피업체인 카페 다이렉트(Cafédirect)의 공동 창립자로 참여했으며, 현재 영국 전역에서 직영점을 통해 커피를 포함한 다양한 공정거래 상품을 판매하고 있다.

토론거리 *Topical Q & A*

김치와 설탕 그리고 비만과 다이어트!

김치는 발효 음식이다. 김치는 숙성되는 환경에 따라 살고 있는 미생물의 다양성과 밀도가 다르기 때문에 맛이 달라진다. 그래서 숙성시간의 길이에 따라서도 맛이 달라지며, 만드는 사람의 습관과 재주에 따라서도 맛이 달라진다. 그런 김치가 집안 식탁 위에서 먹을 때와 야외 자연 속 소풍에서 먹을 때 장소에 따라 그 맛이 다르다. 더욱이 배추, 소금, 마늘, 생강, 젓갈, 고춧가루 등등 각종의 재료로 이용하여 '김치'라는 새롭고 독특한 창조적인 맛을 창출한다. 그래서 김치는 영양학 박사학위를 통해서 만들어질 수 있는 음식이 아니며, 장구한 세월 속에

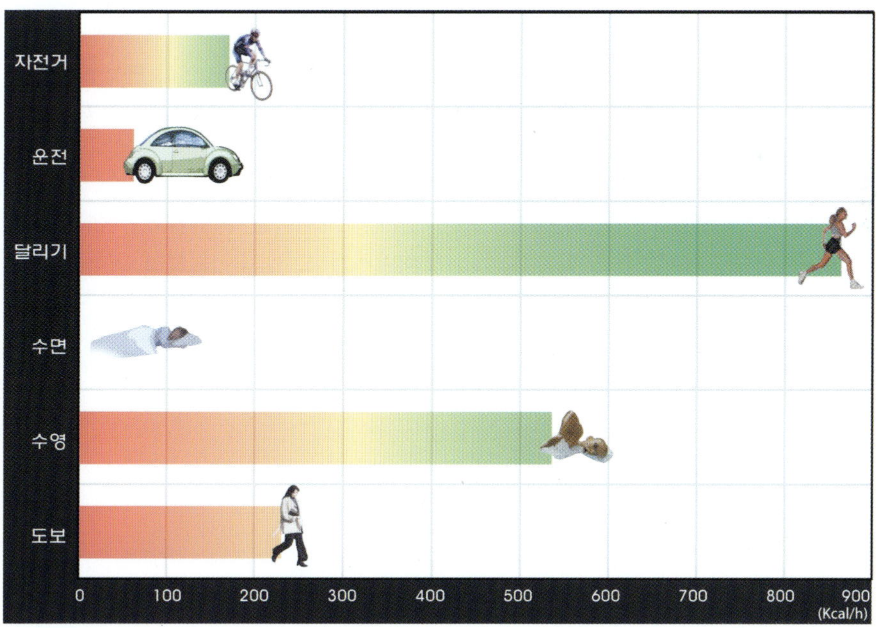

서 진화해온 인간이 만들어낸 최고의 음식이다. 김치는 음악으로 비유한다면 마치 교향악과도 같다. 각종 악기를 사용하여 완벽하고 조화로운 새로운 음악이 되고, 지휘자에 따라 맛이 다르고, 연주되고 있는 장소의 분위기에 따라 맛이 달라진다. 인간의 창조적이고 천재성으로부터 만들어지는 교향악이라면 김치는 우리 민족이 만들어낸 음식의 교향악이다. 그런 김치에 일부 지역사람들은 설탕을 넣어 담근다고 한다. 달콤한 김치이다. 그러나 미생물학자들은 미생물을 배양할 때 설탕과 똑같은 이당류를 박테리아 먹이(배양액)로 제공한다. 김치에 설탕을 넣는다는 것은 잡균이 창궐하게 할 뿐이며, 설탕의 높은 칼로리는 비만을 초래할 뿐이다.

선진국의 많은 사람들은 비만에 의한 체중 조절을 위하여 시간과 돈을 아끼지 않는다. 비만에는 여러 가지 이유가 있겠지만, 기본적으로 영양의 과다섭취에 비하여 생리적 운동량의 부족으로부터 기인한다. 특히 10g의 포도당(약 한 스푼)은 약 49kcal의 에너지를 만들어낼 수 있고, 이것은 어른이 테니스와 같은 운동을 15분간 할 때에 필요한 에너지양과 같다는 것을 고려한다면, 다량으로 섭취하고 움직이지 않거나 가까운 거리를 걷지 않고 승용차를 이용한다면 쉽게 비만해질 것이다.

현대 산업사회는 인간의 활동 양식에 큰 변화를 초래했다. 이동 교통수단의 발달은 인간의 동물적 운동량을 급격히 감소시키는 결정적 원인이다. 미래는 그러한 동물적 이동의 기회가 더욱 감소할 가능성이 매우 높다. 통신망의 발달에 의한 자동화 및 재택(在宅) 생활 영역이 확대되기 때문이다. 따라서 미래사회에는 누구나 비만의 가능성이 높다고 할 수 있다. 이미 선진국에서는 비만을 방지하고 다이어트에 관련된 산업이 번창하고 있다. 결국 비만해질 수밖에 없는 사회 환경을 만들어 가면서, 한편으로는 비만하지 않기 위해 많은 돈을 쓰고 있다. 그렇다면 적절하게 섭취하면 모든 문제는 간단하게 해결될 것이며, 잉여 식량을 식량부족 국가와 나누어 가질 수 있을 것이다. 세계식량기구(FAO)는 선진국의 낭비적 음식 문화를 비판하고 있지만, 우리에게 북한의 기아실상은 아프리카의 기아실상과 다르지 않다. 우선 동포애적 관점에서 북한의 기아를 해결하기 위해 관심을 가져야 하며, 공평하게 북한 주민에 분배되도록 감시해야 할 것이다. 북한의 기아를 해결하기 위한 여러 가지 방안을 토론해 보도록 한다.

Think globally Act locally	식량문제와 그로부터 발생되는 환경문제를 저감하기 위한 다섯 가지의 작은 선택

- 보다 먼 거리에서 수송되어 온 식료품 대신 지역 생산물을 선택한다.
- 과일이나 채소는 가공된 것보다는 자연적인 것을 선택한다.
- 유전자 조작 농산물을 배제하고 친환경적인 식료품과 유기농산물을 선택한다.
- 동물사료로 이용되는 곡물 양을 줄이기 위하여 육류 소비를 줄일 수 있는 식탁을 선택한다.
- 공정거래로 이루어진 상품을 우선적으로 선택한다.
- 정원, 자투리땅, 아파트 베란다 등에서 자신의 먹을거리를 키워본다.

생태논쟁 *Topical ECOncern*

포식의 희열과 배고픔의 고통, 그리고 콜럼버스의 미국 발견

사람 한 명이 하루 생활을 위해 필요로 하는 기초 에너지는 2,400Kcal이지만, 생존을 위한 하루의 최소 에너지는 1,500Kcal에 불과하다. 선진국 사람들은 평균 3,200 Kcal를 섭취하고 있으며, 개발도상국의 사람들은 평균 2,200Kcal를 섭취한다, 21세기에는 지구상에 59억 명이 생존을 위한 최소 에너지를 섭취할 수 없을 정도의 심각한 기아에 처해져 있다.

우리가 일상으로 먹는 햄버거 한 쪽과 디저트 그리고 음료수 한잔은 1,500Kcal를 초과한다. 낭비적인 과다 영양을 섭취하면서, 한편으로는 다이어트 하는데 돈과 시간을 기꺼이 소비하는 현대인의 생활양식은 지혜의 동물인 인간의 진정한 인류애의 실천적 생활양식과는 거리가 멀다. 선진국의 사람들은 세계 인류의 빈곤으로부터의 탈출에 노력하는 단체에 지불하는 비용보다 자신의 몸을 다이어트 하기 위해서 적어도 네 배나 되는 돈을 사용하고 있다고 한다. 육류, 설탕, 소금, 동물성 식품, 수많은 인스턴트식품을 포식하는 현대인은 비만으로부터

야기되는 심장 질환과 당뇨병 등의 각종의 질병으로부터 고통과 죽음을 당하고 있을 뿐만 아니라, 다이어트를 위해 많은 시간과 돈을 쓰고 있다. 결국, 포식의 희열과 배고픔의 고통은 다르지 않다는 것을 의미한다.

현대인의 비만은 콜럼버스의 미국대륙 발견에 깊숙이 관계되어 있다. 광활한 대륙의 발견과 과학의 발달은 사람으로 하여금 기본적인 운동의 기회를 박탈하였기 때문이다. 현대 인류가 누리고 있는 문명이기라 할 수 있는 TV(television), 전화기(telephone), 비행기, 자동차 등등은 광활한 대륙에서의 원거리(tele-)의 이동과 정보 교류를 위하여 고안해낸 과학기술품이다. 이러한 고안품은 사람들의 원초적 운동량을 감소하게 하는 근본적인 계기를 제공한다. 드디어는 인류의 비만을 더욱 가속화할 수도 있는 재택 구매가 가능한 인터넷(WWW)이 발달하였다. 결국 인류의 비만은 과학기술의 발달과 깊은 상호관계가 있으며, 한편으로 비만을 해결하기 위한 과학자들의 새로운 과제를 낳고 있는 것이다.

6 에너지란 무엇인가

재생 가능한 풍력 에너지

인류가 성장의 한계를 벗어나는 길은 사용 에너지의 획득 방식을 전환하는 것이다. 태양광선, 바람, 하천, 파도와 조수간만, 그리고 식물생장 등의 자연생태적 흐름을 이용하는 재생 가능한 에너지원을 이용하기 위하여 지혜를 모아야 한다. 에너지의 낭비적인 사용으로부터 발생되는 산성비, 지구온난화, 환경독성물질 등의 아주 고질적인 환경교란은 인류의 성장 한계를 더욱 재촉할 것이다.

에너지를 어떻게 할 것인가

인류는 지난 100년 간 석탄, 석유, 천연가스 등과 같은 재생 불가능한 에너지를 소모하면서 현대 산업사회를 발전시켜 왔다. 그러나 앞으로 100년 후에도 이 재생 불가능한 에너지를 계속 사용할 수 있게 될지는 아무도 단언할 수 없다.

태양은 인간을 포함한 모든 생명들의 열쇠라 할 수 있다. 태양이 존재하지 않는다면 지구상의 생태계 얼개는 존재할 수 없을 뿐만 아니라, 현대 문명의 이기(利己)도 불가능하다. 태양을 숭배했던 고대 인류나 로봇을 이용하고 있는 현대 산업사회의 인류도 태양에 대한 본질적 이해에는 차이가 있을 수 없다. 부싯돌과 땔감을 이용하여 끼니를 해결하는 원시 사회에서나 비행기를 타고 여행을 하는 현대 사회에서나 땅 속에 묻혀 있는 변형된 태양에너지, 즉 생물 시체로부터 유래하는 석유, 석탄, 천연가스 등의 화석 연료의 사용에는 변함이 없다.

[도움글] **변형된 태양에너지의 소비 패턴**

태양에너지는 지구 대기권을 데우며, 바람을 불게하며, 대양의 해수를 흐르게 한다. 태양에너지의 47%는 대기권을 따뜻하게 하는 데에, 23%는 바닷물을 데워서 대기 중으로 수분을 증발시키고, 나중에 비를 내리게 하는 데에 사용한다. 태양에너지는 식물이 생장할 수 있도록 연료를 제공해 주며, 그 양은 태양에너지의 0.02%에 지나지 않는다. 화석연료는 일찍이 지구 역사 속에서 저장된 태양에너지를 응축하고 있는 것이다. 지표면에서 일어나고 있는 약간의 에너지 흐름은 조수간만에 영향을 주는 달의 힘과 지구 내부에서 공급되는 지열에너지에 의해 일어난다. 지구에 도달한 태양에너지는 최종적으로 모두 우주 공간으로 흩어진다. 무한한 태양에너지를 이용하는 기술의 개발은 인류의 에너지 사용과 지구환경 보전에 결정적으로 기여할 수 있다.

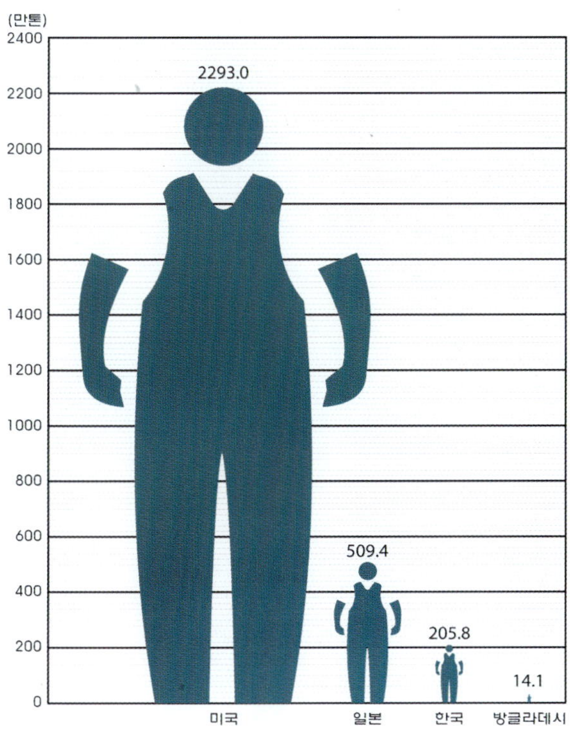

국가별 에너지 소비 (2002년도)에서 방글라데시는 미국의 1/162으로 선진국에 비하여 매우 적은 에너지를 소비한다. 결국 지속가능한 개발(sustainable development)을 보장하기 위해서는 에너지와 자연자원에 대한 산업선진국의 낭비적 소비 패턴을 바꾸어야만 한다.

그러나 원시사회와 달리, 오늘날의 인류는 태양에너지를 올바르게 사용하지 않을 뿐만 아니라 에너지를 낭비함으로써 에너지 위기에 직면할 가능성이 매우 높아졌다. 북미 사람들은 방글라데시 사람의 약 280배의 에너지를 사용하고 있을 정도로 선진국에서는 후진국에 비하여 보다 값싸게 많은 전기와 기름을 소비하고 있다. 일부 후진국에서는 수백만에 이르는 사람들이 밥을 짓기 위한 땔감조차도 확보할 수 없는 형편에 처해져 있다고 한다.

또한 현대 문명은 석탄, 석유, 천연가스와 같은 재활용이 불가능한 에너지의 사용과 그 소모의 속도가 그러한 화석연료가 만들어지는 생성 속도에 비하여 너무나 빠르다는 데에 문제의 심각성이 있다. 뿐만 아니라 대량의 화석연료의 소모에 따른 지구온난화나 산성비와 같은 연쇄적 환경 교란은 지구 환경의 수용능력을 초과함으로써 인류의 궁극적 삶의 터전인 지구를 인류가 번영하기 어려운 환경으로 전락시키고 만다.

태양광선, 바람, 하천, 파도와 조수간만 등의 자연생태적 흐름에 의한 재생 가능한 에너지원를 사용하는 현재의 에너지 이용의 방식으로부터의 일대 변화가 필요하다. 인류가 사용해 온 가장 오랜 역사를 가진 에너지는 재생가능하면서도 가장 환경친화적이라 할 수 있는 식물 찌꺼기와 동물 배설물이다. 이러한 재생 가능한 에너지는 대부분 청정에너지이며, 아직까지도 저개발국에서는 에너지 수요를 충족시켜 주는 주요 수단이다. 에너지원으로서의 동물의 똥은 인류가 필요로 하는 에너지 요구량의 12%를 차지하고 있으며, 아직도 세계 인구의 반이 이용할 정도로 저개발국에서 즐겨 애용되고 있다.

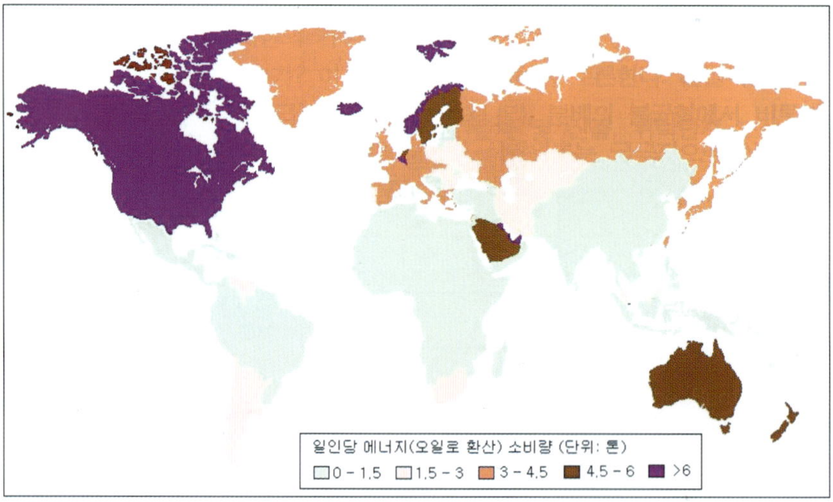

일인당 에너지소비량은 북미지역이 세계 최고수준이다. 그 만큼 지구환경이 미치는 환경부하량이 가장 많다는 것을 의미한다.

아프리카(케냐 마사이족 부락)에서 가축의 똥은 난방과 취사를 위한 에너지원으로 그리고 주택의 건축 재료로 이용되고 있는 유용한 자원이다

한편 수력을 이용하기 위해 수력발전 댐을 축조하고 있으며, 수력은 현재 인류의 에너지 요구량의 5%를 차지하고 있는 재생 가능한 에너지원이다. 단지, 대형 댐에 의한 수력발전보다는 환경적·생태적 장점뿐만 아니라, 현지 주민들의 각종 피해와 토지 이용의 변경을 최소화 할 수 있는 소형 댐의 건설이 유리하다. 미래의 주요 청정 에너지원으로 원자력이 고려되기도 하지만, 핵발전소 건설에 드는 막대한 비용과 핵발전소의 안전성 그리고 핵폐기물처리 문제 등으로 말미암아 원자력의 초기 희망은 크게 퇴색되어 가고 있다. 현재 지구상에 30여 개 국가에서 핵 발전을 시도하고 있을 뿐이며, 이미 원자력 에너지 정책을 추구해 오던 오스트리아, 네덜란드 그리고 뉴질랜드 등의 선진국에서는 그 정책의 방향 전환을 시도하고 있다. 스웨덴은 향후 15년 이내로 자국 내의 모든 핵발전소를 폐쇄할 계획을 발표한 바가 있다.

재생 불가능한 에너지원은 석유(oil), 석탄(coal), 천연가스(natural gas)이다. 인류는 약 300년 전에 최초로 석탄을 사용하였으며, 가스와 석유는 겨우 200년 전부터 사용하기 시작하였다. 그에 비하면 원자력과 지열의 이용은 극히 최근의 사건이라 할 수 있다. 현재까지 인류가 이용하고 있는 최대 에너지원은 석유이며 전체 에너지 요구량의 37%를 점유하고 있다. 1970년대의 오일쇼크 이후에 석유의 사용량은 다시 증가하기 시작했으며, 새로운 석유광구의 발견이나 기존의 석유 사용량의 감소가 이루어지지 않는다면 앞으로 약 100년 이내에 석유자원은 고갈될 것으로 추정되고 있다. 석유 다음으로 석탄은 인류의 사용 에너지의 23%를 점유하고 있으며, 향후 수백 년 간은 사용 가능한 양이 매장되어 있는 매우 중요한 에너지원으로 사용되고 있으나, 석유나 천연가스에 비하여 대기를 오염시켜 산성비와 같은 산성 강하물이나 지구온난화에 대한 직간접적 주된 요인이 되고 있다. 재생 불가능한 에너지원 가운데 청정 에너지원으로 분류되고 있는 천연가스는 인류 사용에너지의 18%를 차지하고 있으며, 향후 60년간 사용할 수 있는 매장량이 확인되고 있다.

[도움글] 산성비(acid rain, 산성우)

화력발전소나 산업 공장지대, 발전소, 자동차 배기가스 등에서 발생하는 대량의 질소산화물(NOx) 및 황산화물(SOx)이 대기 중의 수증기와 반응하여 황산이나 질산이 만들어져 빗속에 섞여 내리는 대표적인 산성강하물이다. 오염되지 않는 비의 수소 이온 농도 지수 pH 5.6 정도 보다 낮은 비를 산성비(酸性雨)라고 한다. 산성비 속에는 황산, 질산, 염산 성분이 있어 금속이나 광물도 녹이며, 식물, 토양, 강, 호수, 물고기 그리고 수서생물의 서식에 치명적인 영향을 준다. 산성비가 오랫동안 내리면 토양이 산성화되고, 식물이 자라지 못하며, 농작물의 수확량이 줄어들고, 흙 속의 지렁이나 미생물마저도 죽게 된다. 사람이 산성비를 맞으면 저항력이 약해지고, 피부가 빨리 노화되며, 피부암에도 걸릴 수도 있다. 중남부 유럽의 산업국가에서 발생한 대기오염 물질에 의해 만들어진 산성비가 편서풍을 따라 북유럽 스칸디나비아반도로 이동하여 강하함으로써 그곳의 여러 호수들은 물고기가 서식하지 않는 죽음의 호수로 변하고 말았다. 남부 독일의 흑림지대의 삼림은 산성비에 의해 광역적으로 파괴되었다.

산성우로 파괴된 독일의 흑림(Schwarzwald) 지대

결국 석유, 석탄, 천연가스와 같은 재생 불가능한 에너지원은 매우 한정적으로 존재할 뿐만 아니라, 자연적인 생성 메커니즘을 통한 에너지원의 매장과 인류가 사용하는 에너지 요구량 사이에 균형이 이루어지지 않는 한, 현대 산업사회는 분명 성장 한계에 부딪치게 됨을 의미하고 있다. 지금까지의 100년 간 즐겨 사용해 오던 이 화석연료는 앞으로 100년 후에도 계속 사용할 수 있게 될지 아무도 단언할 수 없기 때문이다. 마치 나무의 생장 속도 보다 땔감을 얻기 위한 벌목 속도가 빠르다면, 가까운 시일 내에 삼림이 소실되어 땔감을 획득할 수 없게 되는 것과 같은 이치이다. 결국 우리는 새로운 에너지원을 개발하지 않는다면 성장의 한계를 맞이하게 될 것이다.

토론거리 *Topical Q & A*

생활 속에서 에너지 절약 또는 효율적인 사용을 어떻게 하고 있는가?

인류가 다른 야생동물과 달리 밤의 암흑과 공포로부터 완전한 해방은 지금으로부터 겨우 140여 년 전 에디슨의 전기 발명#이후의 일이다. 오늘날과 같은 도시의 야경은 현대문명의 상징이기도 하다. 따라서 근대에 이르기까지 자연에너지(오일, 석탄, 목탄, 이탄 등)에 대한 직접적이고 원시적 이용으로부터 자연에너지의 가공을 통한 다양한 에너지 이용 기술이 발달함에 따라 자연에너지의 소비는 급격히 증가하였을 뿐만 아니라, 에너지를 최종적으로 소비하는 일반 사람들은 자연에너지의 직접적 소비를 체험적으로 경험할 기회가 줄어들기 때문에 에너지 절약에 대한 절박함이 사라져 버렸다. 예를 들어 연탄을 쌓아두고 매일 한 장씩 소비해 가면서 난방을 하는 것과 가공된 에너지인 전기를 이용하여 온수로 난방을 하는 경우에 에너지 소비에 대한 직접적 체감 효과는 크게 다르다. 생활 속에서 에너지 절약 또는 효율적인 사용에 대하여 정보를 교환하고 토론해 보자. 그런 토론 속에서는 오늘날 우리는 매우 자유롭고 풍요롭게 에너지를 사용하며, 절약해야 한다는 것을 거의 인식하지 못하고 있다는 것을 자각한다. 가정에서 쓰고 있는 에너지의 사용비용에 대하여 과연 값이 싸다고 느끼는지, 아니면 비싸다고 느끼는 지에 대하여 토론을 한다. 값이 싸다면 왜이며, 비싸다고 느끼면 그 이유는 무엇인가?

지구온난화를 어떻게 할 것인가

과학자들은 지구온난화의 최대 원인물질을 이산화탄소로 규정하고, 지구 역사를 통틀어 오늘날처럼 급속히 진행되고 있는 지구온난화현상으로 말미암아 지구 생태계에 엄청난 혼란이 야기될 것이라고 경고하고 있다. 각 국가의 이산화탄소 배출량 (화석연료를 이용한 산업 활동)을 통제하게 되는 기후변화에 관한 국가 간 협약은 산업선진국과 개발도상국 간의 첨예한 이해 대립으로 발전적 결과를 도출하지 못하고 논쟁만을 반복하고 있다.

대기권에 존재하는 이산화탄소와 여러 가지 대기 가스는 지구 표면에 도달한 태양열을 잡고 그 확산을 막음으로써 지구를 데우게 된다. 이것을 지구의 자연적 온실효과라고 한다. 이러한 자연적 온실효과는 생명부양계(life-support system)로서 지구를 존재하게 하였으며, 이 온실효과가 없었다면 지구는 마치 무생물적 환경을 가지고 있는 달처럼 차가운 물질 덩어리에 불과하였을 것이다. 지구의 자연적 온실효과는 본래 여러 번의 온난기와 한랭기를 반복하면서 45억 년간 지구 환경의 균형 속에서 적절히 조절되어 왔다. 특히 지구의 자연적 온실효과에 의한 온난기는 항상 대기 중의 이산화탄소 증가 현상의 결과로부터 나타났다. 그러나 오늘날의 지구 온실효과는 자연적이라기보다는 인간 활동에 의한 매우 불안한 온실효과와 그로 인한 지구환경 변화에 문제의 심각성이 있는 것이다. 산업혁명(18세기 초기; 1700년대) 이후로 대기권 내의 이산화탄소(CO_2) 농도는 약 30%, 메탄(CH_4)은 약 200%, 질소산화물(N_2O)은 약 15%, 그리고 HFCs와 PFCs 등도 꾸준히 증가하고 있다. 이와 같이 방출된 온실 가스는 수세기 동안 대기권 속에 잔존하면서 대기권의 열 포집능력을 촉진한다. 비록 식물호흡과 유기물질 분해를 통한 이산화탄소 방출 양이 인간에 의해 방출되는 양의 10배 이상이나 되지만, 육상생태계 및 해양생태계에서 흡수되는 이산화탄소 양을 고려하더라도 산업혁명 시기에 이르기까지는 대기권의 탄소 수준이 균형을 이루어왔던 것이다.

지난 250년 간 대기 중의 이산화탄소 양은 약 3배로 증가하였고, 지난 100년 간의 지구 대기온도는 매년 평균 0.5℃ 상승하였으며, 19세기 후반부터는 1℃ 증가하였으며, 20세기 중 가장 더운 10년간은 지난 15년 사이에 있었으며, 그 가운데 1998년이 가장 더운 해로 기록되었다.

[도움글] **온실효과(greenhouse effect)**

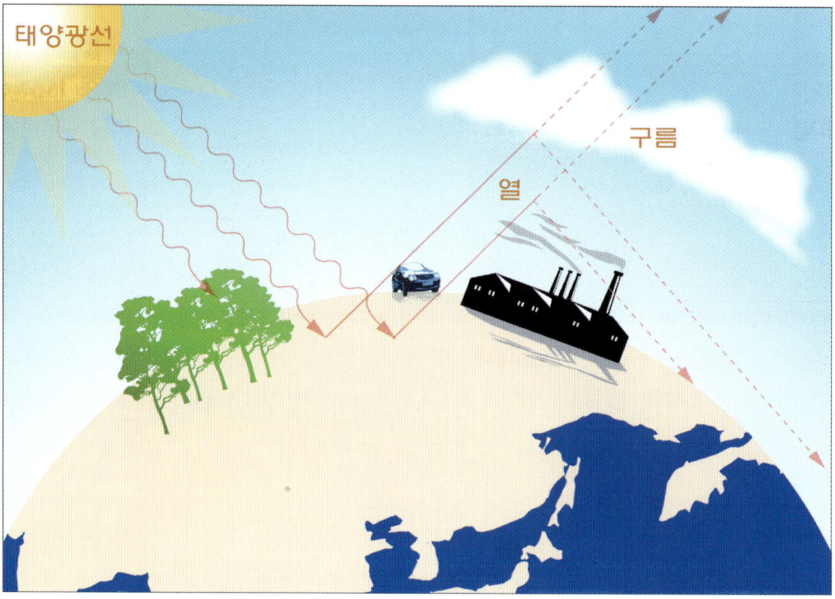

태양광선은 지표면에서 적외선(열선)으로 바뀌어 복사하며, 대기권 속의 온실가스(CO_2, 메탄, 질소산화물 등)는 지표면 가까이에서 복사열을 잡는다. 그런 온실 가스와 수증기는 온실의 유리 지붕처럼 지구를 감싸게 된다.

> 태양열(특히 열선인 적외선)은 지구 대기권을 통과하며, 구름과 지표면에서 일부 반사한다. 이러한 태양열(복사열)이 온실처럼 밀폐된 지구 대기권 내의 공간 속에 갇히게 됨으로써 공기가 데워지는 것을 온실효과라 한다. 지구표면에 도달한 태양열은 온실효과에 기여하는 이산화탄소, 질소산화물, 메탄, 염화불화탄소(CFCs), 오존 등과 같은 대기권의 가스물질에 의해 포집됨으로써 대기의 온도는 상승하게 된다. 인류가 석탄, 석유, 천연가스와 같은 화석연료를 사용하기 시작한 이래로 대기권의 가스 구성은 크게 변화해 왔다. 화석연료의 연소로부터 대량의 이산화탄소가 대기 중으로 방출·확산되었으며, 삼림을 벌채함으로써 이산화탄소의 저장 창고(植物 生體量)가 감소되고, 벌채한 목재를 땔감으로 태움으로써 대기 중에 이산화탄소의 양을 더욱 증가시키게 된다. 온실효과의 원인 물질들은 주로 석탄채광, 천연가스 생산, 쓰레기 투기, 항공 운항, 자동차 운행, 냉장고 및 에어컨, 단열재, 포말 제품 등에 의하여 발생되고 있다.

지구 본래의 온난화 현상은 항상 서서히 일어난 데에 비하여, 오늘날의 온난화 현상은 너무 급격히 일어난다는 데에 문제가 있다. 지역에 따라서는 100년간이란 짧은 기간 동안 2.5℃ 온도 상승을 기록하고 있다. IPCC 2001년 보고서에 따르면 2100년까지 방출가스 조절 정책이 없는 한 이산화탄소의 농도는 오늘날보다 30~150% 증가할 것이며, 그에 따라 다음 100년간(2100년에)의 지구의 기온은 지역에 따라 차이는 있으나 1.4~5.8℃의 범위로 상승할 것으로 추정되고 있다. 이 기온 상승 범위의 최저 수준의 상승이라 할지라도 그것은 과거 10,000년 동안 관찰된 변화보다도 훨씬 크다.

급격한 온도상승률은 야생생물들의 생존을 크게 위협하게 되고, 생물종 대량 멸종 상태를 야기할 수도 있으며, 인간 활동에 엄청난 변화와 문제점을 일으키게 될 것이다. 이미 남북극의 빙하 면적의 감소는 해수면 상승으로 나타나고 있으며, 지난 세기 동안 해수면은 약 10.2cm~20.3cm 상승하였으며, 지역에 따라 해수면이 40~50cm 상승함으로써 수백만 명이 거주하는 해안 저지대와 일부 섬이 서서히 물속으로 잠기면서 연안 산업기지에 피해가 발생하고 있다. 이러한 해수면 상승의 영향을 가장 심각하게 받는 지역은 남태평양의 통가(Kingdom of Tonga)와 투발루(Tuvalu) 등과 같은 산호초 국가들이다. 육지 면적이 약 700km^2 정도인 남태평양 통가는 지난 13년간 10cm 이상 해수면이 상승했으며, 지금도 평균 1년에 8.4mm씩 상승하는 것으로 보고 되고 있다. 따라서 통가는 수 세기 이내에 지도상에서 사라질 위기에 처해져 있다. 또한 적도 태평양 상의 주기적인 해수면 온도 상승 현상인 엘니뇨의 빈도와 그 광폭성, 그리고 광역적 또는 국지적 기후의 불안정에 따른 태풍 및 가뭄과 같은 기상이변 등에 의해서 재해의 강도는 더욱 심각한 수준에 이르고 있다.

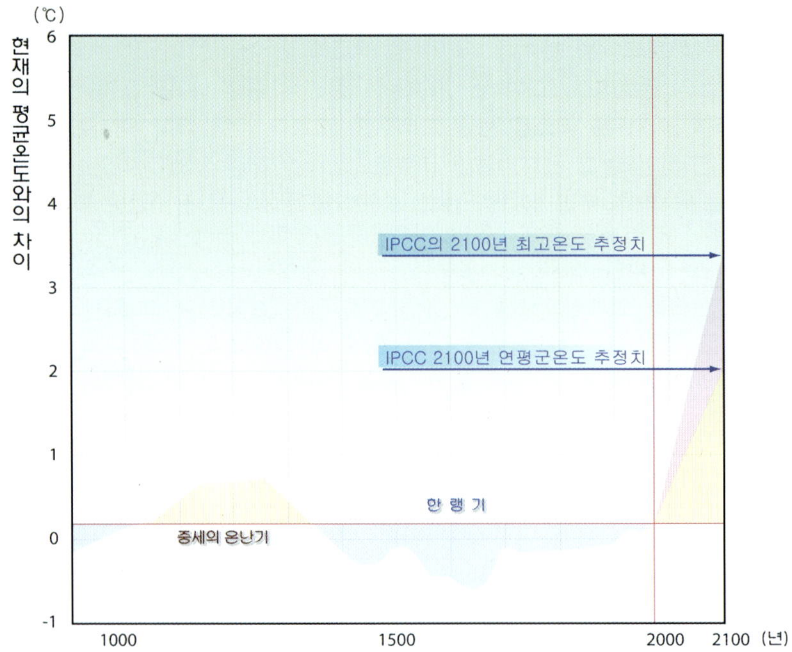

IPCC가 추정하는 지구 온도 변화

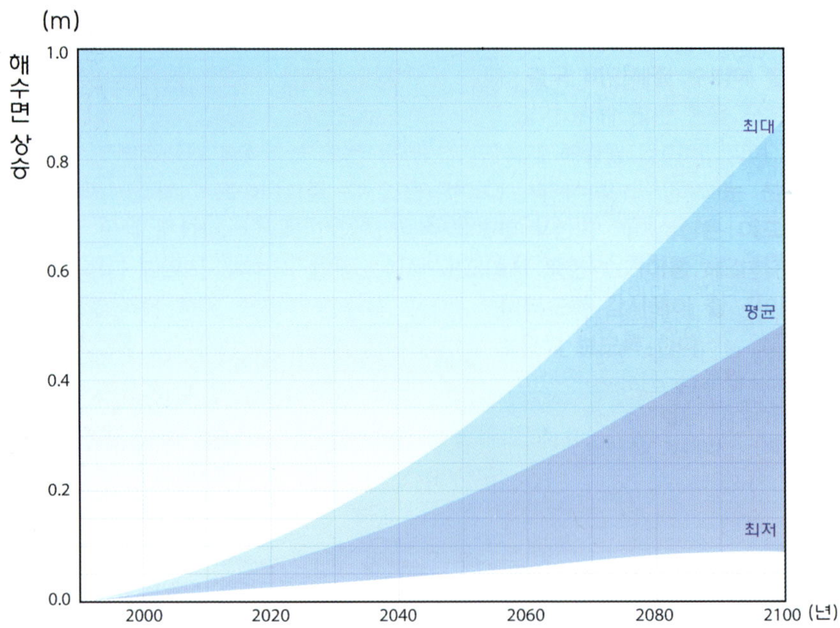

지구 온난화로 야기되는 해수면 상승의 추정 곡선

우리나라와 같이 온대지역에서는 이미 게릴라성 집중 폭우와 혹독한 가뭄 현상이 빈번하게 발생할 뿐만 아니라, 그 현상이 뚜렷해지고 있어서 농사에 큰 어려움을 겪고 있다. 일부 온대 지역에서는 한번 파괴된 삼림 지역이 본래의 삼림으로 회복이 불가능하여 키 작은 덤불숲이나 사막과 같은 경관으로 변형되고 있다. 이로 말미암아 야생 동물종들의 멸종가능성이 높아지고 있으며, 말라리아와 같은 열대성 질병 및 사-스(sars)와 같은 불특정 바이러스성 질병의 위생 문제 그리고 해충 또한 널리 확산되고 있는 실정이다. 우리나라에서 연평균기온 1℃ 증가는 현재의 한반도 녹색환경의 약 19% 정도의 변화가 야기될 것으로 추정되고 있으며, 이미 그러한 우리나라의 기후 변동은 여기저기에서 관찰되고 있다. 그것은 우리나라의 자연환경 및 생활환경이 그 정도로 변화하게 됨을 의미한다. 지금으로부터 1500여년 전 부여고란사지역에서 매우 드물게 관찰되었던 '고란초'가 지금은 그곳으로부터 150㎞ 떨어진 서울 북한산 일대에서 관찰되고 있다. 아열대 상록 양치식물인 '고란초'는 지구온난화에 따라 1년에 100m씩 북쪽지방으로 분포를 확대한 셈이다.

(A. 인간정주 이전)

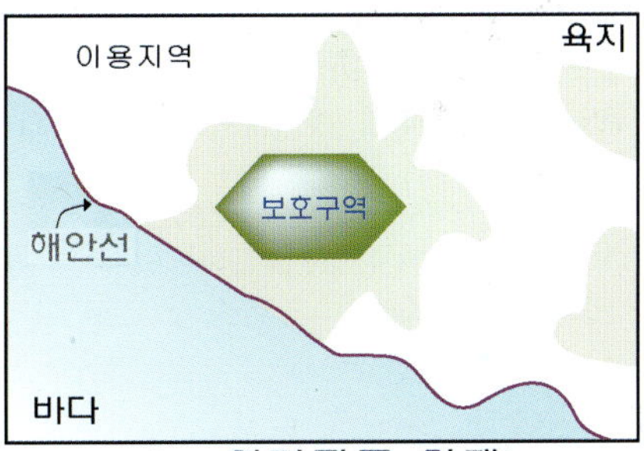

(B. 인간정주 현재)

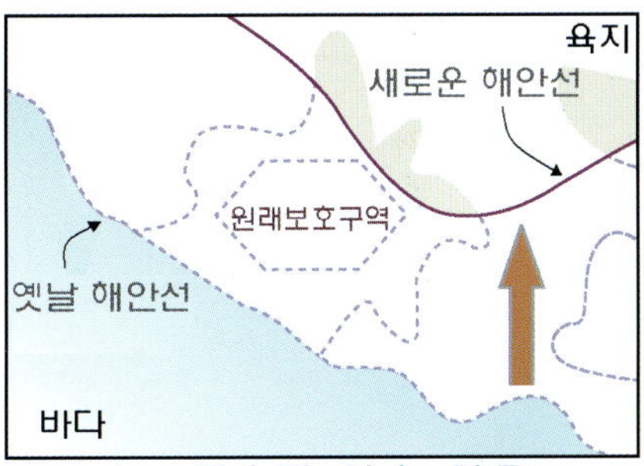

(C. 해수면 상승 이후)

지구온난화에 의한 해수면상승 현상에 의한 생물분포 한계선 및 해안선에 변화가 일어난다. 특정 생물종의 분포와 현재 설정되어 있는 보호구역의 범위에 대한 인간 정주(定住) 이전의 상황(A)에서 인간 정주로 인하여 일부 야생지역과 보호지역이 제한적으로 남아 있다(B). 이런 상황에서의 지구온난화에 따른 해수면 상승으로 해안선은 육지 방향으로 옮겨감(海進)으로써 연안지역에 위치하는 이용지역과 보호구역 그리고 야생지역 모두가 물에 잠기게 된다(C).

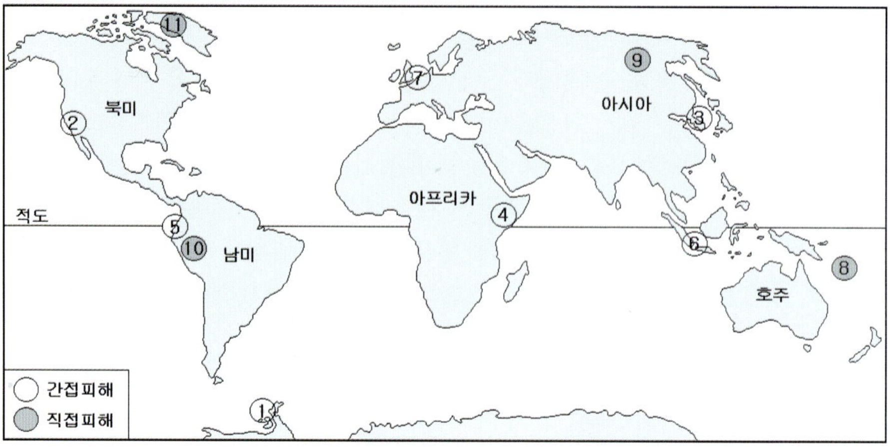

지구 기후변화의 조기경보지도(WWF 1999)에 따르면 지구온난화와 같은 기후변화에 의한 지구환경의 변화 징후가 지구 곳곳에서 관찰되고 있다. 우리나라는 간접피해 지역으로 지목되고 있으며, 최근에 연례적으로 발생하는 지역성 게릴라 호우는 지구 대기(大氣) 기단(氣團)의 불안정에서 기인한다. ① 남극: 아델리 펭귄의 지난 25년간 33% 감소, ② 미국: 캘리포니아 산타바바라의 98년 2월의 사상 최대의 강우량 (55.22cm) 기록, ③ 한국: 수차례에 걸친 일일강수량 25cm 이상의 지역성 폭우 기록, ④ 케냐: 말라리아 비발생 지역이었던 고원지역에서의 말라리아 발생으로 수백 명 사망, ⑤ 콜롬비아: 병원균 매개의 모기가 안데스산맥 고산지대(해발 2100m)에서 발견, ⑥ 인도네시아: 가뭄과 산불로 200만 에이커의 삼림 소실, ⑦ 영국: 95년에 65종의 조류(鳥類) 가운데 35%가 71년보다 평균 8.8일 먼저 알을 낳음, ⑧ 피지: 지난 90년간 매년 15cm 해안선이 후퇴, ⑨ 러시아: 지난 100년간 아제르바이잔 국경의 코카서스산맥의 만년설의 50%가 사라짐, ⑩ 페루: 안데스산맥의 눈이 매년 30.5cm씩 후퇴, ⑪ 북극: 78~95년 사이에 얼음 바다의 6%가 사라짐.

[도움글]

우리나라의 기후변동

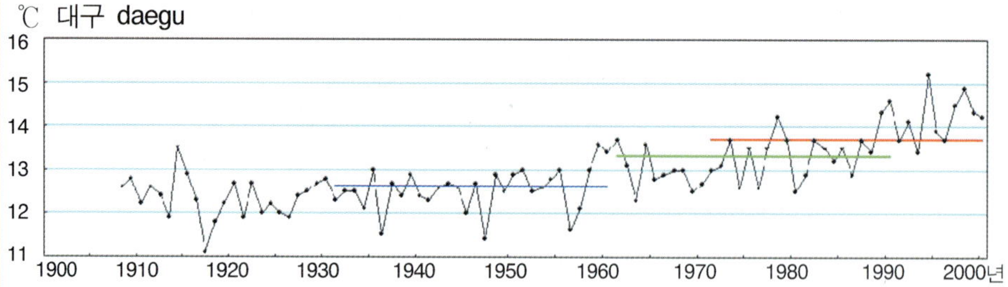

우리나라의 연평균기온은 지속적으로 상승하고 있는데, 대구의 경우는 과거 100년간 약 2℃ 이상의 기온 상승이 있었다.

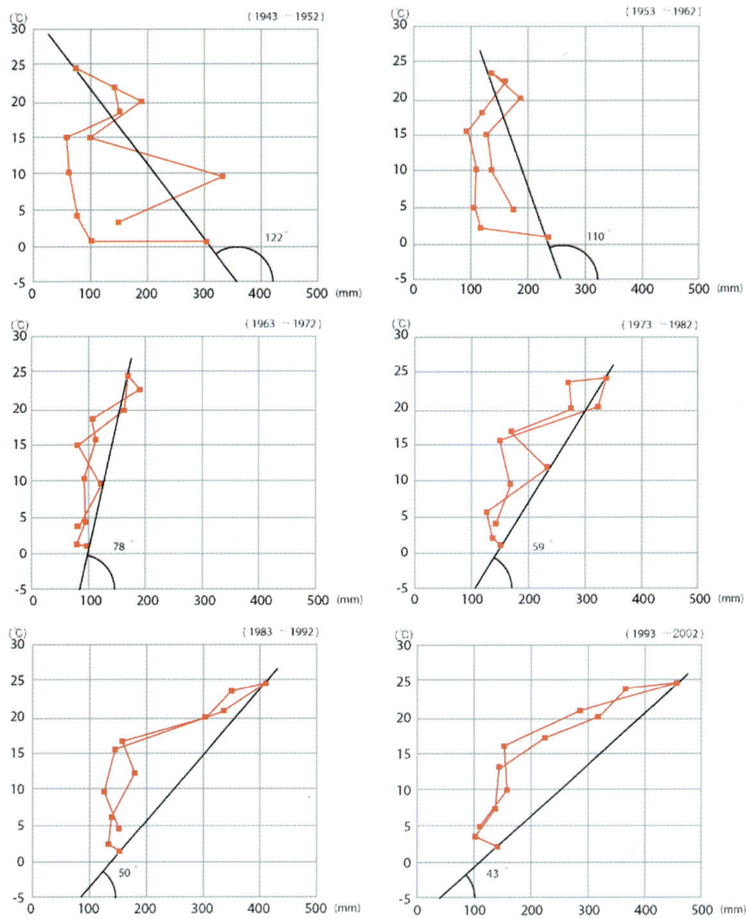

울릉도의 기후변동을 나타낸다. 지역의 기후도표는 x축에 월평균강수량, y축에 월평균기온을 가지고 나타낼 수 있다. 일 년 열두 달 동안 최난월(最暖月)과 최한월(最寒月)을 잇는 직선과 x축이 만나서 만드는 각도에 따라 해양성기후와 대륙성 기후로 구분하여 이해할 수 있다. 90도보다 큰 각도일 경우는 여름에도 강수량이 많지만 겨울에도 상당한 강수(설)량을 포함하고 있다는 것을 의미하는 해양성기후이며, 90도보다 작은 각도일 경우에는 연중 강수량의 대부분이 하절기에 치우친다는 것을 의미의 대륙성 기후이다. 결국 대륙성은 생물계절적으로 가뭄(수분스트레스)을 경험하는 특징을 가진다. 최근 60년간의 울릉도의 기후변화는 매우 심각한 양상을 보여주고 있다. 1970년대 초반까지 울릉도는 연중 온난하면서 다습하며, 특히 겨울의 강설량이 많은 해양성 기후를 나타내고 있었으나, 최근 30년간은 한반도와 유사한 기후적 패턴인 한랭 건조의 하계 다우형인 대륙성 기후를 나타내고 있다. 이러한 기후패턴의 변화는 울릉도에서 소나무(*Pinus densiflora*) 개체군의 증가에서 뚜렷이 나타나고 있다. 본래 울릉도에는 식재된 경우 이외에 야생의 소나무 개체는 매우 희귀하였다.

유엔환경계획(UNEP)에서는 지구의 온난화 현상에 대응하기 위하여 기후변화협약(Convention on Climate Change)을 만들었으며, 「기후변화에 대한 정부간 패널」(IPCC; Intergovernmental Panel on Climate Change)을 설치하였다. 「기후변화에 대한 정부간 패널」에 참가하는 과학자들은 '지구온난화의 최대 원인물질을 이산화탄소로 규정하고, 지구탄생 이래 오늘날처럼 급속히 진행되는 대기 중의 이산화탄소량의 증가는 지구 생태계에 엄청난 혼란을 야기하게 될 것임'을 경고하고 있다. 그러나 각 국가의 이산화탄소 배출량(화석연료를 이용한 산업 활동)을 통제하게 되는 이 기후변화협약은 국가 간의 첨예한 이해 대립으로 말미암아 발전적 결과를 도출하지 못하고, 수차례의 협약 당사국 회의만을 반복하고 있다. 세계 최대의 탄소 배출국인 미국이 배제된 채 배출탄소량의 제어를 실천하기 위한 '교토의정서'(1997)를 겨우 마련하여 채택하였다.

토론거리 *Topical Q & A*

기후변화협약에서 산업선진국과 개발도상국 간의 합의점을 도출하지 못하는 이유는 무엇인가?

기후변화협약의 국가 간의 쟁점은 지구 기후변화의 최대 원인물질인 이산화탄소에 대한 배출 총량의 규제이다. 산업생산 활동에서 에너지원으로 사용하는 화석연료(석탄, 유류, 가스 등)의 소비는 이산화탄소를 대기 중으로 배출하는 과정이다. 따라서 각국의 산업규모에 따라 이산화탄소를 배출하는 양은 뚜렷이 구별된다. 특히 개발도상국에서는 청정 기술 공정에 의한 제품 생산을 할 만큼의 자금과 공장설비가 갖추어져 있지 않기 때문에 기존의 낙후된 설비를 가지고 계속해서 화석연료 에너지원을 사용하여 제품생산을 해야만 한다. 그런데, 이미 선진국에서는 수준 높은 기술과 경제력을 가지고 있기 때문에 적절한 수준의 이산화탄소 배출량의 감소를 감당할 수 있지만, 개발도상국에서의 이산화탄소 배출량의 감소는 곧 그 국가의 경제력 쇠퇴와 직결된다. 뿐만 아니라, 개발도상국의 입장에서는 지구기후변화의 원인제공자는 지금까지 헐값의 화석연료를 대량으로 사용함으로써 경제선진국이 된 국가라는 것을 강하게 주장하고 있다. 결국 산업선진국과 개발도상국 간의 합의를 도출하기 위한 약 10년에 걸친 지루한 협상만을 계속하고 있는 것이다. 국가 간의 이산화탄소 배출권을 거래하는 제도 등의 이산화탄소 배출 총량을 억제하고자 하는 인류의 노력은 지금도 계속되고 있으나, 그러한 인류의 느긋한 협상에도 불구하고, 지구 온난화의 속도는 너무나도 급속히 진행되고 있는 것이 문제이다.

환경 독성물질을 어떻게 할 것인가

현대 산업은 에너지 사용과 획득을 위하여 다양한 환경독성물질을 대량으로 강과 바다 그리고 토양에 내뱉고 있다. 한번 배출된 환경독성물질은 광역성, 시차성, 무차별성에 의하여 지구생태계 속으로 널리 확산된다. 인체 내에 환경독성물질의 잔량체가 발견되고 점점 더 축적되는 심각성에 노출되어 있다. 환경호르몬에 의한 생체 내분비계의 교란은 환경독성물질에 의한 하나의 미미한 사건에 불과하다.

오늘날 대도시와 같이 인구가 밀집된 지역의 공기 속에는 더럽고 위험한 오염물질이 포함되어 있다. 자동차, 공장, 화력발전소 그리고 가정에서 태우는 연료로부터 많은 물질들이 공기 중으로 확산되고 있다. 뿐만 아니라, 농촌에서 사용한 농약과 제초제는 하천과 바다를 오염시킨다. 이렇게 지구환경을 교란하는 물질들은 국경을 넘어 이동하며, 인간에게 직간접적으로 위해하는 물질로 잔류한다. 현대 산업활동으로부터 발생되는 위험한 화학물질은 공기, 물, 음식에 독성을 가미하고, 인체의 건강과 야생동물의 생명을 위협한다. 선진산업국가에서는 이미 많은 환경독성물질에 의한 오염이 확산되어 왔으며, 후진국에서는 그러한 선진 산업과 현대적 농법을 도입하려고 애를 쓰고 있기 때문에 그런 오염문제가 점점 확대되어 가고 있는 셈이다.

현재 산업은 끊임없이 다양한 환경독성물질을 대량으로 발생시키고 있다. 환경독성물질은 생태계의 먹이사슬에 유입되어 생물농축과정을 통하여 생태적 위해성이 증폭·확산되며, 지하수와 토양을 오염시킨다. 일반적으로 환경독성물질은 인간이 만들어 낸 물질로 자연계에는 저절로 존재하지 않으며, 생태계에 오랫동안 잔류하면서 안전하게 처리하기가 불가능한 것이 특징이다.

환경독성물질은 한번 몸속에 들어오면 반드시 건강을 해치게 된다. 50년 전보다 훨씬 많은 중금속과 같은 금속원소들이 지금 암의 원인물질들로 알려져 있다. 건전지에 다량으로 포함되어 있는 니켈과 같은 중금속은 신경계와 허파 그리고 심장과 신장 등에 치명적인 해를 끼친다. 플라스틱산업이나 전기산업에서 사용되고 있는 인간이 만들어낸 PCB 화학물질은 살충제와 마찬가지로 암이나 혈액 질환 그리고 출산 결함을 야기할 가능성이 높다. 플라스틱 소각이나 제지공장에서 많이 배출되는 다이옥신은 발암물질로 유명하며, 일회용 기저귀에서도 그 잔류 물질이 발견되기도 한다. 사실 대부분의 산업 선진국에 살고 있는 사람들은 이러한 환경독성물질을 몸속에 조금씩 다 가지고 있다고 해도 과언이 아니다.

[도움글] 생물농축과정(biological concentration)과 중금속

환경독성물질은 생태계의 먹이사슬을 통하여 생물체의 몸속에 축적되고, 마침내 사람처럼 먹이사슬의 높은 수준에 위치하는 생물종은 체내에 높은 농도로 저장되게 됨으로써 치명적인 영향을 입게 된다. 예를 들어, 오염된 강물 속에는 환경독성물질이 포함되어 있으며, 이 물질들은 물고기와 각종 수서곤충들에 의하여 흡수된다. 또한 물고기와 수서곤충들은 다음 먹이사슬 단계인 대형 물고기나 물새 그리고 소형 동물들의 포식자에게 잡아먹히고, 마침내 먹이사슬 단계의 최고차(最高次) 수준의 생물종에 의하여 잡아먹히게 된다. 미국 롱아일랜드 하구에서 연구된 DDT의 생물농축의 사례를 살펴보면, 물속의 DDT량이 0.000003ppm이면, 동물플랑크톤의 DDT량은 0.04ppm, 작은 물고기의 DDT량은 0.5ppm, 큰 육식성 물고기의 DDT량은 2ppm, 그런 물고기를 먹는 새의 DDT량은 25ppm에 이른다. 즉 물속의 극히 미량의 DDT량일지라도 최고차포식자인 새의 몸속에는 그 보다 약 8백만 배 이상이 농축된다. 그런 오염된 곳의 조류의 건강이 온전할 리가 없다.

인간은 이러한 먹이사슬의 한 부분을 차지하고 있으며, 만일 오염된 대형 물고기를 잡아먹었다면 다량의 환경독성물질을 체내에 흡수하게 된다. 일반적으로 흡수된 환경

독성물질은 생물체의 저장에너지 형태의 하나인 체내 지방 속에 축적된다. 따라서 먹이사슬의 높은 수준에 위치하는 생물종일수록 환경독성물질의 생물농축현상은 증폭하게 된다. 중금속 수은과 카드늄의 생물농축현상으로부터 야기된 공해병이 일본 도야마(富山)현의 이따이이따이병(痛い痛い病, 1968년)과 구마모토(熊本)현의 미나마따병(水俣病, 1953년)이다.

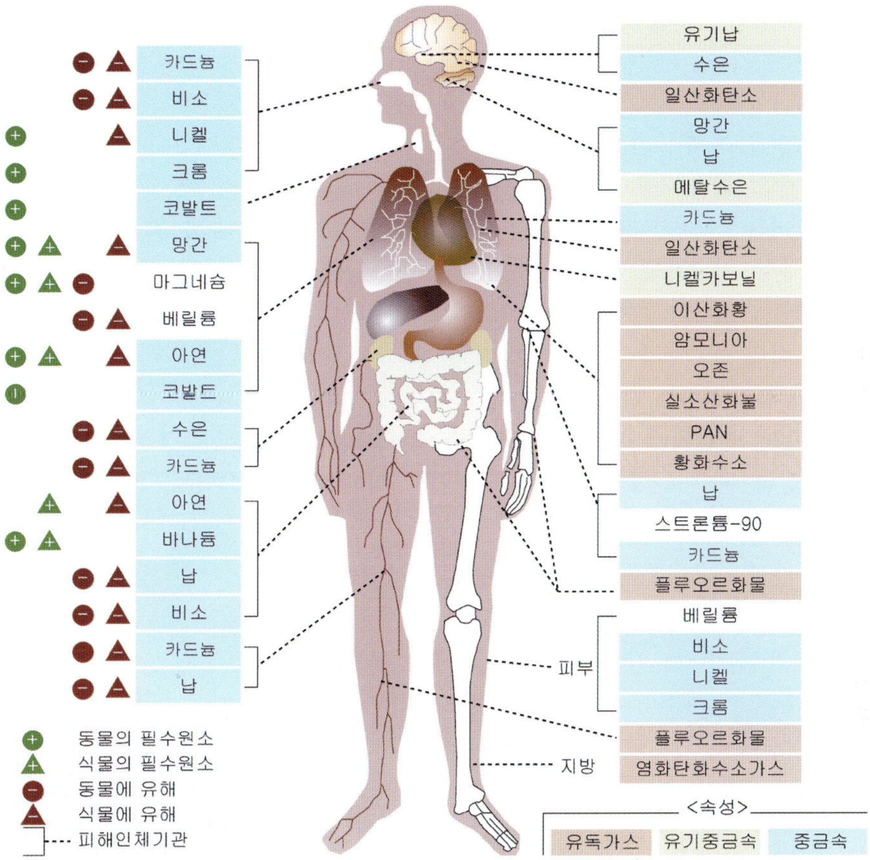

인체에 미치는 유해 중금속 (Heinrich *et* Hergt 1996)

수천 명의 인명 사고나 질병을 야기하는 가장 불행한 환경독성물질 사고는 1976년 이탈리아 세베소(Seveso)에서나 1984년 인도의 보팔(Bhopal)에서 발생한 화학공장 폭발, 그리고 1986년 소련의 체르노빌 핵발전소 화재와 같은 대재해이다. 폐쇄된 옛 쓰레기 매립장 위에 살아온 사람들의 높은 암 발생률과 출산 결함으로 야기된 1970년대~1980년대의 뉴욕주 러브커넬(Love Canal) 사건은 폐기된 쓰레기 속의 독성화학물질에 의한 토양과 물 오염에 의한 것이었다. 지금도 산업선진국의 위험한 산업폐기물이 아무런 검증 없이 후진국으로 수출되어 무방비 상태로 관리됨으로써 인근에 사는 빈민들은 치명적인 위험에 노출되기도 하며, 유아 사망의 심각한 문제를 야기하기도 한다. 뿐만 아니라 선진 산업국가에서의 법적 제도적으로 제한되는 위험한 산업시설까지도 후진국으로 이전함으로써 후진국가의 사람들은 환경독성물질에 대한 노출 위험성이 훨씬 더 높다고 할 수 있다. 과거 해충 구제에 널리 사용되었던 DDT는 선진산업국에서의 생산과 사용은 금지되었으나, 아직도 후진국에서는 생산·사용되고 있는 실정이다.

해충 구제를 위한 농약(살충제)의 살포는 아무런 환경적 위생적 고려 없이 농촌에서 일상처럼 사용되고 있다. 살충제는 내성이 없는 해충을 구제(驅除) 하는데 효력을 나타내지만, 점점 내성을 가진 해충의 개체들이 살아남게 됨으로써 나중에는 점점 더 강한 살충제를 사용하게 된다. 이와 같이 살충제의 독성 증가는 처음에 미세 생물들을 함께 죽여 버리는 정도의 수준에서 나중에는 경작에 도움에 되는 익충이나 소형 동물 그리고 새들마저도 중독을 일으켜 죽여 버리는 결과를 낳게 된다. 마침내 직간접적으로 농약을 살포하는 농부의 생명마저도 위협하게 된다. 개발도상국에서 일년에 2백만의 인구가 이 살충제에 의하여 구토와 설사, 혼수와 혼미, 뇌 손상과 같은 건강 피해와 심지어는 사망의 피해를 입기도 한다. 개발도상국의 농부들은 안전 피복도 없이 농약을 살포하고 있을 뿐만 아니라, 심지어는 농약 봉지나 병에 기재되어 있는 농약살포 지침을 포함한 여러 가지 안내 문구가 어려운 용어와 외국어 표기되어 있기 때문에 사용하고 있는 농약에 대한 위험성을 전혀 인지하지 못하고 사용하고 있는 실정이다. 농약의 잔류체는 수확한 농작물 속에서도 발견되고 있어, 간접적으로 농촌으로부터 이격(離隔)되어 살고 있는 도시인들도 환경독성물질의 체내 섭취가 발생되고 있다.

베트남 전쟁에서 사용된 고엽제(枯葉製)는 2,4,5-T와 2,4-D라는 제초제를 섞어서 만든 합성물질로서 일명 에이전트 오렌지(Agent orange)라고도 한다. 정글지역에서 풀과 나뭇잎을 제거하여 전투를 수월하게 하기 위해 7년(1964~1970) 동안 베트남 전 국토면적의 18%에 달하는 지역에 1200만 갤런의 고엽제가 공중 살포되었다. 고엽제 2,4,5-T에는 TCDD라는 다이옥신 성분이 포함되어 있었고, 그 독성이 알려진 1970년 미국 상원 청문회 이후로 고엽제 살포는 중지되었다. 그동안 고엽제 살포지역에 사는 베트남 주민들은 물론 그곳에서 전투에 참여한 군인들은 모두 다이옥신에 크게 노출되고 말았다. 다이옥신은 1ng(10억분의 1g)과 1pg(1조분의 1g) 단위를 사용하는 맹독성 물질이며, 인간을 포함한 모든 생명과 생태계를 직접적 또는 간접적으로 파괴한다. 다이옥신은 한번 방출되면 생태계 먹이사슬을 통하여 생물농축현상의 전형을 보여주는 환경독성물질의 대표명사이며, 노출된 지 5년에서 20년 후에 나타나는 그런 환경독성물질 폐해의 시차성과 광역성 때문에 더욱 심각하게 받아들여지고 있다. 인체에 대한 다이옥신의 폐해는 각종 암과 기형아 출산, 말초신경계 및 중추신경계의 손상, 염화성 여드름 등으로 나타난다. 우리나라에서는 1993년 고엽제 후유의증 환자지원 등에 관한 법률을 제정하여 고엽제 후유증 환자와 후유의증 환자에 대한 보상과 의료보호를 하고, 고엽제 후유증 2세 환자에 대한 진료를 하며, 이미 사망한 환자의 유가족에게 보상을 하도록 하고 있다. 1998년 고엽제 후유증 환자 및 후유의증 환자가 약 1만여 명에 이르며, 검사가 진행되면서 그 수는 증가하고 있는 실정이다. 이와 같이 환경독성 화학물질로 인한 오염은 한 세대에 그치는 것이 아니라 2세, 3세 등 후세에까지도 이어지며, 환경파괴를 통한 생태계 교란이 장기간에 걸쳐 일어나게 된다. 캐나다 오대호 일대에서의 회색갈매기의 멸종 위기는 장기간에 걸친 펄프공장으로부터 배출된 다이옥신이 원인이었다.

솔잎혹파리, 소나무재선충 등과 같은 각종 삼림 병해충 방제를 위하여 살충제의 공중 살포가 아직도 진행되고 있다. 특히 살충제 속에 해충의 발달과정을 저해하는 호르몬제가 포함되어 있다면 생태계 속의 기타 야생 생물들도 오염됨으로써 많은 피해를 입게 된다. 특히 공중 살포에 의한 살충제의 광역적 비산으로 병해충 구제 지역을 벗어나 넓은 지역을 오염시킬 수 있다. 토양 속의 미생물은 미량의 살충제에도 피해가 발생하며, 그에 따라 삼림생태계의 분해자로서의 역할도 사라지게 된다. 이것은 도시 근교 산지에서 산성우에 의한 토양 미생물의 쇠퇴로 낙엽분해가 불량해지는 것과 본질적으로 유사한 생태적 과정이다. 문제는 그러한 살충제를 곤중살포를 지속적으로 해왔지만, 병해충은 끊임없이 발생되고 있으며, 새로운 병충해도 발생되고 있다는 것이다. 따라서 병해충에 대한 생물학적 그리고 생태학적 접근이 보다 친생명적 친환경적이라 할 수 있다.

토론거리 *Topical Q & A*

담배 끽연을 통한 환경독성물질의 문제는 무엇인가?

담배연기 속에는 니코틴과 타르 이외에 다량의 다이옥신이 포함되어 있다. 음식쓰레기 및 종이 소각으로부터 다량으로 배출되는 다이옥신은 ng 나노그램, pg 피고그램 수준에서 맹독성의 환경독성물질로 분류된다. 캐나다 5대호에 서식하는 회색갈매기의 멸종위기는 인근 펄프공장에서 배출된 다이옥신의 호수생태계 속에서의 생물농축현상에 의한 수컷 회색갈매기의 생식능력의 감퇴와 알껍데기 미성숙에 따른 부화율의 급격한 감소에 기인한 것으로 밝혀졌다. 기호품인 담배의 위해성을 알리기 위한 니코틴 0.30mg과 타르 3.0mg의 함량과 건강에 해롭다는 선전 문구(건강을 해치는 담배 그래도 피우시겠습니까)는 담배 생산자의 역할로 충분한 것인가? 담배 연기 속에는 무엇이 포함되어 있으며, 담배를 피우지 않는 이웃 사람에게도 심각한 피해가 되는 이유를 토론해보자.

Think globally Act locally	환경독성물질의 확산을 줄이기 위한 작은 실천

- 가정에서 인공 화학물질 재료로 생산된 상품 대신 자연 재료로 만들어진 상품을 사용하자(예, 폴리에스테르 옷감 대신 면류 사용 등)
- 건전지용 기구의 사용을 줄이기와 재충전 가능한 건전지 사용하자
- 무공해, 저공해 식품 사용하기와 유기농산물 애용하자
- 재활용, 재생산 상품을 사용하고, 재활용하자(예, 병 우유 사용하기)
- 비닐봉지, 플라스틱 박스 등을 오랫동안 재사용하자
- 폐기물 무단 투기와 소각을 관계 당국에 신고하자

새천년의 인류 에너지

급속한 인구증가와 경제 발전은 여러 가지 형태의 토지 이용 및 개발의 압력이 높아 질 수밖에 없는 사회적 문제를 발생시키고 있다. 교통과 에너지 수급 그리고 쓰레기 처리 및 생태계 파괴 등의 현재 지구 인류에게 던져진 공통된 문제점은 에너지의 확보와 이용 그리고 개발이란 에너지에 대한 본질적 과제와 연결되어 있다. 이러한 과제를 해결하기 위해서는 적어도 백년대계(百年大計)의 긴 안목으로 그리고 예측 가능한 국가 개발과 생활환경을 추구해야 할 것이다.

급속한 인구증가와 경제발전으로부터 발생하는 현대 산업사회의 4 대 현안은 교통과 에너지 그리고 쓰레기 처리 및 생태계 파괴 등으로 요약된다. 현재 인류에게 던져진 이러한 현안들의 밑바탕에는 공통적으로 에너지의 확보와 이용 그리고 개발에 대한 본질적 이해와 인식이 자리하고 있다.

지구생태계는 보다 많은 연료를 소모하게 되는 행태의 현재 인류 및 계속 증가하고 있는 미래의 인구를 부양하는 데에는 분명 한계가 있다. 뿐만 아니라 인류는 거대한 발전소의 건설과 새로운 석유자원을 찾기 위한 거대 시추공의 개발과 같이 무작정 그냥 더욱 많은 에너지를 확보하고 사용하는 데에만 몰두해 왔다. 산업선진국에서는 화석연료를 사용하거나 수력을 이용한 대형 발전소 그리고 원자력발전소를 건설해 오면서도 한편으로 많은 에너지를 낭비하기도 하고, 재생 불가능한 대량의 폐기물과 환경오염물질을 양산해 왔다.

한편, 인류는 앞으로도 계속 난방을 해야 하고, 불빛을 밝혀야 하고, 요리를 해야 하고, 수송을 해야 하는 데에 여전히 많은 에너지를 필요로 하고 있다. 그러므로 지구생태계 속에서의 인류의 지속가능한 번영을 위해서 에너지에 대한 인류의 새로운 패러다임이 구축되지 않는다면 분명 그 성장 한계를 재촉하게 될 뿐이다. 인류의 지속가능한 번영은 에너지 사용에 있어서의 에너지 이용효율의 증대와 보다 적은 폐기물을 배출하게 되는 방식과 에너지 분배에 본질적인 변화가 필요하며, 저소득층의 삶의 수준을 증진하기 위한 부의 공평한 분배에 이르기까지 인류의 공영발전을 고려하는 것으로부터 가능할 것이다. 이것은 곧 오늘날 지구 인류의 가장 큰 과제이기도 하다.

우리는 화석연료와 핵연료의 사용으로부터 재사용 가능한 연료로의 전환이 필요하며, 할 수 있는 만큼 가능한 많은 에너지를 절약해야만 한다. 그리고 화석연료를 사용하더라도 폐열의 재사용과 그 사용량을 감소하는 등의 보다 효율적인 방법으로 실천하여야 한다. 현재 수력과 나무땔감, 석탄, 동물의 똥과 같은 재사용 가능한 에너지원이 인류의 에너지 요구량의 겨우 20%를 차지하고 있으나, 이 비율을 크게 증가시킬 필요가 있다. 또는 비록 구름 낀 날씨에서도 태양에너지를 이용할 수 있는 태양광 이용기술은 더욱 개발되어야 할 것이다. 지금 지구상의 수백만 가구는 이미 태양광을 이용한 온수시스템을 이용하고 있으며, 태양전지는 전체 건물을 위한 효과적인 에너지원으로 이용되기도 한다. 특히 우리나라와 같이 일사량이 풍부한 중위도권의 온대지역에서의 태양광을 이용한 에너지 확보는 다른 지역에 비하여 매우 유리하다.

한편, 비즈니스도 이미 에너지 효율을 높이는 것이 경비를 절약하는 것이고 마찬가지로 오염도 감소하는 것이라는 것을 인식하고 있다. 한 개의 저에너지용 전구는 일년에 30 달러를 절약하며, 현재 연료소모 효율이 가장 낮은 자동차보다 4배나 효율 높은 자동차를 개발하여 이용하고 있다. 도로를 통한 수송 시스템으로부터 철도와 운하를 이용하는 방안의 정책적 전환을 강구함으로써 엄청난 에너지 절감 효과를 얻고 있다. 또한 우리나라와 같이 삼림녹화 정책과 땔감 정책을 통하여 이산화탄소와 태양에너지의 저장고라 할 수 있는 삼림지역을 넓게 확보해 나가는 국가적 정책이 전 세계적으로 확산되는 것은 지구 에너지 저장과 분배에 매우 중요한 과정이다.

환경 및 생태적 문제를 발생시킬 수 있는 대형 수력발전소의 건설을 지양하고 소형 수력발전소의 건설을 통하여 생태계의 보전과 효율적인 에너지 공급 및 이용 그리고 분배를 이룩할 수 있다. 결국 지구생태계를 인류의 삶의 터전으로 지속가능 하도록 하는 에너지 전략은 비재생적이고 소모적인 에너지원의 개발과 사용으로부터 재생 가능한 에너지원의 사용과 이용효율의 증대에 있다. 이러한 재생 가능한 에너지의 사용은 우리의 인식과 실천 의지에 좌우되며, 결코 어떤 우수한 기기나 장비에 의존하지 않는다는 것을 깨달아야 한다. 뿐만 아니라 재생 가능한 에너지 사용은 보다 많은 일자리를 창출할 수 있으며, 발생된 폐기물 또한 지구생태계 속에서 자연순환적으로 분해되어 잠재적 에너지원으로 저장될 것이다. 미래의 인류의 에너지 길은 에너지의 확보와 이용 그리고 개발에 앞서서 에너지 절약과 친환경적 에너지 사용과 분배에 대한 확고한 성찰에 있다.

토론거리 *Topical Q & A*

인류의 에너지 역사를 고려할 때, 미래의 에너지 문제를 해결하기 위한 최우선 과제는 무엇인가?

미래의 인류 에너지 문제를 해결하기 위한 본질적인 세 가지 과제는 에너지의 확보, 에너지의 이용방식, 새로운 에너지의 개발 등이다. 이 가운데 에너지 이용방식은 최우선적으로 개선해야 할 과제이다. 각 공동체 별로 다양하고 효율적인 에너지 사용 방식이 있으며, 그것은 실천하고자 하는 의지에 달려 있다. 다음과 같이 토론해 보자.

— **개인** : 일상생활 속에서 효율적인 에너지의 사용을 위한 행태는 어떤 것이 있는가? 예를 들어 백화점 주변에서 만성 도로체증이 발생하는 것은 개인 승용차를 이용하기 때문이며, 그런 개인승용차를 이용하는 이유 등을 살펴본다.

— **정부** : 자동차 대량생산과 그에 따른 도로건설은 단기적 국가정책에 의존하는 것보다는 일시에 대량으로 수송할 수 있는 철도(환경적으로도 유리)와 같이 중장기적인 정책으로 전환하는 것이 바람직하다.

Think globally Act locally

에너지 자원으로서 쓰레기를 줄이기 위한 작은 실천

- 4R (Reuse, Recycle, Repair, Refill)의 생활화와 아이디어 교환하자
- 과대 포장 상품을 구입하지 말자
- 재보충 가능한 용기와 재사용 가능한 상품 (건전지 등)을 구입하여 사용하자
- 버리지 말고 가능한 고쳐 쓰자
- 폐가구, 폐차 등은 재활용 전문 회사에 보내자
- 음식쓰레기, 정원쓰레기 등의 생물쓰레기는 퇴비화 하자

생태논쟁 *Topical ECOncern*

체르노빌 핵발전소의 교훈

지금으로부터 약 40년 전만 해도 많은 사람들은 핵 발전은 우리 인류가 필요로 하는 에너지의 대부분을 공급하게 되는 중요한 에너지원으로 고려하였다. 그것은 화력발전

소와 같이 대기 오염도 없고, 값싸고, 청정하며, 안전한 에너지원으로 평가되었던 것이다. 1990년대에 이르기까지 전 세계 27 개국에서 약 400여 개의 핵발전소가 가동되고 있으며, 전체 인류의 전기 요구량의 1/5을 차지하고 있었다.

그러나 오늘날 우리는 핵에너지에 대하여 결코 저비용으로 생산되면서 문제가 전혀 없는 그런 에너지원이라는 데에 동의하지 않고 있다. 핵 발전을 개발하기 위해서는 매우 복잡하고 비싼 기술적 문제를 내포하고 있으며, 핵발전소에서 일하는 기술자들과 그 인근에 살고 있는 주민들의 건강에 대한 안전성을 아무도 확신할 수 없기 때문이다. 수천 년 동안 치명적인 효과를 가지고 있는 방사능 폐기물을 안전하게 처리할 수 있고, 노후한 핵발전소를 안전하게 철거할 수 있는 지에 대하여는 여전히 불안한 의심의 여지는 남는다. 그것은 수 천 명의 인명을 앗아가고 지금도 그 피해가 지속되고 있으며, 어마어마한 면적의 토지를 불모지를 만들어 버린 1986년 소련의 체르노빌 핵발전소의 공포를 기억하고 있기 때문이다. 지금도 동유럽의 많은 핵발전소는 노후화에 따른 수리가 신속히 이루어지지 않는다면 제 2, 제 3의 체르노빌 사고가 발생할 가능성이 매우 높다고 전문가들은 지적하고 있다.

한 번의 사고는 엄청난 인류의 재앙으로 나타날 뿐만 아니라, 한 사람의 생명을 앗아가는 것은 물론, 나아가 한 가족의 파멸을 초래할 수도 있기 때문이다. 그래서 청정에너지원이라고 하는 핵 발전은 우리가 감내해야 할 대가가 너무나도 크고 위협적이라 데에 문제가 있으며, 약 50여 년이라는 약간의 긴 안목으로 에너지 확보 문제를 살펴보더라도 결코 인류의 지속가능한 에너지 확보 전략일 수가 없다는 것을 이해할 수 있다.

영국의 컴브리아 (Cumbria)라는 곳에 아름다운 해변이 있다. 많은 사람들은 그곳의 해변의 경관이 아름답고 물이 깨끗하지만, 아무도 해수욕하고 즐기기를 원하지 않고 있다. 눈에 보이는 것은 모두 아름답기만 하고 어떤 위험도 눈에 띄지 않고 있지만, 자기 자녀들이 그곳에서 캠핑하는 것을 원하는 부모는 아무도 없다고 한다. 이 해변 가까이에는 방사능으로 오염되었을 가능성이 높은 물을 바다로 방출하고 있는 셀라필드(Shellafield) 원자력발전소가 위치하고 있기 때문이다. 많은 사람들은 대량의 핵 발전 전기에너지를 획득하기 위하여 약간의 해안을 폐쇄하는 것은 가치 있는 일이며, 뿐만 아니라 전혀 위험성이 없다고까지 하는 사람들도 많다. 여러분의 생각은 어떠한가?

7 물은 풍부한 것인가

수세식 변소에서 한번에 흘려 보내는 고도정화 처리된 수돗물 약 5 리터는 후진국 한 사람이 하루 종일 사용하는 물의 양과 같다. 캐나다 인구의 40 배가 모여 사는 중국은 캐나다와 유사한 연간 강수량을 가지고 살아간다. 결국 오늘날 우리의 물 소비 방식과 지구상의 수자원과 인구의 편중분포는 인류의 물 문제를 야기하게 되는 최대의 원인이다. 고통과 죽음에 이르는 가장 무서운 저주가 목마름이기에 지구 곳곳의 물기근만은 반드시 막아야 한다.

한정되어 있는 맹물 자원

일년에 지구상에 내리는 비와 눈의 양은 모든 대륙을 80cm 깊이의 얕은 호수로 덮을 수 있다. 이것은 지구상의 생명체의 생장과 번영에 직접적 영향을 주는 지구의 전체 물 가운데 겨우 0.77%에 지나지 않는 제한되어 있는 맹물의 수자원이다.

모든 생명체는 물에 의존하여 삶을 영위해 간다. 갈대군락이 내륙에서 발생되는 더러운 물을 걸러서 바다로 내 보내는 여과장의 역할을 한다는 것은 식물의 생태와 수계(水系, aquatic ecosystem)가 불가분의 상호관계에 있음을 보여준다. 우리의 생명이 어머니의 물(羊水) 속에서 시작되고, 이 물을 양수(養壽)함에 최고의 성물이라 한다. 물에 물탄 듯 하다는 맹물, 빨거나 씻어 더러워진 구정물, 땅 속에서 솟아나는 샘물, 꼭지에서 흘러나오는 수돗물, 대지를 적시어 주는 빗물, 한꺼번에 터져 나오는 봇물, 국그릇 속의 국물 등과 같이 물은 우리 생활 속의 모든 생명 이야기와 아주 밀접한 관계를 가지고 있다.

물은 현재 우리 인류가 인지하고 있는 지식의 범위 내에서는 유일하게 지구라는 혹성에만 존재하는 것으로 알려져 있다. 지구는 그 면적의 약 71%가 물로 덮여져 있는 물터(wetland)이며, 그것은 소금물인 바다의 해양생태계와 호수, 늪, 하천, 도랑 등의 민물(淡水) 생태계로 이루어져 있다. 지구상 물터에 담겨져 있는 물은 약 14억 km^3로 그 가운데 겨우 2.5%만이 민물(fresh water)로 존재하며 약 97.4%는 짠물로 구성된다. 민물 가운데 70%는 다시 빙하, 눈, 얼음 등의 상태로 존재함으로써 생물들이 직접 이용할 수 없는 결정체 물이다. 이러한 고체상태의 H_2O가 녹으면 바다 수면이 66m 상승하게 되는 어마어마한 양이다. 결정상태의 물을 제외한 생명체가 직접 이용 가능한 순수한 민물의 양은 1,000만 km^3로 지구 전체의 물 가운데 겨우 0.77%에 지나지 않는다.

그런데 카슨의 저서 『침묵의 봄』 Silent Spring (Carson R. 1962)에서 경고되었듯이 이미 심각한 지구의 물 기근 현상은 지구 곳곳에서 시작되고 있다. 그것은 고르지 못한 수자원의 분포와 함께 인류의 문화 활동의 다양성으로부터 야기되고 있다. 캐나다와 중국은 유사한 연간 강수량을 가지고 있으나, 중국의 인구는 캐나다의 40 배에 이른다. 또한 산업선진국에서 사용하는 물의 양은 후진국 보다 무려 50 배나 된다고 한다. 이것을 한 개인의 수준에서 비교해 본다면, 선진국 시민 한 사람이 사용하는 하루 평균 물의 양은 약 300 리터이나, 인도의 시골마을에 사는 한 사람이 사용하는 양은 30 리터 정도에 지나지 않는다. 뿐만 아니라 우리가 사용하고 있는 수세식 변소에서 한번 흘러 보내는 고도기술로 정수된 수돗물 약 5 리터는 아프리카인 한 사람이 하루 종일 사용하는 물의 양과도 같다. 결국 인구와 물의 관계가 매우 편중되어 고르지 못하다는 것을 의미하고 있다. 이와 같이 물의 편중분포 현상은 개발도상국에 사는 사람들에게 위생과 수인성 질병의 문제를 낳고, 산업과 농경에도 심각한 어려움을 직면하게 한다.

[도움글] **수인성 질병**

비위생적인 물은 질병을 발생시키고 퍼뜨리게 되는 주된 요인이 되고 있다. 더러운 물을 사용하는 경우에는 말라리아, 콜레라, 나병, 간염, 황열병, 기타 지독한 전염병의 숙주생물에 의하여 죽음에 이르는 병을 일으키기도 한다. 이러한 수인성 질병은 후진국의 질병 80%를 차지함으로써 후진국형 질병이라 부른다. 전세계를 통틀어 매년 1천 5백 명의 어린이를 포함하여 2천5백만 명의 사람이 이 수인성 질병으로 죽어간다. 특히 설사와 구토는 선진국에서는 죽음에까지 이르지 않는 질병이지만, 후진국에서는 어린이를 죽게 하는 대표적인 질병이다. 또한 일년에 1백만 명의 사람이 말라리아에 감염되어 죽어 간다. 이러한 문제는 잘 사는 나라와 못 사는 나라 사이에 뚜렷하게 나타나며, 도시지역에서 보다는 수도 시설이 불량하거나 불결한 농촌 지역에서 더욱 심각하다.

질병과 낙후된 수도 시설은 후진국과 빈곤층을 더욱 가난하게 하는 결정적인 원인이기도 하다. 인도에서는 이러한 수인성 질병으로 근로자들의 노동 가능한 시간 가운데 7천3백만 일(日)을 잃게 되고, 그 병을 치료하기 위해 막대한 의료비를 지출해야 하는 것은 물론, 약 10억 달러에 달하는 상품생산에 막대한 경제적 손실이 야기되었다고 한다. 뿐만 아니라, 빈곤층과 후진국의 사람들은 그런 열악한 환경에 의해 자녀가 사망할 수도 있다는 공포를 가지고 있다. 그래서 그들의 잠재 인식 속에는 보다 많은 자식을 가지려고 하는 성향이 있다. 그것은 그들을 더욱 빈곤하게 할 것이며, 여성에게는 다산에 따른 직접적인 건강 위협은 물론, 사회적 노동 압력이 크게 증가하게 될 것이다. 또한 모든 자식이 성공적으로 성장하게 된다 할지라도 그것은 지역의 인구를 폭발적으로 증가시키는 결과로 이어진다. 결국 그들은 빈곤으로부터 벗어나기가 불가능하게 될 지도 모른다. 따라서 후진국이나 낙후된 농촌 지역에서의 보다 온전한 수도시설은 매우 중요한 우선 과제라 할 수 있다. 지역민의 건강 복지시설에 대한 척도로 종합병원의 침대 수로 가늠하는 것보다 그 지역의 온전한 수도꼭지 수로 가늠하는 것이 옳을지도 모른다

전 세계적으로 산업사회의 발달과 도시에서의 현대 문명 생활은 물의 수요를 크게 증가시키고 있다. 종이와 플라스틱을 생산하는 산업 공정에서는 대량의 물을 소비하며, 폐수를 정화하여 물을 재활용한다고 할지라도 정화를 위한 비용은 막대하다. 특히 마실 물을 만들기 위하여 고도정수처리를 한다면 그 비용은 더욱 막대해진다. 또한 수백 수천 년이 걸려 저장되어 온 지하수를 현대 기술에 의한 대규모 개발과 단기간에 이용하는 물 소비 행태는 지하수 자원의 고갈을 촉진하고 있는 실정이다. 그런데도 불구하고 고도정수한 수돗물을 수세식 변소에 그리고 자동차 세차에 그냥 사용하는 식의 오늘날의 물 소비 방식은 지구상의 수자원의 편중 분포와 함께 인류의 물 문제를 야기는 최대의 원인이라 할 수 있다.

물이 지구 표면을 흐르는 곳을 강이라 하며 육상생태계의 대동맥 또는 젖줄이라 부른다. 매년 4만 km^3의 물이 강과 호수로 흘러들며, 이 가운데 2/3는 인류가 사용하기도 전에 땅 속으로 스며든다. 일년에 지구상에 내리는 비와 눈의 양은 11만 km^3로 지구의 모든 대륙을 80cm 깊이의 얕은 호수로 덮을 수 있을 정도이다. 이것은 지구상의 모든 생명체와 함께 인류가 함께 마시며 살아갈 수 있는 충분한 양으로 지구상 모든 생명체의 생장과 번영에 직접적 영향을 주는 물이다.

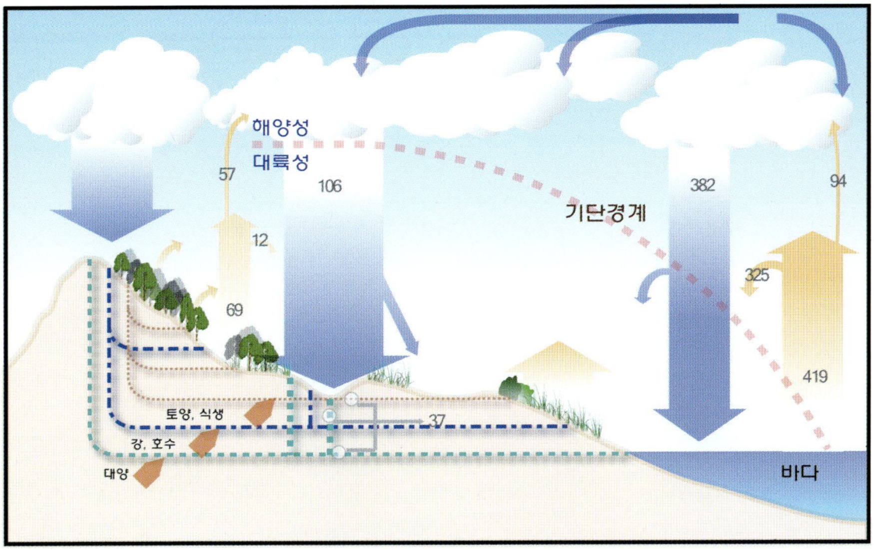

지구의 물 순환(단위: $10^3 km^3$/년)

토론거리 *Topical Q & A*

우리가 사용하는 물은 흔하다고 느껴지는가, 아니면 그렇지 않다고 생각하는가?

우리 인간이 직접 사용하는 물은 매우 제한적이다. 그래서 수자원이라고 한다. 그런데도 그런 물을 흔하다고 느껴지는 이유는 무엇인가, 물 값이 싸기 때문인가, 그래서 물을 낭비적으로 쓰고 있는가 등에 대하여 토론해 본다. 우리는 매일 마시고, 요리하고, 목욕을 하고, 세탁을 하며, 심지어는 세차를 하는 일까지 모두 수돗물에 의존하고 있다. 또한 고도 기술로 정수된 물을 그대로 마시기도 하고, 일부 사람들은 필터 달린 정수기로 또 다시 정수하여 마신다. 그런 생활양식이 정당할지도 모르지만, 일부 후진국에서는 선진국의 수세식 변소에 흐르는 물 보다 훨씬 더러운 물로 밥을 짓고, 마시고, 목욕하고 있는 현실을 기억할 필요가 있다. 뿐만 아니라 한번에 흘려보내는 수세식 변소의 물은 후진국 사람의 하루 동안 소비하는 물의 양과 같다. 그런데도 그렇게 값비싼 고도기술로 정수 처리된 수돗물을 수세식 변소에서 흘려보내는 오늘날의 물이용 방식을 두고 훌륭한 수돗물 정책이라고 자랑할 수는 없을 것이다. 따라서 우리는 다음과 같은 수돗물 사용의 작은 실천을 행동으로 옮겨야 한다.

Think globally Act locally

수돗물 사용의 작은 실천

- 정책 결정자는 중수시스템과 같은 수돗물 재활용 시스템을 적극적으로 개발하고, 수도관의 건전한 유지 정책을 수반한다.
- 물을 적게 쓰는 공산품(세탁기, 식기세척기, 소변 대변 구별 수세식 장치기, 절수 장치부착 수도꼭지 등)을 구입하여 사용한다.
- 천연세재를 사용하고, 세재 사용량을 최저로 한다.
- 세차를 자주 하지 않으며, 정원과 마당 청소에는 허드렛물을 사용한다.
- 물에 대한 지혜로운 사용을 추구하고, 지역의 물 사용 시스템을 감시한다.
- 자원에 관련된 환경단체에 참가하거나 협력한다.

우리나라의 강

안동댐 상류역의 낙동강 곡류

우리나라는 산과 산 사이를 굽이치는 강으로 유명하다. 이러한 강은 벼농사 문화의 생명부양계의 젖줄이다. 현대 산업사회의 발달은 하천의 유역환경 및 수환경의 구조와 기능에 커다란 변형을 초래하였으며, 도심의 강(하천)은 복개마저 해버리는 대형 하수구로 전락하였다. 그러나 강은 자연생태계의 연결 통로이며, 인체의 혈관과도 같이 물질과 에너지의 이동 통로이다. 그래서 그 흐름이 자연스러워야 한다.

생태계 속의 강(river)은 상류로부터 하류로 흐르면서 영양분과 산소를 운반하고, 시원하게 해주며, 심지어는 오염물질을 흘려보내기도 하면서 항상 한 방향으로만 흐른다. 강은 많은 소형 하천(stream)이 모여 큰 물줄기를 이룬다. 강 속에는 물이 흘러가는 여울과 정지되어 있는 소가 번갈아 발달하고, 침식과 퇴적이 반복되면서 물골과 제방을 만든다. 흐르는 수량의 증감에 따라 강의 식물사회가 발전·쇠퇴를 거듭하면서 온갖 식물들이 있을 곳에 저절로 살아가고 있다.

그러나 우리나라 강의 넓은 지역은 인공적인 지형 변화와 물의 오탁(過인산 및 過질소에 의한 富營養)에 의해 외래 귀화식물 또는 호질소성 쓰레기터 식물들로 그 고유경관(native landscape)과 고유식생(native vegetation)이 크게 변질되어 있다. 쓰레기터의 식물인 환삼덩굴(Humulus japonica)이 하천 어디에서나 볼 수 있는 것은 바로 그런 이유에서다. 한편 우리의 봄 식탁에 자주 오르는 산채(山菜)라면 참나물, 취나물을 들며, 수채(水菜)라면 미나리를 든다. 이 미나리는 수질의 부영양화(富營養化)가 이루어지지 않은 청수(淸水)에서는 그 생산성이 크게 감소되는 구정물 수채식물이다. 중국인들이 즐겨먹는 '줄', '마름', 일본인들이 즐겨 먹는 '순채'도 다 그러한 더러운 물에서 자라는 수초들이다. 그러나 이런 수채식물도 오늘날과 같이 지독하게 오염된 하천이나 호수에서는 살 수 없다. 우리는 식생활 문화적으로 그러한 수채식물이 살아갈 수 있는 수질 수준의 물터를 매우 귀중하게 생각했다.

대표적인 쓰레기터 잡초식물, 환삼덩굴

수채식물, 마름

[도움글] 곡물

'외국식물'이라 함은 현재의 인위적 국경을 기준으로 부르는 일반적 용어로 귀화식물의 일부에 지나지 않는다. 귀화식물종은 생물지리학적 구계 구분에 따라 식물종의 속성을 구분할 때 고유식물종에 대응되는 외래식물의 총칭이다.

<table>
<tr><td rowspan="4">고유종
Native
species</td><td colspan="2">특산종 endemic species</td><td>해당 지역 (예, 생물지리적 해당 구계 내)에만 생육분포하는 종 (예, 한국특산종, 자난초)</td></tr>
<tr><td rowspan="2">준특산종
subendemic species</td><td>준특산종</td><td>분포중심지로부터 이웃하면서 현재 지역에 생육 (예, 회화나무)</td></tr>
<tr><td>반특산종 apophyten</td><td>동일한 생물지리적 분포에 속하면서 현재의 지역에서 자연적인 번식 (regeneration)을 성취하지 못하는 종 (예, 은행나무)</td></tr>
<tr><td colspan="3">[참고] 지역종 (local species, land-races) : 어떤 지역에서 특정 생물지사 시기에 분포하는 것으로 기록된 종</td></tr>
<tr><td rowspan="4">외래종
Alien sp.
Exotic sp.</td><td rowspan="2">시기</td><td>고귀화종 archeophytes</td><td>개화기 이전 (1890년대 이전) (예, 개망초)</td></tr>
<tr><td>신귀화종 neophytes</td><td>개화기 이후 (1890년대 이후) (예, 코스모스)</td></tr>
<tr><td rowspan="2">방법</td><td>자연외래종 xenophytes</td><td>비의도적으로 유입된 도래종 (예, 서양민들레)</td></tr>
<tr><td>탈출종
eragasiophygophyte,
escape species</td><td>경작으로부터 탈출하여 야생 상태로 생육 분포하는 종, 원예, 조경 등의 의도적 도입으로부터 이차적으로 탈출한 종도 포함 (예, 갓)</td></tr>
</table>

[참고] 편의적으로 사용하는 명칭

도입종(introduced species): 한 지역에 원래 분포하던 종이 아닌 다른 지역의 산물인 종을 특정한 목적(경제, 심미 등)을 위해 이주 또는 이식시켜 정착된 종(지역에서 도입종이라고 지목되는 종의 분포와 확산에 인간의 역할이 개재되었다는 증거가 필요).

침입종(invasive species): 한 종이 다른 지역으로 자발적으로 이동하여 진입한 경우에 해당되는 것으로, 특히 인간중심적인 관점에서 편의적인 생태학적 용어이며, 침입종으로 지목되는 종의 영향은 대체로 신속하고 광범위한 확산을 보이는 탓에 그 영향이 가시적인 경우에 해당된다. 이와 대조적으로 그 생태적 분포가 가시적이지 않은 외래종에 대하여 침입종이라는 표현은 하지 않고 탈출종이라고도 함.

토착종(spontaneous sp.): 외래종의 범주에 귀속되면서 스스로 개체군의 유지 발달함에 있어서 현지외로부터의 유입된 산포체(diasporas)에 의하지 않고 현지내에서 저절로 개체군을 형성하는 종.

향토종(indigenous species): 향토종은 자생이 아닌 외국에서 들어온 것이라도 원주민과의 밀접한 관계에 있는 것은 향토종으로 인정. 즉 외래종이 토착화된 종 가운데 인간의 관리에 의해 번식하는 종과 자생종 모두를 포함.

자생종(wild species): 일명 향토종으로 그 지역에 저절로 사는 모든 종에 대하여 일반적으로 사용하는 용어.

* 기타 식물종의 구분 방식은 서식처에 대한 식물종의 생태학적 정착전략에 따라 구분할 수 있음

탈출 신귀화식물종, 기생초

신귀화식물종이면서 자연외래종, 둥근잎유홍초

[도움글] 고유경관(native landscape)

경관(景觀)이란 서로 상호작용을 하고 있는 한 묶음의 생태계 또는 입지가 유사한 형태로 반복하고 있는 지역이다. 그러한 경관이 지역의 기후적 토지적 자연환경 조건에 적합한(matching) 형태로 발달한 경관을 고유경관이라 한다. 우리나라의 전통적인 고유경관인 배산임수(背山臨水)는 그 경관 지역 내에서의 서식처 다양성(habitat diversity)과 생태계 과정(ecosystem process)에 따라 그 구조와 기능이 다양하게 형성된다.

하천변에 높게 솟은 나무들은 사람들이 심은 양버들로서 이질적인 하천경관이다.

하천제방에 줄지어 서있는 아름드리 거목은 왕버들로서 하천고유경관이다

산이 많은 우리나라는 매우 복잡한 강 시스템을 가지고 있을 뿐만 아니라, 그만큼 생태계도 아주 복잡하여 그 관리 또한 그리 간단하지 않다는 것이다. 우리나라 강은 물꼬를 조절하는 인공댐, 보, 제방 등의 수많은 시설물들이 건설되어 있는 조절강(regulated river)이다.

청동기시대에 도입된 벼의 경작과 함께 본격적인 농경사회로 발달하게 된 우리나라에 있어서, 강은 삶의 터전의 일부인 동시에 벼농사를 위한 핵심적인 생산기능을 담당하여 왔다. 세계적인 습윤지역에 포함되면서도 겪게 되는 물 부족 현상은 강수량의 하계 편중현상으로부터 기인하며, 이로 인해 원활한 농업용수 공급을 위한 물막이 문화(보, 저수지, 제방, 댐 등)가 발달하게 되었다. 그러나 현대사회에 들어서면서 비교적 자연적인 상태로 유지되어 왔던 이러한 강 유역은 경제 성장 및 도시 팽창 그리고 산업의 발달에 따라 이용압력이 크게 증대되었으며, 강의 유역환경 및 수환경은 그 구조와 기능에 있어서 커다란 변화를 가져오게 되었다. 특히 강의 규모가 작은 지류 하천에서의 그 구조와 기능의 변화는 매우 심각하다.

[도움글]

강 시스템: 하천의 구조적 이해

수원지(水源地)는 육상생태계에 직접 그 영향을 미치기 시작하는 물의 출발지이며, 깊은 산중 좁은 계곡에 위치한다. 그러므로 수온이 낮고 용존 산소를 듬뿍 품은 상쾌한 물을 제공한다. 이곳에서는 계절과 지형 · 지세에 따라 연중 아주 불규칙적으로 물이 흐른다. 이른 봄, 눈 녹은 물과 여름의 지형성 집중강우 등이 그 좋은 예이다. 수원지역의 자연 파괴는 상류 중류 하류를 통한 하천수계의 도미노적인 생태적 교란을 초래한다. 방글라데시의 연례적(年來的)인 수해는 히말라야 북부 산지에서의 무차별 화전이 주요한 원인으로 지적되고 있다. 따라서 수원지역의 삼림은 불균질적인 입수량(入水量)에 따른 자연 생태에 미치는 연쇄적 영향을 완충할 뿐만 아니라 수자원의 연중 고른 공급, 그리고 토양 침식을 억제하는 중요한 식생이다.

상류지역은 무슨무슨 계곡(골)이라 일컫는 지역이다. 빠른 유속으로 토양과 모암(母岩)의 침식이 활발하다. 그러므로 상류지역에서의 자연식생 파괴는 곧 암석과 토양의 침식을 가속화함으로써 산지의 토심을 더욱 얕게 한다. 조그마한 집중 강우에도 황토색 물이 흐르는 중국의 황화강은 황화문명 이래 지금까지 지속적으로 저질러온 상류 유역의 삼림파괴에서 비롯된다. 지리산 계곡의 들메나무-물참대군락, 설악산 상천계곡의 황철나무군락, 각지 산지 계곡에 발달하는 느티나무-귀룽나무군락 등은 얼마 남지 않은 귀중한 수원 · 상류지역의 자연림이다.

중류지역은 평상시 유로 폭이 3 ~ 10m 정도의 소규모 하천으로 버드나무類가 흔하게 산다. 물매(傾斜)의 감소로 유속은 상류보다 훨씬 느려지며, 퇴적 작용도 뚜렷이 나타남으로써 침식과 퇴적의 양이 유사하다. 이러한 지역에서 물 흐름을 느리게 하는 인공댐의 건설은 퇴적 작용이 침식 작용 보다 우세하게 되어 하상의 상승을 초래하게 되는 원인이 된다. 낙동강의 하상이 점점 높아지고 있는 이유는 바로 중상류에 위치하는 안동댐과 같은 대형 댐의 영향이다. 우리나라는 국토의 68%가 산지로 이루어져 있으므로 상대적으로 중 · 상류 지역이 넓은 면적을 차지한다. 현재 우리나라 각 수계에 건설되어 있는 수력발전소의 대부분은 이 지역에 위치하고 있어 수자원의 효율적 관리를 위한 생태적 배려가 매우 중요하다.

하류지역은 평상시 유로의 폭이 10m 이상으로 대형 강으로 이루어진다. 강굽이 형성(蛇行川)에 의한 하천 유역의 확장과 충적대지의 발달이 뚜렷한 지역이다. 현재 논농사 곡창지대로 평야를 이루고 있는 지역은 오랜 세월에 걸쳐 진흙이 퇴적된 충적저지이다. 이곳에는 오리나무-갈대군락이 대표적이지만, 민통선 북방 철원평야지대 일부에서 겨우 발견되고 있는 실정이다. 우리나라의 하류역은 대부분 인공 제방으로 이루어져 있어 온전한 생태계를 찾아보기란 힘든 실정이다.

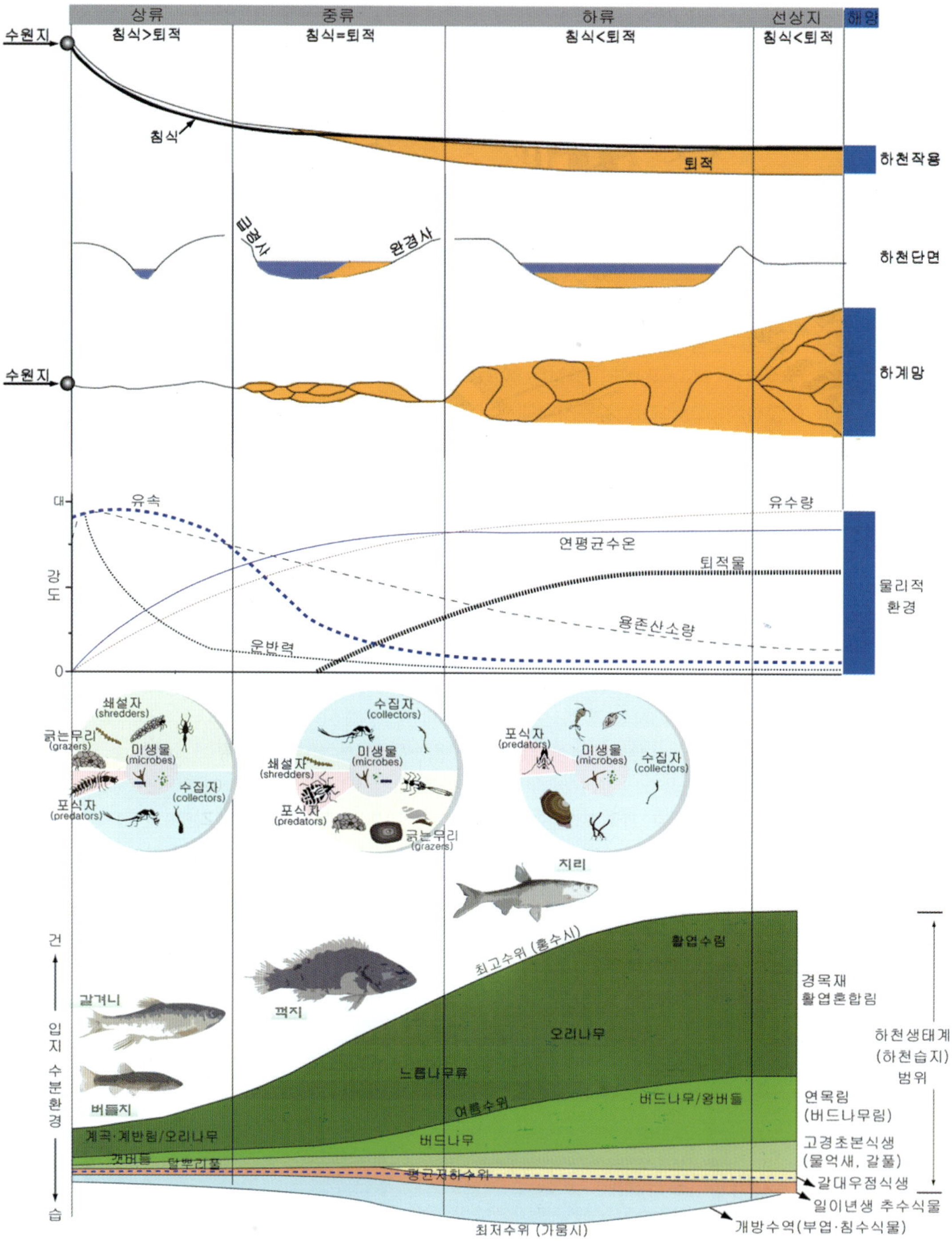
상류
침식>퇴적
중류
침식=퇴적
하류
침식<퇴적
선상지
침식<퇴적
해양
수원지
침식
퇴적
하천작용
급경사
완경사
하천단면
수원지
하계망
대
유속
유수량
연평균수온
퇴적물
강도
용존산소량
운반력
0
물리적 환경
쇄설자 (shredders)
긁는무리 (grazers)
미생물 (microbes)
수집자 (collectors)
포식자 (predators)
지리
건
입지 수분환경
습
갈겨니
버들치
꺽지
최고수위 (홍수시)
활엽수림
오리나무
느릅나무류
여름수위
버드나무/왕버들
버드나무
계곡·계반림/오리나무
갯버들
달뿌리풀
평균지하수위
최저수위 (가뭄시)
경목재 활엽혼합림
하천생태계 (하천습지) 범위
연목림 (버드나무림)
고경초본식생 (물억새, 갈풀)
갈대우점식생
일이년생 추수식물
개방수역(부엽·침수식물)

과거 농업사회에서의 생활하천은 자연적인 유수역과 함께 물막이로부터 형성되는 정체수역이 공존함으로써 생존전략을 달리하는 다양한 식물사회가 발달하게 되는 독특한 하천생태계를 형성하였으나, 현대사회로 접어들면서 부가된 과중한 이용과 오염은 하천변의 식생을 질적 양적으로 크게 변질시켰으며, 특히 도시하천에서의 과도한 오염과 정체수역의 증가는 식물종의 다양성을 크게 감소시키고 있는 실정이다. 또한, 치수를 제일의 목표로 삼던 하천 정책은 최근 경제 발전에 따른 생활의 여유와 더불어 녹색갈증 해소를 위한 하나의 방안으로써 변화되고 있다.

오늘날 도시하천은 시대적 변화에 따라 하천의 생태적 기능이 완전히 배제된 도시의 대형 하수구 기능을 감당하는 비생물적 도시구조물로 전락하기에 이르렀다. 정착농경 시대 이래로 우리나라의 하천은 농업사회의 생활기반으로 그리고 경제활동의 기반으로 매우 중요한 역할을 감당하면서도, 하천의 자정작용 수용범위 내의 저밀도 부락 및 도시형태에 따라 생활폐수의 처리 배출구로서 그 기능을 감당하기에 충분하였다. 그러나 6.25 이후의 급속히 진행된 도시지역의 산업화 및 하천을 중심으로 한 도시밀집 지역의 발달은 하천생태계 지역(하천, 연못 또는 자연습지) 및 반자연지역(논경작지 및 밭경작지)의 변형을 초래하게 되었다. 특히, 도시하천은 도시의 대형 하수구로서의 기능적 측면을 강조하면서 직강화 및 시멘트 등의 무생물적 재료에 의한 제방, 그리고 비생태학적 유속조절의 물막이 보 등으로 개조되었다. 그러나 삶의 질의 향상을 추구하고 쾌적한 삶터를 갈망하는 현재 및 미래의 세대는 현재의 하수구 기능을 감당하는 도시하천을 보다 차원 높은 생물과 어우러진 도시 하천으로의 재복원을 기대하고 있다. 서울 청계천을 복원(2005년)하는 것은 바로 그런 맥락에서 시도되었으나, 인공적인 '하천공원'이 만들어지고 말았다.

[도움글] **복원된 청계천은 생태적인가?**

2003년 7월 27일 청계천 복원에 관련하여 필자가 공식적으로 자문한 내용을 요약하면 다음과 같다.

기본 정신 : "청계천의 전통과 역사성을 토대로 한 경관 및 하천의 독특성, 그리고 시민의 니즈(needs)"에 바탕을 두고 이루어져야 한다.

생태 자문 :

1. 전 구간에 대한 생태환경적 공간구분(zoning)이 이루어져야 하며, 특정 구간에 야생지역(Dehumanized Zone: DHZ)의 설정이 필요하다. DHZ의 장점은 (i) 하천 내의 모든 야생 생물들에게 피난처를 제공할 수 있으며, (ii) 따라서 하천의 생물다양성을 증가

할 수 있고, (iii) 사람들의 체감 자연도가 훨씬 증가하면서 녹색갈증를 해소하는데 크게 기여하게 된다. (iv) 결국 시민으로부터 하천의 자연생태성 요구에 적절한 대응이 된다.

2. 청계천 복원에는 깃대종(flagship species) 개념을 적극적으로 도입하고, 그 상징성과 현실성을 실질적으로 실현하도록 한다. 전통역사와 사람, 물과 야생생물, 이들 요소에 가장 잘 어우러지는 야생생물종을 선정한다. 청계천에 대한 식물 깃대종으로 계류 인접(제방-고수부지)에 #'버드나무(수양버들 포함)' 또는 '왕버들'이, 제방권 (제방-도로)에 '서울귀룽나무'가 추천된다. 깃대종은 반드시 조경 계획에 적극적으로 도입되어야 한다. 특히 동절기의 냉해를 고려한 식재수종의 선정과 야생동물(특히 조류)에 도움이 되는 식물종의 선정에 유의해야 한다. 예를 들면 목백합(튜우립나무-북동미국 원산)의 외래종과 줄사철과 같은 내동성이 약한 상록수종은 제외하는 것이 바람직하다.
3. 저수호안공법에서 각종 수생 식물종 (갈대, 물억새, 붓꽃, 석창포, 꽃창포 등등)을 고려한다면, 저수호안의 비탈면 또는 둔치부의 수분구배를 구축해야 한다. 그러나 실질적으로 온전한 수분구배를 확보하기란 구조적으로 난이하다. 청계천 복원 이후 평상시의 좁은 폭의 긴 띠형으로 저수로변(물가장자리)이 겨우 그들의 생육 면적이 될 수 있기 때문에 실질적 유지비용이 많이 소용될 것이다. 뿐만 아니라 위에 나열한 수생식물종은 각각 서식환경 조건을 면밀히 검토하여 도입하도록 한다.
4. 청계천을 하나의 생태네트워크 또는 녹지축으로 고려한다면, 식생의 선택과 그 구조가 매우 중요하다. 기본적으로 사람의 시각으로 아름다운 조경과 야생생물에게도 도움이 되는 생태디자인이 요구된다. 예를 들면 소규모일지라도 "층구조"를 가지는 녹지공간을 고려해야 하며, 다양한 종으로 "혼식과 밀식"을 추구한다.
5. 하천 원수에 대한 고찰을 통해 수질(그 가운데 악취) 문제를 해결해야 한다. 수질의 일정한 수준을 유지하기 위하여 여울(물흐름)의 정도(경사)를 증가하는 것이 바람직하다. 그리고 소(물이 정지)를 조성하는 것보다는 低速의 여울이 조성되도록 한다.
6. 가능한 구간에 "자전거로"를 도입해야 한다. 하천 폭이 좁아서 자전거로를 확보할 수 없다면, 제방 밖 도로의 구간에서라도 확보해야 한다.
7. 하천 내 분수 시설은 숫자를 크게 줄이고, 그 대신에 하천의 생태적 공간을 넓게 고려한다.
8. 사업의 시간이 충분하지 않더라도, 빠른 시일 내에 시민단체 및 전문가들로부터 설문조사를 통한 주요 정보와 의견을 수렴하고 그 채택을 시도해야 한다.

도시 속에서 생물과 어우러진 소하천 또는 샛강의 재복원은 이미 국민소득 2만5천만불 이상의 선진국에서 공통적으로 성취한 지역적, 국가적 과제로 달성하고 있다. 생태계축으로서의 도시하천에 대한 적절한 복원(물 가장자리의 굴곡화, 유선형의 하중도, 계단식 제방 등)은 도시생태계의 생물다양성 증가를 유도할 수 있으며, 도심지 내에 부분적으로 산재하는 생태적 섬인 공원, 대학캠퍼스, 그리고 소규모 연못과의 상호연계성을 증대할 경우 생물적으로 매우 풍부하고 건전한 도시생태계를 유지할 수 있다. 또한 하천 구간별로 시민의 접근이 보다 용이하도록 설계하여 휴양과 학습의 장소로 활용도를 높일 수 있다. 도심을 통과하는 우리나라 하천은 대부분 인간 중심의 이용공간으로 크게 변질되어 있다. 고수부지는 일반적으로 주차장, 체육시설, 그리고 휴양시설 등과 가티 인간 중심의 이용시설들이 조성되어 있으나, 야생생물과 어우러지는 하천변 토지 이용을 위해서는 야생생물을 위한 야생구역, 완충구역, 이용구역 등으로 구분하는 구간별 토지이용 계획(zoning)이 필요하다.

도시를 통과하는 근자연하천

도시의 대형하수구로 전락한 소하천

토론거리 *Topical Q & A*

강을 가로질러 축조되어 있는 댐의 목적은 무엇이며, 그 문제점은 무엇인가?

우리나라 하천은 제방, 고수부지, 둔치, 그리고 물이 흐르는 유수면에서 자연성을 유지하고 있는 경우 극히 드물다. 특히 도시 하천은 직강화, 호안 시멘트블록, 인공보, 그리고 심지어는 복개되어 버린 중소하천도 있다. 댐은 대형 인공보이다. 댐(장점: 홍수의 인공적 조절, 수력발전 등; 단점: 대규모 수몰지역 발생, 수몰지역 주민의 터주권 상실, 지역 기후 변화, 생물상 변화, 하상 구조의 변화에 의한 홍수 위험 등)과 같이 하천이나 강에 대한 인공화의 장단점을 논의해 보고, 낙동강과 한강의 차이점과 공통점이 무엇이며, 홍수를 조절하기 위하여 댐을 더 많이 건설해야 하는지에 대해서도 토론해보자.

하천생태계를 단절하는 대형 콘크리트 보

도심을 관통하는 하천의 직강화와 조만간 복개되어 자동차 도로로 이용할 계획이 있는 도심 하천.

중택이의 교훈

지구상에서 가장 오래된 고기로 피라미를 닮은 버들치가 있다. 버들치란 '계곡에 버드나무가 사는 곳에 어우러져 사는 물고기'란 뜻이다. 이 버들치가 사는 삶의 터전을 제공하는 식물 사회가 갯버들-달뿌리풀군락이다. 마치 뿌리가 달리는 듯하여 이름 붙여진 달뿌리풀은 땅바닥을 기어가는 줄기를 가지고 억세게 번식하는 게릴라식물로 마디에서 실뿌리를 내리며, 이 실뿌리가 계류의 하상에 활착 · 밀착함으로써 홍수 때에도 좀처럼 씻겨 내려가지 않는다. 더욱이 홍수 때에 주위 다른 식물들의 유실로부터 보호해 주며, 낙엽과 같은 부식질(腐植質)의 일시적 대량 유출을 방지함으로써 버들치의 피난처를 제공하는가 하면 수많은 수서(水棲) 곤충의 서식처를 보존한다. 계곡에 버들치가 있다는 것은 그 만큼 자연이 잘 발달된 자연의 역사를 온전히 간직하고 있음을 의미한다. 버들치는 우리나라의 계곡을 대표하고, 그곳에서 주인이 되는 생명체이다. 버들치는 '중이 택하는 이'라는 뜻의 '중택이'란 오래된 이름도 가지고 있다. 스님이 출가하여 자리를 잡아 절을 세우고, 밭을 갈고 사는데, 밥을 짓기 위해 계곡에서 백미(白米)를 씻노라면, 그 개울 속에는 반드시 버들치가 놀고 있었다고 한다. 결국 버들치가 사는 산천은 수려하여 절을 세울 만한 곳이라는 것으로부터 즉 '스님이 택한 곳에 사는 놈'이라는 의미의 중택이가 된 것이다. 그런데 요즘 유명한 계곡에는 중

자연형 하천의 원형을 보존하고 있는 운곡천. 계류변에 갯버들-달뿌리풀군락이 띠형으로 아주 잘 발달하고 있다.

택이가 다 쫓겨날 판이다. 계곡은 많은 사람들이 내버린 쓰레기와 음식 찌꺼기로 물이 오염되고, 이동통로를 차단하는 물막이 보가 여기저기에 축조되어 있다. 중택이가 점프해서 뛰어 오를 수 없을 정도의 높은 보는 계곡의 위아래를 갈라놓는다. 이런 저런 비생물적 비생태적 연쇄적인 방해요인에 의하여 수 천 수 만 년간 살아온 중택이는 그 생존이 큰 위험에 처해져 있다. 특히 여름철만 되면, 계곡 물이 뿌예질 정도로 행락객의 땟물과 음식물 찌꺼기, 그리고 심지어는 투망까지 하여 잡아먹고 해서, 중택이의 운명은 처절하다. 그런데 적어도 중택이가 살지 않는 계곡은 생물적 사막이라는 데에 문제가 있다. 계곡생태계의 먹이사슬 한 가운데에 위치하는 중택이가 살지 않는다면, 계곡 생태계는 균형을 이룰 수가 없다. 그렇게 계곡 생태계의 균형이 일그러지면, 사람이 버린 음식 찌꺼기는 썩지 않고 계곡에 쌓이게 된다. 그 하류의 계곡은 말할 것도 없이 더욱 더러워지고 파괴되고 만다. 결국 썩은 계곡만이 남고, 마침내 그 윗물이 맑지 않는 물은 그 하류 전체에 영향을 미친다. 그러므로 수려한 산천일수록 계곡에서 버들치를 꼭 살려야 한다. 우리는 아름다운 계곡이 자랑거리이기에 계곡을 청정하고 향기롭게 보존하여 버들치와 어우러져 살아야 한다.

청정계곡에도 인간의 접근을 금지하는 야생지역의 설정이 필요하다

수질 오염 어떻게 할 것인가?

부영양화된 하천에는 일차적 정화기능을 감당하는 수초들이 가득하다

우리 사회에는 고비용을 들여 정수하여 사용하는 수돗물도 끓이거나 정수기로 걸러 마시는 사람들도 있다. 수자원의 부족한 후진국 사람들은 수세식 변소 물보다 훨씬 더러운 물을 그대로 마시고, 요리하고, 목욕을 하고 있다. 수질오염의 최종 처리장인 바다에는 그 자정능력으로 감당하기 어려운 지독하게 오염된 물이 흘러들고 있다. 마침내 강은 강대로 바다는 바다대로 막대한 경제적 피해를 발생시키고 있다. 수질오염과 물이용에 진정한 우리의 지혜가 요구된다.

카슨은 『침묵의 봄』(Carson 1962; Silent Spring)에서 다음과 같이 물 문제를 묘사하고 있다. "바다에는 전부 소금기인 짠물로 가득한데, 우리 인간은 한 방울의 담수(맹물) 없이는 살아갈 수 없으며, 목마름은 죽음의 고통 가운데에서 으뜸이다." 이것은 여기저기에 흩어져 있는 물이라고 전부 인간에게 유용한 물이 아니며, 인류는 물 문제로 커다란 고통을 당하게 됨을 경고하고 있다. 실제로 지구상의 물은 하나의 자원으로 매우 한정적이다. 다행스럽게도 우리나라는 연간 내리는 1,000~1,500mm의 강수량으로 수자원이 풍부한 국가로 분류되고 있지만, 실제로는 강수량의 계절적 편향성(하절기의 강수량이 연간 전체 강수량의 약 64% 이상을 차지)으로 말미암아 풍부한 수자원에 대한 유용한 이용에는 불리한 형편이다. 우리는 매년 가뭄과 홍수라는 주기적인 기후적 재난을 경험하면서 막대한 국가재정을 그 재난의 극복을 위하여 사용하고 있는 전형적인 온대 몬순 지역에 살고 있다.

우리가 가정에서나 산업체에서 사용한 물의 3/4는 강으로 흘러들어 가고, 그것으로부터 다시 물을 채수(採水)하고, 고비용을 들여 정수하여 재사용하고 있다. 그런데도 끓이지 않고서 수돗물을 그냥 마시는 우리나라 도시 사람들은 매우 드물며, 심지어는 수도꼭지에 정수기를 부착하기도 하지만, 아프리카 사람들은 이 수돗물 보다 훨씬 더러운 물을 마시고, 요리하고, 목욕을 하고 있다. 우리나라에서는 근본적으로 야기되는 그러한 물 부족에 의한 물 문제는 발생하지 않을지라도 인구밀도에 따른 수자원 요구량과 오염 부하량에 의하여 수자원의 부족 현상은 얼마든지 발생할 수 있다. 따라서 우리나라의 수자원 관리는 우리가 물을 어떻게 지혜롭게 이용할 것인가에 달려 있다.

수질 오염은 일반적으로 지표수, 지하수 및 해수 속으로 부패성 물질, 유독 물

장마 때에 떠내려 온 하천 쓰레기. 하천에 내버려진 각종 악성 쓰레기는 수질을 포함한 2차, 3차의 하천환경의 질적 쇠퇴에 심각한 영향을 미친다.

질, 부유 물질 등이 유입되어 물의 물리·화학적 변화가 일어남으로써 각종 용수로 사용할 수 없거나 수서생물에 악영향을 초래하는 경우를 말한다. 하천 상류 또는 오염되지 않은 지하수의 깨끗한 물은 음용수로 이용되고, 음용수로 적합하지 않은 물은 산업의 공업용수로 사용되거나 농업을 위해 관개용수로 사용된다. 그 이상으로 오염된 물은 어디에도 사용 불가능하며 고비용을 투자하여 정수함으로써 겨우 사용할 수 있다. 우리는 지금 음용수나 공업용수 또는 농업용수로 사용할 수 없을 정도로 오염된 하천을 곳곳에서 목격하게 된다.

우리나라의 하천 오염은 전 세계의 수질오염과 마찬가지로 비점오염원(非点汚染源)이라고 하는 넓은 지역에 걸쳐 여기저기 산재해 있는 경작지, 목장, 삼림 벌채 지역, 도시 지역, 공사장, 주차장, 도로 등으로부터 유출되는 수질 오염 문제가 심각하다. 우리나라와 같이 인구 밀도가 높고 통제가 불가능한 비점오염원이 많은 국가에서는 수질 오염 방지를 위한 최고의 수단은 개개인의 환경의식에 의존할 수밖에 없다. 반면에 수질의 점오염원인 공장, 폐수 처리장, 발전소, 폐광, 석유 탱크, 유정 등은 특정 위치에서 하수관이나 도랑을 통하여 오염 물질이 포함된 폐수를 하천으로 흘려보내게 됨으로써 관계기관의 의지에 따라 철두철미하게 통제되고 관리될 수 있다. 많은 강과 호수, 그리고 연안 지역에서 각종 농축산 폐수와 생활하수, 공장 폐수 등에 의한 인간 문화 활동에 의한 부영양화 현상이 전반적으로 두드러지게 나타나고 있다. 수계생태계에 대한 건전성은 종종 계량적 수질지표로 표현한다. 수질지표에 따라 우리는 수질을 간접적으로 판단하고 그에 따라 수자원의 이용을 가늠하기도 한다.

부영양화된 하천을 조사하고 있는 연구자

[도움글] 부영양화(富營養化, eutrophication)

수중 생태계로 유입되는 영양소의 증가로 인해 조류와 수생 식물이 번성함으로써 유기물의 총량이 증가되는 현상을 부영양화라고 한다. 부영양화에 가장 큰 영향을 미치는 질소(N)나 인(P) 등의 영양 염류가 증가하게 되면, 이를 양분으로 하여 태양광선 하에서 광합성을 하는 단세포의 식물성 플랑크톤, 대형의 수생 식물 등이 폭발적으로 증가하게 된다. 그러나 겨울철이 되면 식물이 죽게 되어 하천이나 호수에 침전되면, 그것이 부패하는 과정에서 암모니아 등을 방출하고 산소 요구량이 증가하게 된다. 부영양화는 물속의 모든 생물의 생장을 촉진하게 되며, 특히 수온이 높아지는 여름에는 규조류, 편모 조류 등 각종 조류가 급격히 증가하는 현상을 일으킨다. 게다가 인산염이 다량으로 유입되는 연안 지역에서는 특정 종류의 플랑크톤이 급격히 증가하여 물이 붉게 보이는 적조(赤潮) 현상이 일어나기도 한다. 오늘날 호소의 부영양화는 인간 활동의 결과로 발생되는 문화적 부영양화(cultural eutrophication)로써 도시나 농촌 주변에 산재하는 대부분의 저습지(低濕地) 또는 호수에서 그 현상을 관찰할 수 있다.

물수세미

부들

[도움글] **계량적 수질 지표**

대장균 수, 용존 산소 농도(DO), 그리고 생화학적 산소 요구량(BOD), 화학적 산소 요구량(COD) 등은 수질지표의 대표적 항목이다. 대장균 수의 경우는 물에 함유되어 있는 특수한 발병 인자를 찾아내기 어렵고, 시간과 비용이 많이 들어 이를 간접적으로 평가 분석하는 항목이다. 물에서 많은 대장균이 발견된다는 것은 처리되지 않은 분뇨로 물이 감염되고, 건강에 위해한 세균과 바이러스가 포함되어 있을 개연성을 나타낸다. 지표수에 대하여 물고기나 물에 사는 다른 생물들에게 위험한 상태를 가늠하는 좋은 지표 중의 하나가 용존 산소량이다. 일정한 농도와 대기압에서 주어진 물에 포화될 수 있는 산소의 농도는 비교적 일정하기 때문에 지표수에 생물학적으로 분해 가능한 물질들이 투여되면 호기성 생물들은 산소를 소비하게 된다. 산소가 어느 정도 이상 소비되면 수서생물들 중에서 특히 물고기와 조개류(패류)들이 산소부족으로 질식하여 죽게 된다. 물속의 산소가 완전히 소모되면 혐기성 생물들을 제외하고는 모든 생물들이 사멸하게 된다. 더구나 혐기성 미생물의 대사 부산물들은 황화수소, 암모니아, 메탄 등과 같이 독성을 가지면서 고약한 냄새가 나는 기체들을 생성한다. 기온이 높은 날 유기물이 많고, 고여 있는 물속에서 거품이 떠오르는 현상을 목격하게 되는데, 공기 방울은 바로 물속에서 이런 기체들의 발생으로 생기는 것이다. 물속에 포함되어 있는 산소 소모성 물질의 함량은 생화학적 산소 요구량(Biochemical Oxygen Demand, BOD)으로 나타낸다. 이것은 물 시료를 20℃에서 5일 동안 배양할 때 물 1리터에 포함되어 있는 유기물을 호기성 생물이 분해하는 데 필요한 산소량을 mg 단위로 표현한 것이다. 화학적 산소 요구량(Chemical Oxygen Demand, COD)은 유기물을 산화제를 이용하여 완전히 산화시킬 때 소비되는 산소량을 측정하는 것으로, 생화학적 산소 요구(BOD)량을 대신하여 단시간에 용존 유기물의 양을 평가하기 위한 수질 지표이다. 물의 생화학적 산소 요구량이 6ppm를 초과하게 되면 그 물은 유기물에 의해서 심하게 오염된 것으로, 오염물 제거 공정을 거치더라도 음용수로는 사용할 수 없다.

한편, 지하수는 토양권 및 암석권에 존재하는 틈을 채우고 있으며, 오랜 시간에 걸쳐서 저장되어 보존되어 온 잠재적 수자원이다. 오늘날 전 세계에 공급되는 식수의 90% 이상을 지하수로부터 얻고 있다. 지하수는 여러 가지 유해물질에 의하여 오염되고 있을 뿐만 아니라, 짧은 시간 안에 대량의 지하수를 소모함으로써 수자원으로서의 잠재성이 점점 떨어지고 있는 실정이다. 주유소의 지하 저장소에서 새나가는 유류(油類), 부실하게 관리되고 있는 쓰레기 매립장과 정화조 시설, 대량의 화학비료를 사용하는 농경지와 일부 화학 공장지대 등은 지하수 오염의 최대 원인으로 지적되고 있다. 뿐만 아니라 가정에서 쓰이는 화학물질들이 하수구를 통해서나 땅 위에 그대로 버려짐으로써 지하수 오염을 가중시키고 있다.

해양은 인간 활동의 결과로 발생하는 오염 물질의 최종처리장으로서의 기능과 식량 자원의 공급원이라는 상반된 기능을 유지하고 있는 생태계이다. 바다의 적조 현상은 이러한 해양이 자정 능력 한계를 벗어나게 되어 나타나는 부영양화 현상이다. 적조현상의 주된 요인은 육지에서 질소, 인 등 영양 염류를 과다하게 포함한 하·폐수의 대량 유입에 의하여 발생한다. 우리나라 해양으로 유입되는 오염물의 약 80%가 도시 하수, 공장 폐수 등으로 육상에서 유입되는 물질인 것으로 알려져 있다. 적조가 발생하게 되면 해수 속에 녹아 있는 산소의 부족은 물론, 조류 (藻類) 자체의 독성 물질로 인한 호흡 장애로 어패류의 질식사를 초래한다. 또 다른 해양 오염으로 유류에 의한 오염이 있다. 우리나라 연안에서는 유조선이나 일반 선박들의 충돌 및 좌초에 의한 연료 또는 벙커 C유 등의 원유 유출 사고가 과거에 비해 빈번히 발생하고 있다. 이러한 연근해 수역에서 발생하는 적조현상과 유류 유출 사고는 양식업 및 해양생태계에 엄청난 경제적 피해와 사회적 문제를 야기하고 있다.

[도움글] 적조(red tide) 현상

하수 및 폐수에 의한 질소, 인 등의 영양 염류 유입과 충분한 일사량, 그리고 철분, 구리, 망간 등의 미량 금속이나 유기물질의 작용 및 수온, 염분, pH 등이 적합하고, 무풍 상태가 계속되어 해수 교환이 일어나고 있지 않을 때 해수 속의 조류(藻類, 식물성 플랑크톤)가 대량으로 번식하는 현상이다. 식물성 플랑크톤이 통상적인 농도의 100~1000 배로 증식하여 해수면의 색깔이 붉게 변화한다. 적조 발생은 해수에 녹아 있는 산소 부족 현상을 야기하고, 조류 자체의 독성 물질로 인한 호흡 장애 등으로 어패류가 질식사 한다. 우리나라에서는 1962년 남해에서 적조가 처음 발생한 이후 동해에 이르기까지 여러 해역에서 자주 발생하여 양식에 막대한 피해를 주고 있다. 특히 서해안과 남해안의 연안 오염이 심화되었으며, 지난 20 년간 약 1,200 km^2 의 연안 해역을 간척 또는 매립함으로써 대량의 토사와 부유 물질을 유발시켜 생물 생산력과 해양 오염을 자연적으로 억제할 수 있는 완충 능력마저 떨어지고 있다. 장기적으로는 연안 양식 면적의 영구적인 상실과 연안의 조류 및 해류의 변화에 따른 해안 기후 변화, 그리고 해안 경관의 훼손에 따른 관광 자원의 잠재적 상실 등 상당한 경제적, 사회적 손실을 초래하게 된다.

토론거리 *Topical Q & A*

수돗물로 밥을 짓고, 빨래도 하고, 세차도 하고, 화분에 물주고, 수세식 변기물로도 이용되는 현재의 물이용 방식이 바람직한가?

수돗물은 상수도를 통해 흐르는 물(상수)이다. 이에 대응하는 의미로 하수가 있고 그 하수가 흐르는 통로를 하수도라 한다. 상수와 하수와의 중간단계에서 다시 이용되는 물을 중수라고 한다. 산업폐수처럼 오염되지 않은 생활 속에서 발생되는 허드렛물은 간단한 정화 과정을 거치게 되면 수세식 변기의 세척 물로 사용하기에 충분하다. 이와 같은 중수도 시스템을 물소비가 많은 대형 호텔이나 아파트단지, 백화점 등과 같은 대형 건물군에 적용한다면 엄청난 양의 물을 절약할 수 있으며 에너지도 절약하게 될 것이다.

Think globally Act locally

수질오염을 줄이기 위한 작은 실천

- 가정에서 합성세재 사용을 줄이고, 쓰고 남은 각종 화학물질을 적절히 분리수거하여 보관한다.
- 농가에서는 비료나 농약사용을 줄인다.
- 공사장의 토사유실을 막기 위한 시설을 설치하고 준수한다.
- 주유소, 자동차 정비업소 등에서 기름, 폐유, 부동액 등을 바닥에 유출시키지 않는다.
- 오수 및 폐수 배출구를 감시하고 신고한다.
- 시민 환경 단체에 자발적으로 참가하여 활동한다.

도시 속의 연못 메우기

연못과 갈대밭을 이용하여 하수정화에 성공한 독일 베를린 시내에 크로이츠베르크(Kreuzberg)區가 있다. 이곳은 서베를린 변두리에 위치하는 슬럼가로 방치되어 온 곳이었으나, 1980년대 이르러 생태적 재개발이 성공한 곳으로 유명하다. 크로이츠베르크 구는 '물의 절약과 수질오염의 최소화'를 목표로 아파트 건물로 둘러싸인 안 뜰에 자연 생태계의 모습을 그대로 재현한 비오톱(Biotop, 생물소공간)을 만들었다. 이 비오톱에는 2백여 평 크기의 갈대밭으로 에워싸여 있는 약 1천 평의 연못 형태로 만들어져 있어, 가정에서 나온 생활하수가 이 갈대밭을 서서히 통과하면서 깨끗이 정화되어 아파트 단지 내 1백4 가구에 수세식 화장실 물로 다시 이용되거나 잔디밭 밑의 자갈과 모래층으로 스며들면서 여과된 뒤 연못에 자연스럽게 흘러들게 된다. 뿐만 아니라 수(水) 공간 면적이 조성되어 있기 때문에 그 지역의 기후 (미기후) 환경에도 긍정적으로 작용하고 있다. 비오톱에는 뱀장어, 가재, 오리 등이 서식하고, 수초에는 잠자리가 알을 낳는 등 도심 속에 하나의 독립된 생태계가 조성되어 주민과 야생 생물들의 안식처일 뿐 아니라 완벽한 하나의 하수처리장으로 기여하고 있다.

도심 속의 공원은 비오톱으로 재창조할 수 있다

우리나라의 도시는 본래 도시 내에 조그마한 연못이 여기 저기 산재하고 있었다. 그러나 오늘날 대부분의 도시는 거의 모든 연못을 매립하여 택지를 조성함으로써 인간 밀집의 비생물적인 회색도시 환경으로 변질되고 말았다. 긴 안목으로 볼 때, 그러한 매립으로부터 얻어진 경제적 이익은 일시적이고 한정적이지만, 매립에 따른 도시의 생태적 환경적 열악성으로 기인하는 여러 가지 피해에 드는 비용은 훨씬 막대하다. 또한 시민의 건강 및 휴양을 고려한 도시의 쾌적성(amenity)에 대한 경제적 가치를 고려한다면, 우리는 도시 내의 연못과 같은 비오톱을 잘 가꾸어 나아가야 한다. 도시 공간 속에 여러 가지 형태의 비오톱을 재복원하여 생물과 어우러진 도시, 그리고 친환경적 도시로 재창조할 수 있다.

8 함께하는 한반도의 녹색 자연

한반도의 자연은 산과 물 그리고 숲이다. 숲의 생태학적 지배자는 호랑이이다. 한민족은 그런 호랑이를 사랑하였다. 그런데 호랑이가 살기에 충분한 공간의 처녀림은 거의 사라졌다. 그런데도 호랑이가 살아갈만한 삶터에 대한 복원은커녕 오히려 호랑이 인공복제에 몰두하고 있다. 한반도는 참나무림으로 대표되는 온대삼림 지역으로 현대 인류문명을 주도하고 있는 지구의 4대 온대-문명지역의 한 군데에 속한다. 뿐만 아니라 우리나라는 좁은 국토 면적에도 불구하고 장구한 자연의 역사를 토대로 발달해 온 매우 다양한 자연의 다이나믹성을 내포하고 있다. 그런 온대림이란 숲이 바로 우리의 생활 무대이며 문화적 기반이다.

한반도의 자연은 잔디밭이 아니며 숲이다

한반도 고유의 목련, 함박꽃나무

우리나라의 국민 일인당 자연식생의 면적은 2.6평으로 그 면적이 절대 부족하다. 이것은 한반도의 자연생태계와 민족의 생활 기반으로서 "자연의 핵심" 면적이 절대적으로 부족하다는 것을 의미한다. 국토의 건전한 이용과 지속가능한 개발, 그리고 녹색갈증 해소를 보장할 수 있는 전국토의 40%, 즉 국민 일인당 자연식생 면적을 280 평으로 확보하여 쾌적한 삶의 터전을 마련할 수 있다.

한반도의 자연은 10개의 지구 생물군계(biome) 가운데 하나인 온대림 지역에 속한다. 지구 육상생태계의 총생물량의 19%를 차지하는 온대림 지역은 우리나라를 중심으로 한 동북아시아 지역, 북미 대륙, 중부 유럽, 그리고 남반구의 남동 호주와 뉴질랜드 등으로 크게 네 군데에 흩어져 있다. 이러한 지구의 4 대 온대림 지역은 현대 인류 산업문명을 주도하고 있는 대부분의 산업선진국이 위치하는 지역이기도 하다. 온대림 지역은 삼림파괴와 토지의 이용이 집약적으로 이루어져 옴으로써 인간 간섭에 의해 가장 많이 변형된 생물군계 지역이기도 하다. 따라서 겨울에 낙엽이 지는 하록활엽수림(夏綠闊葉樹林, 떨기나무숲)으로 대표되는 온대림 지

한반도 냉온대 남부 지역의 자연림을 대표하는 졸참나무림

한반도에는 한포기도 없으며, 전 세계에서 울릉도에만 사는 너도밤나무의 자연림

참나무 종류 가운데 열매와 잎이 가장 작은 '졸참나무'

참나무 종류 가운데 가장 추운 곳에 사는 '신갈나무'

역에서 원시 상태의 자연림을 찾아보기란 매우 어렵다.

한반도 삼림식생은 떨기나무 종류가 주종을 이루는 온대-하록활엽수림(temperate summergreen broad-leaved forests)이 대표적이다. 그 가운데 참나무, 너도밤나무, 단풍나무 등이 대표적인 수종이다. 한반도 지역과 제주도에서는 여러 가지 참나무(oak, Quercus spp.) 종류가 그리고 울릉도에서는 너도밤나무(Ulreung beech, Fagus multinervis)가 우리나라의 잠재자연식생(潛在自然植生, potential natural vegetation)을 대표하는 활엽수종이다. 결국 우리나라의 자연은 삼림형태의 숲으로 대표되며, 우리의 문화적 기반은 숲과 나무임을 알 수 있다.

한반도의 삼림식생은 식생지리학적으로 『대륙형』(Continental type)의 『한반도아형』(Korean peninsula subtype)에 포함되는 온대림이며, "너도밤나무-신갈나무群綱"의 "신갈나무-철쭉나무群目"이란 식물사회로 규정된다. 따라서 한반도의 삼림은 '냉온대참나무림'(cool-temperate oak forests)이 대표적이다.

『한반도아형』의 한반도 삼림식생은 지리적으로 개마고원 이남의 한반도 중남부를 차지하며, 연평균 기온 9℃ 이상의 지역에서 그 분포의 중심지를 가진다. 『한반도아형』의 삼림식생은 그 구성 식물종의 40% 이상이 목본 식물종이며, 신갈나무, 졸참나무, 굴참나무, 서어나무, 개서어나무, 까치박달, 함박꽃나무, 당단풍, 철쭉나무, 단풍취 등이 다른 식생지리형으로부터 특징지을 수 있는 진단종군이다. 또한 진달래속(Rhododendron)과 제비꽃속(Viola)의 식물종이 높은 다양성과 빈도로 혼생하면서 너도밤나무속(Fagus sp.)은 결여되어 있는 것이 중부유럽, 미국동북부, 일본열도의 온대림과 뚜렷이 구별되는 한반도 냉온대림의 독특성이다.

한반도 냉온대림을 대표하는 식생단위, 즉 신갈나무-철쭉나무群目은 다시 두 개의 하급단위로 나누어지는데 신갈나무-잣나무군단과 신갈나무-생강나무군단을 포함한다. 후자의 신갈나무-생강나무군단은 다시 세 개의 아군단을 포함한다. 이들 식물사회 가운데, 신갈나무-잣나무군단, 신갈나무-생강나무아군단, 졸참나무-작살나무아군단은 한반도의 북북·高山地型, 중부·山地型, 남부·低山地型의 잠재자연식

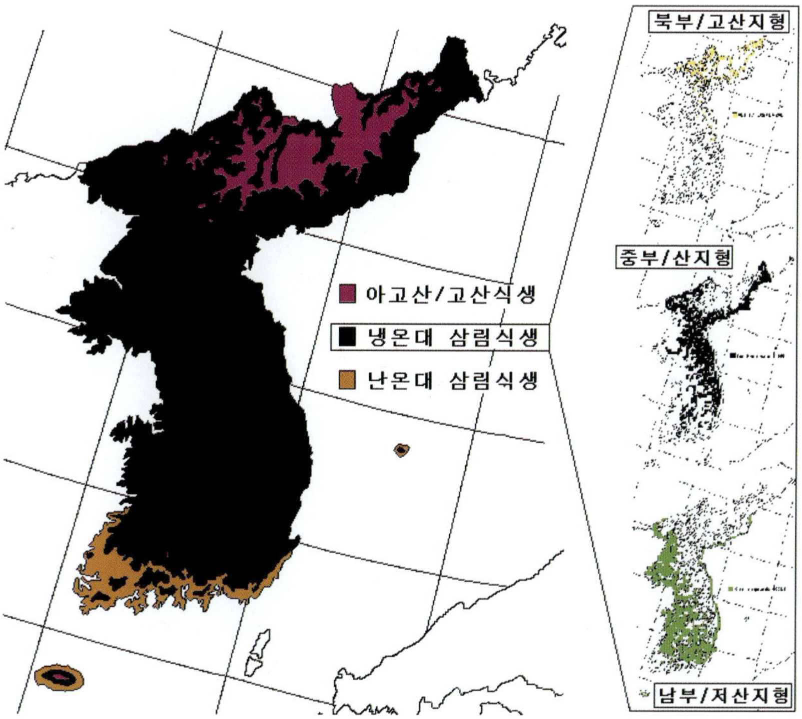

한반도 잠재자연식생의 수평 분포

난온대 후박나무 상록활엽수림

냉온대 중부의 신갈나무림

냉온대 북부의 침활혼합림

아고산 침엽수림

고산 황원

[도움글] 잠재자연식생(potential natural vegetation)

어떤 지역에 있어서 현재의 자연환경 조건에서 인간간섭을 완전히 배제했을 때 자연적으로 형성되는 종국식물사회(終局植物社會)를 잠재자연식생이라 한다. 우리나라가 속해 있는 온대지역에서는 기후적·토지적 환경 조건 모두를 총화한 "극상림(極相林, climax forest)"으로 대표되는 자연림이 잠재자연식생이다. 극상림이 발달할 수 없는 하천생태계에서는 버드나무류의 하천림이 잠재자연식생이다. 1956년 튝센(R. Tüxen, 1899-1980)에 의하여 독일의 자연보전과 그 회복을 위해서 창시된 이론적 개념이다. 자연림이 거의 존재하지 않는 오늘날에 그런 잠재자연식생을 판단하기란 매우 어려운 일이지만, 국토의 자연 회복을 위한 올바른 '적지적소(適地適所)의 생태학적 정보'로 활용 가능한 매우 중요한

북한 제작의 잠재자연식생도

개념이다. 여러 가지 참나무류(졸참나무, 신갈나무, 굴참나무, 떡갈나무, 갈참나무, 상수리나무, 물참나무 등)로 어우러진 낙엽활엽수림은 우리나라를 대표하는 잠재자연식생이다. 따라서 우리나라의 문화적 기반은 무덤생태계의 잔디밭과 같은 초지 생태계가 아니라 수목으로 이루어진 숲임을 알 수 있다. 숲은 그 속에 사는 생물종의 삶의 터전일 뿐만 아니라 우리에게 계절성과 우주성 그리고 생물다양성을 제공하고 있다

방풍어부림(남해 물건리)의 마을숲으로 배후 부락과 논 경작지의 지속가능성이 확보되고 있다.

생을 대표한다. 그러므로 한반도 내에서도 각 지역의 기후와 토지 조건에 따라서 제각기 독특한 식물사회가 발달한다는 것을 의미한다.

남북으로 길게 뻗어 삼면이 바다로 둘러싸인 우리나라는 각 지역의 기후와 풍토에 따라 다양한 잠재자연식생이 발달한다. 삼면의 해안선에는 갯벌이 주로 발달한 서해안의 간석지, 남해안의 리아스식 해양경관, 동해안의 해안선 절벽과 명사십리와 같은 해안 모래언덕(砂丘) 등으로 지구상에 존재하는 해안의 자연환경 조건을 모두 갖추고 있어 잠재자연식생의 다양성이 매우 높다. 뿐만 아니라, 내륙지방에는 수평적으로는 남부 지방의 난온대(暖溫帶, warm-temperate; 국토의 4.6%)에서부터 북부 지방의 한대(寒帶, cold-temperate; 국토의 6.8%)에 이르기까지, 수직적으로는

낮은 해발고도의 저지대로부터 해발 고도가 높은 고산지대에 이르기까지 잠재적으로 매우 다양한 자연식생(自然植生)을 관찰할 수 있다. 이 가운데 냉온대 삼림식생 지역이 한반도 전체의 87.6%를 차지하는 가장 넓은 면적을 차지한다. 그러한 녹색의 자연환경은 우리의 문화적 배경이기도 하지만, 전통적인 고유의 녹색 자연은 일부 국립공원 지역에서 겨우 관찰될 정도로 현재는 매우 좁은 면적에 잔존하고 있다. 도시나 농촌 부락의 근처에서 우리가 일상생활 속에 쉽게 접할 수 있는 숲정이를 포함한 마을숲에는 고유의 참나무(오크, oak)를 대신하여 아까시나무와 리기다소나무의 외래식물자원에 의한 이질적(異質的) 경관으로 이루어져 있다.

[도움글] **숲정이(rural forests) 경관**

전 국토의 67% 이상이 산지인 우리나라의 부락은 배산임수(背山臨水) 형태로 발달해 왔다. 이것은 사람들이 가까운 거리에서 의식주를 좀더 쉽게 해결하고자 하는 지혜에서 비롯된다. 숲정이는 부락배후의 숲을 지칭하며, 연료와 식료를 제공하는 에너지 공급원으로 아주 귀중하게 관리되어 왔다. 우리나라의 전통 농촌부락 경관은 숲정이에 의한 특색을 가지며, 독특한 '숲정이 문화'를 만들어 왔다. 숲정이에 이용된 식물들은 사람들이 필요로 하는 것을 효율적으로 제공할 수 있는 마치 가축(家畜)과 같은 특성을 소유하고 있다. 대나무, 소나무 그리고 참나무가 대표적이며, 숲정이는 텃밭의 채소

배산임수의 농촌경관. 숲정이와 경작지에 어우러진 섭금류(wading birds, 백로, 왜가리 등)의 다양성은 한반도 자연환경과 문화환경의 주요 요소이다.

발처럼 죽밭, 솔밭, 도토리밭 등의 이름으로 불리기도 한다 고유의 숲정이는 전통문화를 창조하는 무대였다. 오늘날의 숲정이는 아까시나무, 리기다소나무 등과 같은 북미원산의 외래식물로 넓게 조성되어 있어서 전통적인 숲정이 경관은 크게 변질되어 있다. 한편은 숲정이는 농촌형과 도시형이 존재하며, 도시형 숲정이(urban forests)는 아까시나무 또는 리기다소나무로 우점되어 있다.

마을 배후에 잔존하고 있는 대나무와 굴참나무 숲정이

자연식생은 지역 및 생육지의 유존적(遺存的) 자연자원을 내포하는 자연의 씨(a core of nature)이며 자연 회복에 매우 귀중한 정보를 제공한다. 그러므로 자연식생은 반드시 보호되어야만 한다. 우리나라의 자연식생의 면적은 약 373km^{2}로 전국토의 약 0.4%에 불과하며, 일부 국립공원 지역의 냉온대 중부·산지 및 북부·고산지역과 아고산·고산지역에서 겨우 관찰될 정도로 매우 좁은 면적에 잔존하고 있다. 백두대간은 그러한 측면에서 냉온대 중부·산지형의 식생이 잔존하면서 그에 의존하는 한반도 생물상의 핵심 기능을 감당하고 있음을 알 수 있다.

[표] 한반도 삼림식생의 다양성

자연식생형	지리 분포	우점종 및 주요 구성종	식생단위	
亞高山 침엽수림	북부지방 및 중부고해발	가문비나무, 전나무, 구상나무, 분비나무 等	가문비나무-월귤군강	
冷溫帶 북부/高산지형 침활혼합림	북부저해발, 중부중해발, 및 남부고해발	신갈나무, 잣나무, 피나무 等	신갈나무-잣나무 군단	너도밤나무-신갈나무군강 신갈나무-철쭉나무군목
冷溫帶 중부/산지형 낙엽활엽수림	중부중해발	신갈나무, 철쭉나무 等 상부와 하부의 인접 식물사회와 다수의 공통종 포함	신갈나무-생강나무아군단	
冷溫帶 남부/低산지형 낙엽활엽수림	중부저해발 및 남부중해발	졸참나무, 작살나무, 서어나무, 회잎나무, 밤나무, 감태나무, 덜꿩나무 等	졸참나무-작살나무아군단	
局所土地形 서어나무림	화강암, 화강편마암이 노출한 산비탈 계곡부 (토지-지형적 조건에 의존)	서어나무, 개서어나무, 비목나무, 사람주나무, 가막살나무, 굴피나무 等	서어나무-개서어나무아군단	
暖溫帶 상록활엽수림	한반도 최남단 지역 및 남부 島嶼지역	후박나무, 구실잣밤나무, 붉가시나무, 가시나무, 종가시나무, 참식나무, 육박나무 等	동백나무군강	

반면에, 자연식생이 한번 파괴된 이후에 이차적으로 회복해 가는 천이 과정(serial phase)에 있는 이차식생(二次植生, secondary vegetation)의 면적은 약 36,408km^{2}로 전국토의 36.7%에 이른다. 또한 논, 밭, 과수원, 조림지, 숲정이 등과 같이 인간의 경제적 활동에 의해 지속적으로 유지되고 있는 경관의 주요 요소인 대상식생(代償植生, substitute vegetation)은 약 58,391km^{2}로 전국토의 약 58.8%에 이른다. 이들 대상식생 지역은 택지 개발, 산업 용지 개발 등으로 넓은 면적에 걸쳐 토지의 용도 변경이 매우 다양하게 진행되고 있다. 우리나라의 국민 일인당 자연식생의 면적은 2.6평으로 선진 외국(예, 일본 178.5평)에 비해 매우 빈약한 실정에 있으며, 절대적으로 그 면적이 부족하다. 이것은 한반도 생물다양성 보전을 위

해 “자연의 핵”(a nuclei of nature ecosystem)의 면적이 절대적으로 부족하다는 것과 인간 간섭에 크게 노출되어 생태계 교란이 매우 클 수밖에 없음을 의미한다. 뿐만 아니라 현재 남아있는 대부분의 자연식생은 그 주위에 매우 상이한 구조의 식생(경작지 포함)에 의해 둘러싸여 있어 완충지역(buffer zone)의 결여로 인한 건전한 생태계로써 그 유지에 큰 어려움을 가지고 있다.

[도움글] 자연식생, 이차식생, 대상식생 그리고 천이(succession)

모든 자연 현상은 동적(動的) 정적(靜的) 현상을 보인다. 즉 생태계는 정적인 부동성(不動性) 속에 엄청난 에너지와 엔트로피의 이동과 변화가 내재되어 있다. 이 현상은 항상 안정상(安定相)의 구조와 형태를 쫓아 일어나며 역동적 방향은 적어도 이 지구 생태계에서는 존재하지 않는다. 그러한 동적 현상은 생태계를 구성하고 있는 모든 생물적·비생물적 요소에 의한 집단의 형태와 구조의 연속적·단계적 변화를 의미한다. 이것을 생태학에서는 “천이(遷移, succession)"라고 부른다.

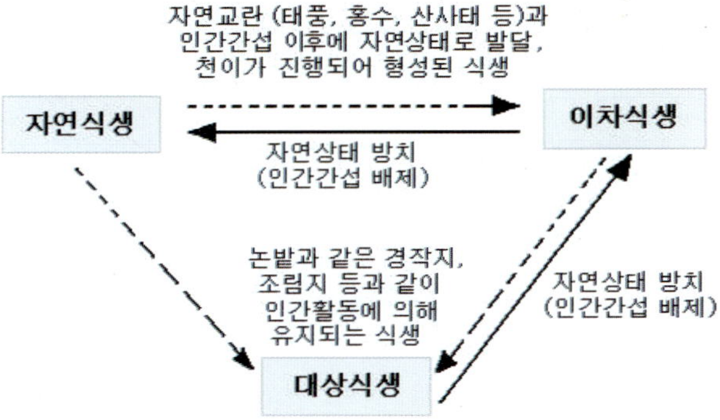

삼림식생에서 숲의 최고(最高) 안정상을 여러 가지의 극상림(極相林)으로 칭한다. 즉 “극상림”이란 궁극적으로 숲을 이루고 있는 전체 구성종의 출생률과 사망률의 비가 "1:1“이란 균형(equilibrium)을 의미하며, 숲의 입지 조건과 구조 및 형태에 따른 수용 범위에 의하여 여러 가지 단계의 연속적인 발전 과정으로 이루어진다고 정의된다. 연속적 발전 과정 속에서 어떤 한 단계가 발전하여 정점(頂点)에 도달하면 점차적으로 그 단계는 쇠퇴하면서 다음 단계로 이행하게 된다. 이러한 중간 단계에 있어서 발전, 쇠퇴, 소멸의 정반합(正反合) 과정을 통해 마침내 수용 범위의 안정기에 접어든다. 또한 천이 과정은 각각 식생형(植生型)과 주어진 입지 환경에 따라 여러 형태를 나타낸다. 삼림군락도 여러 중간 식물사회의 발전과 소멸의 경험을 통해 에너지와 엔트로피의 안정기 즉 극상림이란 최고 단계에 도달한다. “극상”이란 천이 과정에 대한 이론적인 해석으로 실제로 관찰하기란 어렵다. 우리가 자연에서 조우하고 있는 대부분의 자연 상태에 가까운 삼림식생은 거의 천이 도중(途中, serial phase)의 준극상림(準極上林, subclimax forest)이다. 그러므로 식물사회의 극상림이란 인간 영향과 자연적 파괴(natural disturbance: 태풍, 지진, 눈사태 등)를 완전히 배제할 때만 가능한 실체가 아닌 가상(假想)의 절대 숲이다.

그러나 우리나라의 국민 일인당 이차식생의 면적은 267.5 평으로 선진국 수준에 있다. 이차식생이 자연식생으로 발전하게 되는 잠재적 회복능(回復能)을 고려한다면, 이러한 우리나라의 이차식생 현황은 생물자원의 지속적인 이용 및 생물다양성의 복원 등과 같은 자연회복에 매우 고무적인 사실이다. 그러므로 국토의 건전한 이용과 지속가능한 개발(ESSD)을 위해서도 이차식생에 대한 생태학적 관리가 필요하다. 국토를 생태계 및 서식처(habitat)로서 그 수용 범위(ecological carrying capacity)를 고려할 때, 전국토의 40%에 해당하는 이차식생과 자연식생의 면적을 합한 40,000km^{2}에 대한 생태적 관리는 매우 중요하다. 이러한 생태적 관리로 국민 일인당 자연녹지 면적을 약 280평으로 확보할 수 있으며, 보다 쾌적한 삶의 터전을 가질 수 있다.

[도움글] ESSD(Environmentally Sound and Sustainable Development)

'환경적으로 건전하고 지속가능한 개발'이란 의미로 1992년 브라질 리우에서 개최된 세계환경회의에서 강조되었던 주제어이다. 미래 세대를 위한 예방적인 환경 보호적 개발을 성취하기 위한 가장 효과적이고 경제적인 방법으로 유엔환경계획(UNEP)에서 제시하는 ESSD의 주요 목표는 다음과 같다:

- 경제 성장률 조정
- 경제 성장의 질적 변화
- 인구의 적정 수준 확립
- 자원 기반의 보존과 질적, 양적 강화
- 기술과 위험 관리에 대한 재정립
- 의사결정과정에서 환경과 경제의 조화
- 고용, 식량, 에너지, 물 및 위생시설의 최소 요구 충족

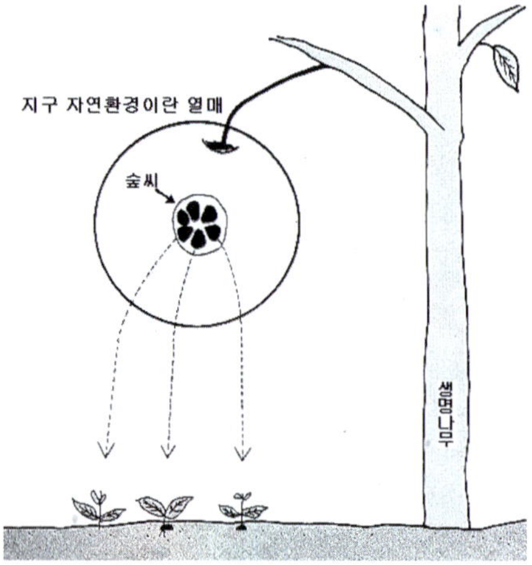

과실의 씨를 남겨야 다음 해에 또다시 수확할 수 있듯이 지속가능한 개발은 최소한의 '자연의 씨'를 남기기 위한 인류의 마지막 수단이다. 우리나라의 자연은 숲이라는 삼림생태계로 대표된다. 그러므로 한반도의 '숲의 씨'라 할 수 있는 참나무-자연림을 잘 보전하여야 한다.

토론거리 *Topical Q & A*

우리의 문화적 배경은 나무와 숲인가 아니면 잔디밭인가?

우리가 사는 한반도는 온대기후지역에 속한다. 한반도의 기후와 풍토에 저절로 어우러진 참나무 숲은 여러 가지 숲 종류 가운데 하나이며 가장 대표적인 숲이다. 장구한 세월 속에 우리의 문화적 활동 무대는 숲이다. 숲은 한여름의 작열하는 뙤약볕을 가리어 주는 휴식의 공간이고, 생물들에게 생명의 공간이면서 계절의 변화를 보여주는 문화적 활동의 주요 공간이기도 하다. 그러한 우리의 문화적 배경이 된 자연림은 거의 소실되었을 뿐만 아니라 잔존림까지도 살아지고 있는 실정이다. 우리 주변에서의 빈 공터는 단층 구조의 식물사회인 잔디밭 대신에 다층 구조의 숲으로 가꾸어 나아가야 할 것이다. 그러한 숲이 가능하다면 참다운 숲(잠재자연식생)으로 조성하는 것이 바람직하다.

전 국토의 약 1%를 차지하는 봉분 무덤은 한반도 자연환경의 총화로 나타나는 숲이라는 생태계에 대하여 적극적인 훼손의 핵으로 기여하고 있다. 숲의 면적을 감소시킬 뿐만 아니라, 단층의 잔디 초지생태계는 지역의 생물다양성을 단순하게 하며, 산불과 같은 산지생태계에 대한 이차적 파괴의 원인 제공처로 기여하고 있다. 국민 일인당 자연식생 면적(현재 약 2.6평) 또는 일인당 주택 면적(현재 4.3평)은 무덤 1기당 평균면적(현재 약 15평) 보다는 크게 넓어야 하지 않겠는가!

잔디밭 이차초원으로 대표되는 공동묘지

다양한 수목으로 이루어진 숲

느티나무 노거수(안동, 사진: 장은재 박사)

영변의 약산 진달래

진달래와 철쭉나무는 '로도덴드론(*Rhododendron*)'이란 동일한 속명(屬名)을 가지는 키 작은 떨기나무인 참꽃 종류이다. 식물의 생식기관인 꽃 모양의 유사성으로부터 같은 형제간의 식물종이지만, 야생상태에서 살아가는 그들의 성격과 행동양식은 아주 대조적이다. 사는 장소가 다르고 꽃피는 방식이 다르고, 생태계의 선구자로서 그 기여도가 다르다. 진달래는 철쭉나무 보다 직사광선이 내리 쪼이는 남쪽 사면에 흔하다. 잎과 동시에 꽃을 피우는 철쭉나무와는 달리 진달래는 잎이 나기 전에 꽃을 일찌감치 먼저 피운다. 철쭉나무는 추지고 비옥한 곳을 좋아하지만, 진달래는 건조하고 덜 비옥한 곳에서 주로 관찰되며 오히려 척박한 땅에서 주인 노릇을 한다. 잘 보전되어 있는 입지에서 철쭉나무는 다른 식물과 어우러져 경쟁하면서 살아가지만 진달래는 도태된다. 진달래가 살아가는 생태적 최적범위는 보통 식물이 살아가기 힘든 오랜 풍파의 자연역사를 고스란히 간직하고 있는 산악 암벽 틈에서 살며, 산불이나 벌채, 그리고 조림한 곳과 같이 인간 간섭에 의하여 교란된 곳이다. 낙락장송(落落長松)이 다소곳이 어우러진 금강산 일만이천봉은 우리나라가 자랑하는 '진달래의 자연교향악'이기도 하다. 그러나 현재 핵발전소가 위치하는 영변 약산의 진달래는 영변 지역의 파괴된 자연 모습을 읊은 김소월의 운명적인 '민족의 시' 소재가 된 것처럼 진달래는 파괴된 자연의 상징이기도 하다.

진달래

철쭉나무

한반도 숲의 역사

한반도의 자연 생태계는 집약적인 인간 간섭에 의한 교란으로 불안정한 생태계 피라미드를 형성하고 있다. 뿐만 아니라 고유의 생물 씨(유전자)마저 도태될 아주 긴박한 상태에 노출되어 있었다. 그러나 한반도 고유의 숲은 처절한 승리의 역사로 기록된다.

우리나라는 산지 자연 자원을 보전하기 위한 보다 근대적이면서 본격적인 실천노력은 송금사목(松禁事目, 정조 12년, 1788)으로부터 찾아볼 수 있다. 자연생 소나무를 잘 보호하고 육성하고자 하는 삼림 규정집인 송금사목에는 삼림행정기구, 관리, 산지기, 그리고 백성에 이르기까지 특정 목적을 위하여 소나무에 대한 보전과 관리의 행동 지침이 기록되어 있다. 이러한 자연 자원에 대한 보전은 지역 백성들의 이해와 협력이 필수적이기 때문에 우매한 백성들을 홍보하고 계몽하기 위하여 송금사목을 한글로 번역까지 하였다.

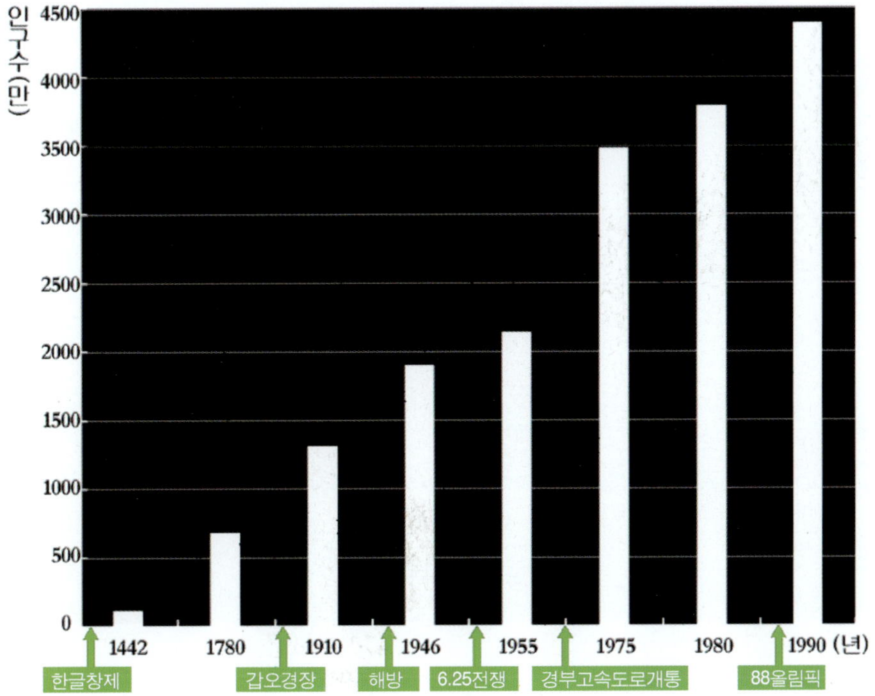

우리나라 인구는 1950년대 중반 베이비 붐 시기에 급격히 증가하였다.

그러나 그로부터 100여년이 경과한 1900년대 초의 사진에는 대부분의 산지가 벌거숭이 상태로 기록되어 있다. 조선시대의 1천2백만인(1906년도)과 일제강점기 동안의 2천4백만(1944년도)의 적은 인구에도 불구하고 백성들의 일차적 에너지원인 화목용으로 땔감을 지속적으로 채취함으로써 부락 근처의 모든 삼림이 황폐화되었다. 특히 일본을 포함한 열강 제국은 태백산맥과 압록강 유역, 그리고 심지어 울릉도에 이르기까지 한반도에 잔존하는 울창한 자연림을 경쟁적으로 약탈하였다. 러일전쟁에서 승리함으로써 압록강 벌목권(伐木權)을 획득한 일본 제국은 1908년 압록강 벌목 공사를 설립하고, 약 10년간 백두산-압록강 유역에서 무려 2~3천m^2(울릉도 면적의 7배) 달하는 원시림을 벌채했다. 이러한 사실을 미루어 볼 때, 한반도 전역에 걸친 36년간의 삼림벌채는 매우 심각했음을 짐작할 수 있다. 가히 파괴적인 삼림자원의 개발이었다.

조선조 익종의 능(綏陵)을 관리하고 제사를 지내는 데에 드는 비용을 마련하기 위하여 일반인의 벌목과 출입을 금지한다는 수능봉산계의 표석이다.

本編ハ本府囑託理學博士中井猛之進ノ欝陵島植物調査報告書ニシテ學術並産業上參考ニ資スヘキモノアルヲ以テ印刷ニ附ス

大正八年四月

朝鮮總督府

울릉도 자원 조사처럼 조선총독부는 자원 수탈을 목적(학술과 산업에 정보를 제공)으로 한반도 각 지역의 식물자원 조사를 실시하였다.

울릉도 특산의 섬피나무(*Tilia insularis*)의 거목(巨木) 사진(Nakai, 1919; 우측 그림). 일제의 한반도 식물자원 조사의 일환으로 울릉도에 대한 식물자원 조사가 면밀히 이루어졌다. 조선총독부 보고서에는 울릉도 저동 뒷산의 섬피나무가 사람(좌측 하단 원형 속)의 크기와 비교하여, 흉고둘레 7.5m, 높이 30m에 이른다고 기록되어 있으나, 현재 그러한 교목(喬木)은 존재하지 않는다.

1908년 압록강벌목공사 설립을 통하여 잔존하는 압록강 원시림의 벌채로부터 획득된 목재가 뗏목이 만들어져 압록강의 강 수면을 가득 덮으며 수송되고 있다.

해방 이후에도 주택 난방용 화목(火木)을 위한 백성들의 삼림벌채는 1960년대 후반까지도 지속되었다. 결국 한반도 자연에 대한 가장 치명적인 파괴의 요인은 36년간의 일제강점기시대와 해방 직후 발생한 6.25동란에 의한 국토의 초토화 시대라는 두 역사적 사실로 귀결되며, 일부 국립공원 지역에서 관찰되는 자연림의 숲의 나이가 약 50여년에 지나지 않는 것으로부터 반증되고 있다. 이와 같이 역사적 사실과 비생태적인 삼림벌채 방법인 개벌(皆伐, clear cutting)은 한반도 자연생태계의 기반을 황폐화하는 결정적 원인이다. 오늘날 한반도에서 호랑이, 늑대, 여우 등 야생 포유동물이 멸종한 것은 바로 그들이 살만한 서식공간을 사라지게 한 것도 중요한 원인 가운데 하나이다. 한반도에서의 약 100여년에 걸친 자연생태계에 대한 집약적이고 지속적인 반생태적(反生態的), 반자연적(反自然的) 훼손 행위는 광범위하게 생물 서식처를 유린해 버리는 생태적으로 고립된 섬(ecologically isolated island)을 형성하게 되었다. 이것이 바로 한반도 생물다양성의 잠재력을 원초적으로 저하하게 하는 원인이 되고 말았다.

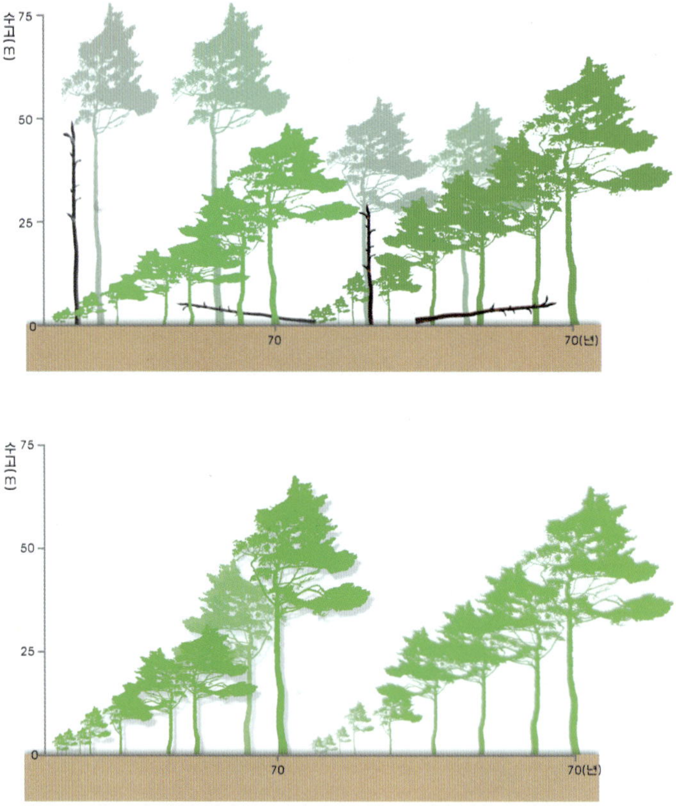

개벌 (皆伐)에 대응되는 택벌(擇伐) 혹은 간벌(間伐)에 의한 생태적 삼림경영은 삼림생태계의 파편화를 최소화하는 한 방법이라 할 수 있다. 지속가능한 삼림 경영은 습관적으로 이루어져 온 개벌 양식보다는 위의 그림과 같은 삼림벌채 양식이 유리하다. 그것은 삼림 입지 및 생태계의 관리와 생물다양성 보전과 같은 산지생태계에 대한 지속가능한 이용 측면에서도 훨씬 더 유리하기 때문이다.

한편, 오늘날 한반도의 녹색 자연 환경은 1960년대 이래로 시작한 치산녹화사업과 입산금지 등의 보다 적극적인 자연 회복 시책의 결과이며, 1950년대 중반에 이르기까지 극도로 파괴된 산지 생태계의 삼림 회복에 큰 성과를 얻은 것으로 평가되고 있다. 1970년대 이후 경제 성장에 따른 아궁이 개량과 대용연료의 개발, 그리고 지속적인 '입산금지' 등 일련의 정부 시책에 의하여 파괴 요인이 크게 감소되었으며, 우리나라의 산지는 녹색혁명이라 일컬어지리만큼 국토 녹화 사업은 성공적이었다. 그러나 삼림자원화 목표에 따라 산야가 너무나 획일적인 단순 조림지(造林地) 생태계로 지속적으로 관리되어 옴으로써 그 질적(質的) 측면에서는 그다지 성공적이지 못하다는 지적도 있다. 사시나무 종류(*Populus hybrids*), 아까시나무(*Robinia pseudoaccacia*), 산오리나무(*Alnus hirsuta*), 소나무 종류(*Pinus densiflora*, *P. rigida*, *P. koraiensis* 등), 낙엽송(*Larix kaempferi*) 등은 현재 우리나라 삼림 식재용으로 가장 널리 이용된 수종들이며, 일부 자연 보호구역을 제외한 대부분의 산지(숲정이 포함)가 외래수, 속성수, 경제수에 의해 넓은 면적이 식재되어 있다. 특히 게릴라 번식을 주로 하는 아까시나무를 이용한 인공적인 조림 면적의 양적 팽창은 자연식생으로의 발전을 위한 조림지의 질적 개선이 매우 어렵다. 이와 같이 단순 조림지 또는 육림지에 의한 산지생태계의 질적 저하는 그 속에 살아가는 생물다양성을 빈약하게 하는 원인으로도 지목되고 있다.

[도움글] 식물의 번식전략 : 게릴라 번식

식물이 生育 면적을 확장해 가는 침략 전략(invasion strategy), 즉 식물사회를 구성하는 기존 멤버들 간의 공간(地下 및 地上)을 점유하는 경쟁 전략은 침투(infiltration), 인해전술(phalanx), 게릴라(guerrilla) 전략 등의 일반적으로 크게 세 가지로 구분한다(Wilson & Lee 1989). 대부분의 모든 고등 식물들은 꽃을 피우고 종자를 생산함으로써 차세대로의 계통 존속과 개체 증가를 성취하게 되며 생육 면적을 넓혀가게 되는데, 이와 같은 보통 식물들은 침투 전략이란 카테고리에 포함된다. 침투 전략은 식물이란 생명체의 극히 보편적이고 정상적이며 전형적인 사회생활의 한 방식이다. 그러나 침투 전략의 보통 식물들도 극한적 생육 환경(자연 파괴에 의한 생태계 균형의 교란)에서는 인해전술이나 게릴라 전략을

게릴라처럼 흐르는 개울가에서도 뿌리가 달리는 달뿌리풀

선택하는 임기응변적 전략 변경으로 그 환경 변화에 대처하기도 한다. 인해전술이나 게릴라 전략은 영양 성장(vegetative growth)에 의한 차세대로의 번식전략으로 주로 라메트[*ramet, 뿌리나 줄기로부터 바로 새끼를 분주(分株) 할 수 있는 조직 부위*]의 형태적 발달에 의존하는 식물들이다. 대부분 지하나 지상으로 포복하는 줄기를 가지는 덩굴식물은 게릴라 전략으로 이웃 식물들의 영역 속을 파고들어 토착 식물군락을 교란한다. 소도 먹지 않는 띠(*Imperata cylindrica* var. *koenigii*)의 경우는 게릴라 전략과 인해전술을 겸비한 황무지의 개척자이기도 하다.

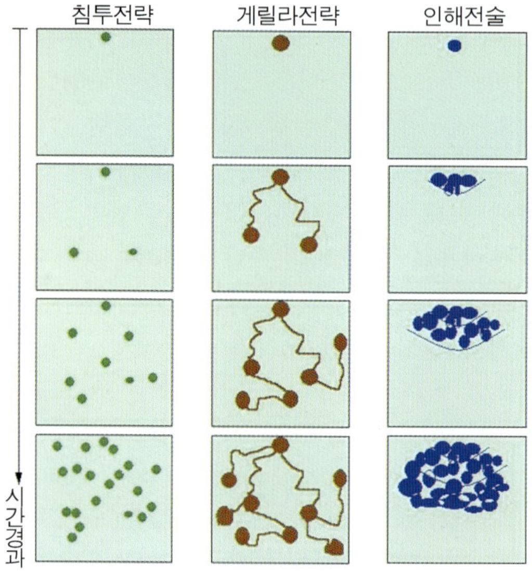

띠

오늘날의 인공재해 또한 자연 재해로 인한 삼림 식생의 파괴가 과거에 비하여 그 피해의 규모가 매우 막대해지는 것은 그러한 맥락에서 이해될 수 있다. 과거 70년대의 연평균 산불발생건수는 80년대 보다 3 배에 이르렀으나, 그 피해 면적에 있어서는 70년대 보다 80년대에 오히려 증가했을 뿐만 아니라, 피해량(被害量)에 있어서는 약 두 배로 증가하였다. 또한 획일적인 조림면적의 확대는 수자원 관리에 있어서 근본적인 문제가 발생하게 된다. 식생의 지상부와 지하부의 수자원의 양적·질적 그리고 시간적 보수능력(保水能力)은 인공조림이 자연림에 비하여 크게 불리하다. 뿐만 아니라 지금까지 인공조림지에 대한 산림경영의 주된 방법이 일정 면적을 모조리 벌채해 버리는 개벌(皆伐, clear-cutting)에 의해 진행해 옴으로써 산불이 발생한 곳과 유사한 생태적 조각화를 야기하여 삼림생태계의 단순화를 초래해 왔다. 1988년부터 시작한 삼림기본계획에 따르면 매년 1,000 km의 임도(林道) 건설을 통하여 임업경영기반을 조성하는 것으로 되어 있으나, 이러한 임도의 개설(改設)은 생태계 보전지역 내에 건설한 관광도로와 마찬가지로 생태계의 조각화에 주된 요인으로 작용하여 우리나라 산지생태계를 크게 위협하고 있다. 따라서 획일적 인공 조림지는 제한된 면적에서만 이루어지는 것이 바람직하며, 지속가능한 삼림 정책의 수립이 필요하다.

[표] 외래수종에 의한 인공조림과 자연림의 일반 속성에 대한 상대적 비교

평가 항목	인공조림	자연림
20세기까지의 임업 경제적 측면	유리	불리
생물다양성	매우 단순함	매우 풍부함
자연 자원	단순하고 빈약	다양하고 풍부
생태관광 자원	빈약함	풍부함
수자원 보지능력	불리	유리
자연자해 및 인공재해에 대한 저항력	매우 약함	매우 강함
재해 후의 회복능	약함	강한
잠재적 가치	매우 빈약	매우 풍부
지역 생태계에 대한 구조적 기능적 기여도	매우 낮음	매우 높음

토론거리 *Topical Q & A*

자기 고향의 숲의 역사는 어떠했는가?

- 자신의 고향에서는 그 숲의 역사가 어떠했는지, 자료 사진과 친지 어른들을 통하여 정보를 수집하고 토론해 본다.

전통마을 배후에 만들어진 소나무 숲경이

생태논쟁 *Topical ECOncern*

아까시나무 숲은 변두리 문화

우리나라 산야에 널리 퍼져 그 세력을 크게 떨치고 있는 아까시나무(일명 아카시아)는 북미 원산으로 일본 제국을 통해 1880년대에 도입된 외래식물이다. 아까시나무는 일반적으로 30~40년 정도 사는 수명이 매우 짧은 나무이다. 질소(뿌리혹박테리아와 공생)와 빛을 편식하고, 종자에 의한 번식 보다 뿌리에서 직접 새끼(幼木)를 만들어 내는 게릴라 번식을 즐겨하며(아까시나무 어미-本株로부터 300미터 떨어진 곳에까지 뿌리 일부분이 발견된 것이 보고되어 있다), 원줄기를 베거나(물리적 인간간섭) 제초제를 뿌리면(화학적 인간간섭) 이듬해 더 많은 줄기를

도시 주변에 산재하는 숲경이는 미국산의 아까시나무와 리기다소나무에 의한 외래 삼림식생으로 이루어져 있다.

내어 그루터기를 이루는 생명력이 끈질긴 식물이다. 아까시나무가 우점하고 있는 숲 속 바닥(林床)에는 아까시나무와 한 패거리를 이루는 많은 귀화식물들이 생육하고 있는 것을 흔하게 관찰할 수 있다. 뿐만 아니라, 뿌리혹박테리아와 공생하는 뿌리는 호흡을 위하여 지표면 가까이에 얕게 분포함으로써 지상부의 식물체가 높이 성장하게 되면 태풍이나 돌풍 그리고 집중호우에 의한 토사유출 등에 의하여 쉽게 쓰러지고 만다. 아까시나무는 사방용, 목재용, 철도침목용 등으로 널리 식재되었으나, 지금은 넓은 면적에 걸쳐 야생화 함으로써 한반도 고유 식생(신갈나무-생강나무군단)의 발달을 크게 방해하는 것이 가장 심각한 문제이다. 북한은 생활력이 강하고 그루터기(붕아)를 잘 형성하므로 땔감 해결책으로, 꿀벌의 양봉에 유익하다고 하면서 이르는 곳마다 아까시나무 숲을 조성하도록 독려했다고 한다(김 외, 1976). 그러나 단군 시대에도 숲정이에서 땔감을 얻고 꿀도 먹었다는 사실을 상기할 필요가 있다.

아까시나무 숲 속의 침식현상

우리나라 소나무 무엇이 문제인가

세금 내는 소나무, 예천의 석송령과 그 후계목

속리산의 정이품송처럼 벼슬을 가지고 있는 개체가 있는가 하면, 예천 석송령이란 소나무 개체는 주민등록을 가지고 있다. 소나무는 우리의 정서와 민속생물 자원의 한 가운데에 위치하는 식물종이다. 그런 소나무에게 사회적·경제적으로 크게 주목받는 생태적 사건들이 발생하고 있다. 소나무재선충 및 솔잎혹파리와 같은 병충해에 의한 생물적 생태계 훼손, 그리고 대형 산불에 의한 물리적 생태계 훼손에 따른 소나무림의 대규모 파괴는 곧바로 국부(national wealth)와 개인 경제에 엄청난 피해를 초래한다. 이것은 소나무에 대한 편애와 참나무에 대한 방종으로부터 한반도 자연식생이 크게 변질되었기 때문이며, 지금도 한반도 자연식생의 본질을 왜곡하고 있기 때문이다. 그러나 병충해일지언정 그 씨앗은 남기는 것이 본래의 우리였다.

생명체로서 소나무 : 소나무(*Pinus densiflora* S. et Z.)가 자연적으로 분포하는 입지는 크게 두 군데가 있다. 하나는 산지 암각돌출 입지에서 위극상(僞極相, pseudoclimax)의 지속군락 형태이며, 다른 하나는 산지 모래 하천과 계류의 범람 입지 또는 붕괴사면과 같은 입지에서 물리적인 교란에 따른 선구식생(pioneer vegetation)을 이루고 있다. 따라서 소나무는 두 군데의 생태적 최적 입지를 가지고 있는 셈이다. 이러한 생육환경은 유해광선을 포함한 직사광선, 빈영양(貧營養) 및 수분스트레스 등에 노출되어 있는 열악한 환경조건이다.

현재 산지 비탈면에서 관찰되는 대부분의 소나무림은 인공적으로 육림한 것으로부터 유래하며, 지속적인 관리에 의해서만 유지되는 인공림이다. 이러한 소나무림이 관리되지 않고 방치되면 숲의 구조는 급격히 바뀌어 간다. 방치된 소나무 숲의 숲바닥(林床) 및 수관층 아래의 하층에는 소나무 후계목의 개체가 관찰되지 않는데, 선구식물종의 특징인 그늘이 진 숲 속에서는 발아하지 않기 때문이다. 그 대신에 해당 입지의 잠재자연식생인 낙엽활엽수림을 구성하는 다양한 식물종들이 섞여난다. 식생학적으로 산지 능선부나 산정부의 암각돌출 입지에는 키 작은 소나무 왜생림(矮生林) 또는 듬성듬성한 소림(疏林)이 형성되는 잠재적 생육 입지이다. 산지 비탈면과 같이 토심이 깊고 수분 환경조건이 중용 입지인 곳에서의 잠재자연식생은 참나무를 비롯한 많은 낙엽활엽수종들로 이루어진 숲이 형성한다. 그래서 생태학에서는 소나무를 열악한 환경조건에 잘 적응하면서 살아가는 스트레스 내성종(stress-tolerator)으로 분류하며, 참나무 종류들을 경쟁종(competitor)으로 분류한다.

산지 계곡 속에서 옛날 물길(舊流路)과 현재의 유로 사이에 선구식생으로 자리를 잡은 소나무림

산지 암각지 능선부에서 생육하고 있는 소나무

중산간(中山間) 지대 이상의 산지에는 소나무가 산지 능선부를 따라 분포하며, 비탈면에는 활엽수림이 넓게 발달하고 있다.

소나무는 개마고원 이남의 한반도 남부 지방에 집중되며, 중부지방으로부터 남부지방으로 이동하면서 그 빈도는 증가하는 양상을 보여준다. 학술적으로 소나무의 수평적 그리고 수직적 분포의 중심지를 냉온대 남부/저산지 식생대로 표현한다. 소나무의 이러한 현존 분포 양식을 고려한다면, 지구온난화의 영향으로 소나무의 북한계(北限界) 분포는 고위도 및 고해발 지역으로 확대되어 갈 것이 분명하다.

한반도 고식생(古植生)을 이해하기 위한 화분분석학적 연구에 따르면, 한반도의 소나무류(*Pinus densiflora sensu lato*)는 이미 6,700~4,500여년 전 소나무 시대라고 인식할 수 있을 정도로 그 당시의 식생을 대표하는 삼림식생의 주요 구성종이었다. 그것은 소나무가 우세하게 생육할 수 있을 정도의 자연환경 조건(특히 기후)과

정착 농경(땔감과 건축재료 등의 획득)과 같은 인간간섭 요인의 결과이다. 근세에 와서는 고려의 불교문화와 조선시대의 유교문화의 영향으로 소나무를 의도적으로 조림하고 육림함으로써 소나무 식피면적은 크게 증가하였다. 최근의 지구기후변화에 따른 한반도 지역의 온난-건조(특히 식물에게 수분스트레스 위험성을 증가하게 하는 생육기 동안의 고온건조 시간 및 일수 증가)로 말미암아 소나무 개체군의 분포 확대가 진행되고 있다.

그럼에도 불구하고, 소나무가 향후 100년 이내에 멸종할 수도 있다는 근거없는 가설을 바탕으로 산림당국과 환경당국에 의한 국가적 연구가 진행되고 있다. 이와 같이 소나무에 대한 기초적인 생태적 특성이 무시되면서 산지에서의 조림과 육림이 대대적으로 이루어져 왔다. 1970년대에 들어서면서 수평적으로 소나무가 자연적으로 분포할 수 있는 한반도 중남부 지방에는 소나무 대신에 미국산 리기다소나무(*Pinus rigida*)가 대량으로 조림되었으며, 해안 지역에서는 해송(*Pinus thunbergii*)이 집중적으로 조림되었다. 이러한 조림지에는 소나무 그 자체도 섞여서 심겨져 있는 곳도 흔하게 관찰된다. 결국 우리나라 중·남부 지방의 저해발 삼림식생은 이엽송(二葉松)인 이들 세 종류의 소나무로 이루어진 침엽수림으로 획일적인 경관을 만들고 말았다. 이들 침엽수림은 1960, 70년대에 광범위하게 조성됨으로써 대부분 35~45년생의 젊은 숲이다.

산림 당국은 1988년부터 삼림기본 계획 및 1990년대의 산지 자원화 계획, 1997년 이후의 숲가꾸기 사업, 그리고 최근의 산림과학 기술 기본계획(2005~2014) 등과 같은 국가적 삼림 관리 전략을 추진하고 있다. 그러나 그러한 삼림 관리 전략은 계획, 설계, 시공, 그리고 사후관리에 이르기까지 생태학을 바탕으로 한 매우 구체적이면서 실천적 삼림관리 가이드라인이 마련되어 있을 때, 그 목표에 근접하는 결과를 성취할 수 있을 것이다. 왜냐하면 삼림은 생태계의 복잡성(complexity)과 창발성(emergent property)을 포함하고 있는 대표적인 초생물체(superorganism)이면서 우리나라 자연생태계의 바탕(matrix)이기 때문이다. 다층 구조를 가지고 있는 '숲'이란 우리나라와 같이 온대지역에서의 생태계 보존을 위한 결정적인 바탕이다. 특히 산지가 우세한 우리나라의 자연환경 조건을 고려한다면, 산지 삼림생태계에 대한 생태학적 접근은 핵심적인 국가 생태계 관리 전략일 수밖에 없다. 우리나라 산지를 우점하고 있는 소나무류 단순 조림 및 육림지에 의한 삼림 경영은 그러한 측면에서 매우 불리한 생태적 접근이며, 야생 생물의 입장에서는 매우 불리한 생태계 구조이다. 숲바닥이 훤히 들여다보이는 소나무류 임지에는 야생 생물의 은신처로서 먹이를 획득할 수 있는 곳으로도 활엽수림에 비하여 상대적 매우 불리하기 때문이다. 따라서 소나무류에 의한 단순하고 균질한 조림지와 육림지는 매우 제한된 면적에서만 이루어져야 한다. 인공림과 같이 야생 생물 서식처의 다양성 감소와 생물 종조성의 균질화는 지역의 생태계가 제대로 작동하지 못하도록 하는 생태계 질적 쇠퇴(degradation)의 결정적인 요소이다.

솔잎혹파리와 소나무재선충, 그리고 1990년대 들어서 대형화되고 있는 산불 문제 등은 그러한 균질화된 삼림구조로부터 필연적으로 발생할 수밖에 없는 생태적 사건에 불과하다. 다양성이 없는 균질한 삼림구조는 삼림의 나이가 커지면 커질수록 그 피해양상과 방제는 엄청난 생태적 문제와 경제적 문제를 발생시키며 오히려 골칫거리가 되어버린다. 그것은 소나무림의 재료가 되는 소나무는 생명체이기 때문이며, 생명체는 낳거나 심는 것이 중요한 것이 아니라 기르고 가꾸는 것이 더욱 중요하기 때문이다. 마치 돈을 버는 것이 중요한 것이 아니라, 돈을 벌면 어떻게 쓸 것인가가 더욱 중요한 것과 같다.

[도움글] **위극상**

자연식생은 인간간섭을 완전히 배제한 상태에서 자연환경 조건의 총화로부터 발달하여 궁극적으로 형성하게 된 식생을 의미한다. 그것은 자연림을 대표하는 삼림생태학의 기능적 용어로 "극상림(極相林, climax forest)" 이라고도 한다. 그러나 자연재해 또는 인간간섭에 의해 교란된 식생이 다시 온전한 군락구조와 기능의 자연식생으로 발달해 가는 과정, 즉 극상(군락구조의 동적 평형상태)으로 천이(遷移, succession)되는 과정 속에서 주기적 또는 비주기적인 자연환경요소(예, 한발과 홍수)에 의하여 극상림의 삼림식생으로 발달하지 못하고, 그 입지의 환경특이성에 적합한 형태로 발달하게 되는 지속식물군락(持續群落, persistent plant community)이 있는데 그것을 위극상(僞極相, pseudoclimax, paraclimax)이라 한다. 온대지역의 극상은 모두 다양한 활엽수종으로 이루어진 삼림식생이지만, 입지의 토지적 환경 조건에 의하여 여러 가지 위극상이 관찰된다. 극상 직전 단계인 아극상(亞極相, subclimax)의 범주에 포함된다.

우리나라의 산지 암각지 돌출입지에 자연적으로 발달하고 있는 소나무 소림(疏林)은 대표적인 위극상의 한 형태인데 주기적인 한발에 의해 지속된다. 소나무 소림은 오랜 기간 동안 천이과정을 통하여 활엽수림 특히 졸참나무 우점림으로의 발달이 진행되어야 하는데, 이 진행 과정 속에서 비정기적인 가뭄에 의하여 졸참나무를 비롯한 활엽수림의 주요 구성 식물종들이 수분스트레스를 극복하지 못하고 종숙음(dieback) 현상의 일차적인 피해를 입어 죽게 됨으로써 소나무 개체들이 남아 듬성듬성한 숲을 만든다. 노년기의 한반도 산악지형에서 발달한 삼림식생의 모자이크경관은 이와 같이 건조 입지(거대 암석 노출 돌출 능선부와 산정부)의 소나무림과 사면 중용입지의 활엽수림에 의하여 형성되고 있는 대표적인 자연경관이다. 이와 같은 아극상의 식생은 강한 스트레스 환경조건이 작용하는 입지에서 여러 가지 형태로 관찰되며, 그 형성 기원 또한 자연적 또는 인공적인 것으로부터 유래한다.

소나무재선충과 생태계 안전성 : 산림청과 산림과학연구원(2004)의 자료에 의하면, 소나무재선충(*Brursaphelenchus xylophilus* (Steiner & Buhrer) Nickle)은 1988년 부산 금정산에서 발생하여 1997년 이후로 급격하게 광역적 피해를 발생시키고 있는 실정이다. 금정산 동물원에 수입된 일본원숭이를 수송하기 위해서 이용되었던 송판(松板) 우리(cage)에서 소나무재선충에 감염된 매개곤충 솔수염하늘소(*Monochamus* spp.) 번데기로부터 기인한 것으로 추정하고 있다. 소나무재선충은 사람 몸속에 기생하는 요충과 같은 선충류의 기생충이다. 소나무재선충에 대한 방제는 산림청의 산림과학속보 "소나무 AIDS 소나무재선충병"(산림청과 국립산림과학원 2004; AIDS는 매개체가 없이 감염자의 직접적 접촉에 의하여 전달되는 전염병이지만, 모기에 의한 말라리아 병원체의 전염처럼 소나무재선충은 매개곤충에 의한 전염이기 때문에 전염 메커니즘과 숙주 생물체의 치사 양식에 커다란 차이가 있다. 따라서 소나무재선충은 AIDS에 비유하는 것은 비과학적이다)에서 소개되어 있듯이 발견된 개체에 대한 훈증 또는 소각처리, 일부 화학 제재를 이용한 방제 등으로 이루어지고 있다. 이러한 소나무재선충에 대한 방제 및 구제 방법은 생태계 안전성(ecosystem security)의 측면에서는 매우 불리한 접근 방식이며, 자원 낭비적이다. 감염목과 그 주변 나무들을 전부 벌채해서 소각하고 훈증 처리하거나, 살충제를 공중 살포하는 방법은 생태계 구조와 기능을 무시하는 비생명적인 수단으로 화학제재의 광역성 및 시차성과 같은 이차적인 오염을 야기하는 방법이기 때문이다. 길이가 1mm 이하인 소나무재선충은 다른 선충류와 마찬가지로 소나무에만 존재하는 것이 아니라 토양 속에서도 살고 있기 때문에 그런 방법으로의 지상 감염목에 대한 처리만으로는 진정한 방제가 아니기 때문이다. 또한 이들 피해목에 대하여 소독, 살충 그리고 건조과정을 거치게 되면 유용한 목재로 사용할 수 있는데도 불구하고, 소각처리 해버린다는 것은 대기 중으로 지구온난화 물질인 탄소를 대량으로 방출함으로써 이차적 환경문제를 야기하고 있다. 뿐만 아니라 감염지역에 대하여 그 지역의 기후와 토지적 환경 조건에 가장 잘 부합하는 잠재자연식생의 개념과 생태적 천이 개념을 고려한 삼림 복구 사업이 이루어져야 하지만, 미래에 또 다른 삼림생태계 문제를 잉태할 소지가 있는 단순 수종에 의한 획일적인 조림지로 조성되고 있다.

소나무재선충은 매개곤충 솔수염하늘소, 숙주식물 소나무, 분해자인 곰팡이류와 나무좀벌레류 등과 밀접한 상호관계 속에서 살아간다. 특히 폐가지 폐목 속에서 소나무재선충 유충들의 먹이와 솔수염하늘소 유충들의 먹이는 나무좀벌레류들이 확산시켜준 곰팡이들이라는 대목에 주목할 필요가 있다. 즉, 솔수염하늘소의 유충과 선충의 유충이 살아갈 수 있는 먹이 자원이 되는 "곰팡이에 의해 분해되어 가는 목재"가 존재해야 한다는 것이며, 그런 죽은 나무나 죽어가는 나무가 많다면,

소나무재선충 감염 지역에 대한 무차별적 벌채와 소각은 자원의 낭비와 대기 중으로 지구온난화 물질인 이산화탄소를 대량으로 방출함으로써 이차적 환경문제를 야기하고 있다.

솔수염하늘소의 산란 기회의 증가와 개체 대발생과 그에 따른 선충의 대량 확산이 동반될 수밖에 없다. 또한 소나무재선충의 확산은 그것에 감염된 솔수염하늘소의 이동에 의존하는데, 솔수염하늘소의 이동성은 많은 다른 하늘소처럼 반경 1m 전후이지만, 광역적 분산은 주로 바람이나 인위적인 목재 이동에 의존한다. 따라서 삼림지역에서의 도로와 자동차는 이동성이 약한 생물종의 확산을 촉진하는 벡터로 기여하게 된다. 소나무재선충 감염지역이 도로를 낀 개방 삼림입지에서 흔하게 관찰되는 것도 바로 그런 이유에서이다.

1997년 IMF 외환위기 이후, 공공근로사업 또는 숲 가꾸기 사업의 일환으로 우리나라 전역에서는 산지 삼림에 대한 간벌, 택벌, 가지치기 등이 성행하였으며, 한동안 숲바닥(林床)에 많은 양의 폐가지 폐목들이 방치되어왔다. 산림청 통계자료에 의하면 1997년 이후 남부지방을 중심으로 광역적으로 소나무재선충의 피해가 보고되고 있다. 특히 소나무재선충에 감염된 일부 미확인 개체들까지도 포함하여 폐목 폐가지 정리에 대한 심각한 인식이 없는 가운데 부산과 남부지방을 포함한 도시와 농촌마을 근교에서 그것도 도로 주변에서 크게 성행된 산림 관리는 결국 솔수염하늘소의 대량 발생과 확산을 야기하게 되는 계기가 되었을 개연성이 매우 높다.

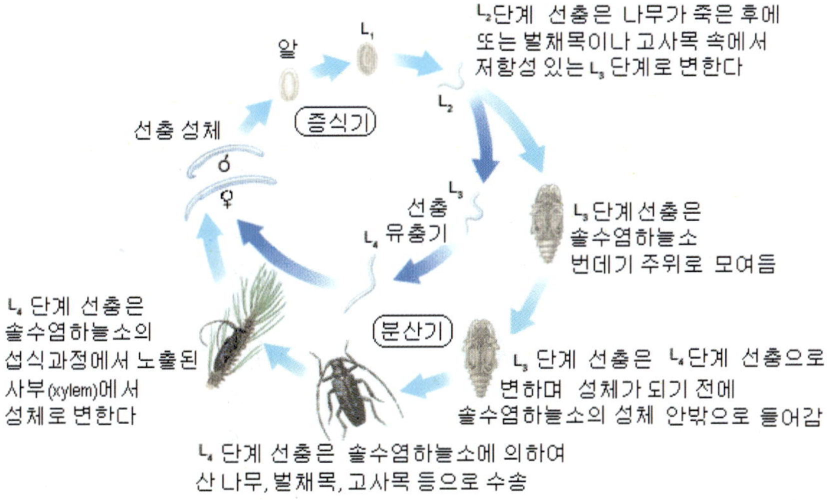

소나무재선충의 생활사(USDA 2005).

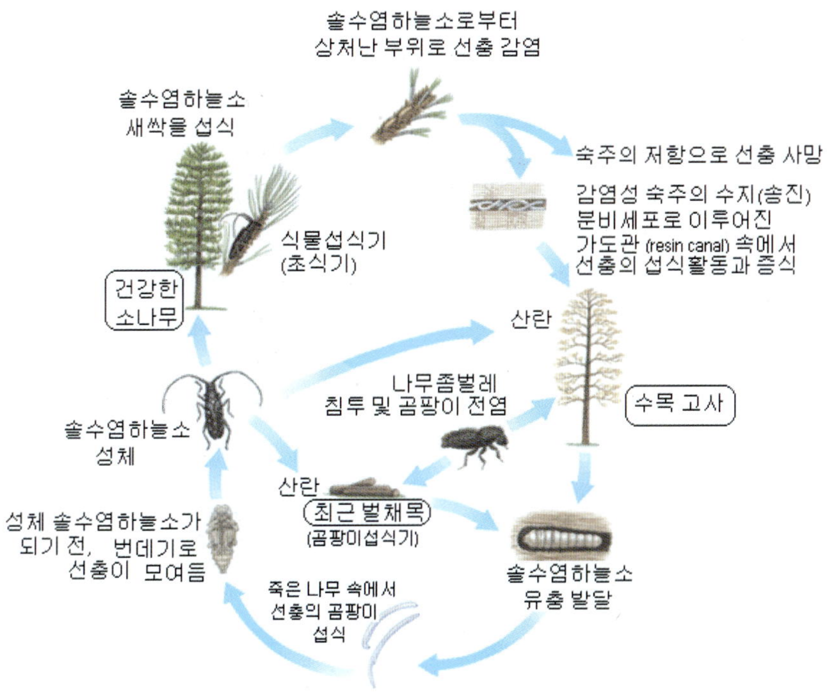

소나무재선충, 솔수염하늘소, 나무좀벌레의 상호관계(USDA 2005).

소나무재선충에 대한 피해 수종은 소나무, 해송(*Pinus thunbergii*), 그리고 일부 잣나무(*Pinus koraiensis*) 등으로 알려져 있다. 특히 외국의 앞선 연구사례에서 우리나라에 널리 조림되어 있는 리기다소나무(*Pinus rigida*)는 소나무재선충에 저항성이 있는 것으로 알려져 있다. 우리나라 리기다소나무는 1960년대에 미국으로부터 도입되어 육묘를 통해 전국적인 사방 식재 및 조림용으로 광역적으로 조림되어 있다. 따라서 우리나라에서 대량 육묘로부터 기원한 리기다소나무 조림개체들은 리기다소나무의 원산지인 미국 동부와 환경조건이 다른 한반도 중남부 지방의 자연환경 조건에서 40여 년 동안 생육해온 개체군이다. 소나무재선충에 저항성이 있는 소나무를 지난 10년간의 인공선택적 연구를 통해 개발한 일본의 사례를 고려한다면, 리기다소나무를 포함한 소나무류의 병해충 저항성에 대한 생태학적 변이성이 인정된다. 또한 미국에 있어서 리기다소나무와 같은 자생 소나무 종에 대해서는 소나무재선충에 의한 피해가 보고되지 않으나, 왜래 소나무(예: 구주소나무, *Pinus sylvestris*) 종에 대한 재선충의 피해는 보고되고 있다.

제주도와 남부지방에서는 프사리움가지마름병(부패균의 일종)과 같이 리기다소나무에 심각한 피해가 보고되고 있고, 따라서 죽어가는 리기다소나무 개체는 소나무재선충의 번식이 가능한 잠재적 서식처이다. 결국 1차적으로 프사리움가지마름병이건 어떤 다른 병에 걸린 리기다소나무 개체들은 2차적으로 소나무재선충에 의하여 완전하게 고사해 버릴 것이다. 마찬가지로 소나무의 경우도 솔잎혹파리나 피목가지마름병 등에 의해 수세가 약해진 나무나 죽어가는 나무들은 이차적으로 소나무재선충에 감염되어 완전하게 고사할 확률은 더욱 높아진다. 소나무재선충에 의하여 발생하는 일차적 피해는 감염목의 직접적인 피해로 고려된다면, 다른 병해충에 의하여 죽어가는 소나무류들은 소나무재선충에 의한 이차적 피해로 이어질 수 있는 개연성이 매우 높다는 것이다. 소나무재선충에 의해 나타나는 피해 정도에 차이가 있을 뿐, 솔수염하늘소는 리기다소나무의 새싹(shoot)도 초식(草食)하기 때문이다. 그럼에도 불구하고 우리나라에서는 리기다소나무를 포함한 소나무류에 대한 소나무재선충에 의한 이차적인 피해에 대하여 주목하지 않고 있는 현실은 생태학의 게으름이다.

최근 농림수산부 산하 농림기술관리센타(2005)에서는 국가 핵심기술개발 사업으로 '소나무재선충 피해 제어기술 개발'이라고 하는 3년간 10억원 규모의 연구사업을 공모하여 진행하고 있다. 그런데 과제제안요구서(RFP)의 기술개발 내용을 보면 '살선충제 개발', '훈증방제 효과제고 기술개발', '천적기생봉 이용기술개발'과 같은 이미 재선충으로 골머리를 앓고 있는 일본이나 다른 국가에서 오랫동안 시도해왔던 연구 범위를 본질적으로 벗어나지 못하고 있다. 즉 생명체인 소나무재선충 연구에 대한 접근이 기존의 틀을 벗어나지 못하고 있는 비창조적 연구를 추진하고 있다. 정말로 소나무재선충에 의한 우리나라 소나무림의 소멸을 우려하고 있다면, 그런 연구 범위를 넘어서는 모든 영역으로부터 자유롭고 창조적인 연구접근이 필요하며, 한국 생태계를 이해하는 모든 분야의 생태학자들의 역량을 총동원해야 할 것이다. 소나무재선충에 의한 소나무 문제는 과거의 관성의 법칙 연장선에서 이루어지는 제한적인 기술개발로 성취될 수 없다. 수십 년 간 지속되어온 살충제의 항공방제에도 솔잎혹파리는 멸종되지 않았으며, 지금도 DDT와 같은 해악을 발생시킬 수도 있는 살충제를 한반도 산야에 항공 살포한다는 것은 매우 비과학적일 뿐만 아니라 무모한 생태계 테러행위에 해당한다. 생태계와 생명의 문제는 생물학적 철학이 가장 본질적이면서 일차적 접근이다. 왜냐하면 모든 생태계 문제는 생태계(생물적 요소와 비생물적 요소의 상호관계로 이루어지는 시스템)의 온전하지 못한 구조와 기능으로부터 기인하기 때문이다.

소나무재선충의 피해지는 현재 특정의 생태적 조건을 가지고 있는 입지에 제한적으로 나타나고 있다. 수평적으로 난온대 상록활엽수림대를 중심으로 집중 발생하고 있으며, 냉온대 남부/저산지대의 일부 저해발 산지에서도 그 발생이 관찰되고 있다. 특히 인간간섭의 영향 하에 있는 마을 주변 경작지 언저리, 무덤 주변 등지, 그리고 남향 또는 남서향 입지환경처럼 온난하면서 건조하기 쉬우며, 특히 수분스트레스에 쉽게 노출되는 토지적 입지환경을 가지고 있는 입지에서 집중적으로 발생하고 있다. 소나무재선충이 발생하고 있는 최북단의 입지는 모두 미지형적으로 또는 수평적 수직적으로 그 생태적 분포가 국지적 온난 건조에 노출되어 있는 입지에 제한되고 있으며, 겨울 기간의 추위(최저 기온)에 따라서 분포 확대에는 한계가 있다.

소나무재선충 문제를 통해서 본 우리나라 관계 당국의 자연생태계 관리에 대한 최소한 생태학적 고려는 다음과 같이 제시된다:

- 산지가 많은 우리나라의 삼림 경영은 생태계 온전성을 일차적 목표로 해야 하며, 이차적으로 생태계 자원에 대한 지속가능한 이용을 고려한 제한된 면적에 대하여 획일적인 임업 경영정책을 추진해야 한다.
- 어떤 병해충일지라도 한반도에서 그 자체를 멸종시켜야 할 박멸의 대상이 될 수 없으며, 공존의 대상이다.
- 기존의 어떤 화학적 방법에 의한 방제 또는 구제도 생태적 안전성(ecological security)을 확보할 수 없으며, 오히려 자연생태계 속에 화학제재의 생물농축(biological magnification)만을 강화시킬 뿐이며, 토양과 수계의 총량적 오염만이 가중될 뿐이다. 특히 항공방제만은 즉각 중지해야 한다.
- 생태계와 생명의 문제는 일차적으로 생물학적 원인 규명과 이해를 바탕으로 해

야 한다. 말라리아와 에이즈가 다르듯이 소나무재선충과 솔잎혹파리는 근본적으로 다른 생물학적 사건이다.

- 방제와 구제를 적용할 타이밍까지도 적시하면서 한반도적 자연환경 조건에 대응하는 매우 구체적이고 해상력 높은 현장생태계 사후관리 매뉴얼을 구축해야 한다.

[도움글] 생태계의 안전성, 안정성, 온전성, 건강성, 저항성, 복원성

생태계 안전성(ecosystem security)은 생태계 온전성, 생태계 건강성, 생태계 안정성, 생태계 저항성 또는 취약성, 생태계 복원성 등을 포함하는 통합적 용어로서 인간간섭이나 자연적 교란 현상에 따르는 해당 생태계의 특성을 나타내는 *생태계 동태학*(ecosystem dynamics)의 주요 주제이다. 생태계 안전성에 관련하여 생물군집(또는 생물다양성)과 물리적 환경과의 상호작용에서 핵심적인 *생태계과정*(key ecosystem process)은 다음과 같은 내용을 포함한다: 에너지 전이; 생체량 생산; 탄소, 질소, 기타 영양소의 순환; 물의 이동(Chu and Karr 2001). *생태계 온전성*(ecosystem integrity)은 생물군집의 보전에 중요하다. 생태계 온전성은 생태계가 완전하고 기능적인 조건을 말한다. 인간 활동에 의하여 훼손되어왔고, 몇몇 생물종이 유실되었을 뿐만 아니라 폭풍우 이후에 물을 보유했다가 천천히 방출하는 능력과 같은 어떤 생태적 과정들을 유실해버린 생태계는 온전성의 어떤 부분을 잃어버린 것으로 평가한다.

생태계 과정들이 정상적으로 기능하는 생태계는 인간의 영향이 있건 없건 간에 *건강한 생태계*(healthy ecosystem)로 고려된다. 많은 경우에 얼마의 생물종을 유실한 생태계라 할지라도 건강한 상태로 남아 있는 경우가 있는데, 그것은 생태적으로 유사한 생물종에 의하여 그 역할이 종종 대신 수행되고 있기 때문이다. 똑같은 상황으로 유지될 수 있는 생태계들은 *안정한 생태계*(stable ecosystem)로 고려된다. 이 생태계들은 교란이 없거나 교란에 직면해서도 안정한 상태로 유지될 수 있는 어떤 독특한 특징을 가지고 있는 경우로서 안정된 상태를 유지한다. *생태계 저항성*(resistance)은 교란이 진행되고 있을지라도 똑같은 상태로 지속할 수 있는 능력을 말한다(예, 기름유출에도 불구하고 어떤 강 생태계가 본래의 주요 생태계과정을 유지하고 있는 경우). 반면에 *생태계 복원성*(resilience)은 교란이 발생한 후에 신속하게 원래의 상태로 되돌아갈 수 있는 특질을 의미한다(예, 기름 유출에 의해 오염이 되고 많은 동물과 식물들이 죽게 되는데, 어떤 특별한 강생태계는 2년 만에 원래의 상태로 되돌아오는 경우)(Primack 2006).

산불과 함께하는 한반도의 자연

산불로 민둥산이 되어버린 동해안 칠포지역

산불과 소나무는 한반도의 자연유산이오, 극복의 대상이다. 그러나 어떻게 극복할 것인가는 생명적 생태적 문제이지, 경제적 금전적 문제가 아니다. 좁다고 느끼는 한반도는 지역에 따라 자연환경 조건의 차이는 크다. 그 가운데 동해안 지역과 영남지역은 소나무, 금강송을 품은 민속식생지역이다. 그러나 국토에 잔존하는 자연식생에 대한 식생지(植生誌)가 없는 가운데 국가 생태계 자원에 대한 온갖 관리정책이 진행되고 있다. 역사책도 없이 미래를 대비하는 것과 같다.

1990년대 들어서 동해안 연안 산악지역에서 대형 산불이 연례행사처럼 발생하고 있다. 매년 봄철 최대 환경 사건으로 계속 기록되고 있는데, 그것은 우리나라 삼림 역사와 무관하지 않다. 약 50여년(1950년~2000년) 만에 우리나라 산지는 녹색혁명으로 일컬어질 만큼 민둥산을 푸른 삼림으로 가꾸어 왔다. 그 만큼 산림이 양적으로 팽창하였다는 것이며, 그것은 곧바로 산불이 난다면 그 피해가 막대해진다는 것이다. 임령이 어린 숲에서의 산불은 진화도 용이할 뿐만 아니라, 양적 피해 또한 광범위하지 않다. 그러나 과거에도 현재에도 그리고 미래에도 동해안 연안 산악지역과 영남지역은 산불의 원인이 사람의 실수이건 자연적이건 간에 분명 한반도 여타 지역에 비해서도 산불이 빈번하게 일어나며, 더욱이 산불과 함께 하는 지역 문화를 가지고 있다.

남북으로 펼쳐진 한반도의 땅 형상에서 태백산맥과 소백산맥의 배후지에 위치하는 동해안 연안 산악지역과 영남지역은 뚜렷한 비그늘(rain shadow) 현상을 보여주고 있는 계절적 그리고 시간적 가뭄을 경험하는 자연환경 조건을 가지고 있다. 뿐만 아니라 특히 동해안 연안 산악지역으로 넘어온 온난건조한 계절풍은 동해로부터 공급되는 거대한 차가운 공기 덩어리와 만나게 됨으로써 소위 양간지풍(양양과 간성 지역의 강한 바람)을 만들게 되는 것이다. 그것도 편서풍이 우세한 봄철이면 아주 심한 국지적인 강풍이 빈번하게 발생한다. 동해로부터 직선거리로 30km 이내에서 융기에 의해 치솟아 오른 산들은 급한 경사를 가지고 있음으로써 짧은 구조의 계류와 하천을 가지고 있는 것도 국지적인 토양 한발을 더욱 가속화하게 하는 원인이기도 하다. 따라서 동해안 연안 지역이나 영남 내륙 분지 지역의 생태계는 타 지역에 비하여 분명히 산불이 발생할 빈도가 높으며, 그에 따라서 이 지역에서의 생태계 교란 요소로서의 불의 의미는 매우 지대하다.

이와 같은 동해안 연안 산악지역과 영남지역에서의 주요 식생자원의 하나는 바로 그와 같이 불과 밀접한 상호관계를 가지고 있는 두 종류의 소나무(소나무 *Pinus densiflora*와 금강송 *P. densiflora* for. *erecta*)이다. 현지 내 토양 속의 탄화 알갱이 및 노거수 개체의 수간 기저부를 면밀히 관찰해 보면 이들 지역에서의 산불은 평균 50년에 한번 이상의 산불을 경험해 왔으며, 동해안 산악지역에서 백두대간을 넘어 서쪽 내륙으로 이동하면서 산불의 빈도(80~100년)는 더 낮다. 동해안 연안지역과 영남지역에서의 소나무는 소나무의 개체 유전적 생태분포 특성으로부터 이 지역의 자연환경 조건에 대응하는 주기적이면서 지속적인 산불에 의해 넓은 면적을 피복하고 있는 이차림 또는 대상식생(substitute vegetation)의 인공림이 널리 분포하고 있다. 즉, 이 지역에서의 낙엽활엽수림으로의 진행천이가 산불이라는 교란요소에 의하여 반복적으로 소나무 이차식생 또는 대상식생으로 널리 현존하고 있는 경관이다.

1993년 4월 18일에 발생한 포항 지역의 산불은 이 지역에서 사방 조림사업이 이루어진 후 30여 년 만에 발생한 최대 규모의 산불사건으로 삼림 소실은 물론 재산과 인명 피해까지 발생시킨 매우 큰 재해로 기록되고 있다. 그로부터 동해안 연안 산악지역에 연접하고 있는 양양, 고성, 속초, 동해, 삼척, 울진 등지에서 산불은 그 규모와 피해양상이 매우 막대하였다. 급기야 2000년의 삼척, 울진 지역의 산불지역에 대해서는 '재난선포'가 내려질 만큼 그 피해는 대단하였다. 현재 이 지역의 산화적지(山火跡地)에서는 막대한 예산으로 대규모 복원 사업이 진행되었으며, 지금도 진행되고 있다. 산불 피해지에 대한 산화적지 복원 사업(사례: 울진)을 살펴보면, 크게 세 가지로 대별할 수 있는데, 경관조림, 생태조림, 송이복원 조림이다. 이것은 (i) 산불이 발생하기 전의 지역 경관으로의 복원과 (ii) 지역의 자연환경 조건에 부합하는 생태적 복원(산화지 방치에 의한 자연복원과 사방복구도 포함), 그리고 (iii) 지역경제에 도움이 되는 삼림자원(송이와 목재) 생산 기반으로서의 삼림복원으로 이해할 수 있을 것이다. 따라서 세 가지 범주에 의한 복원이라는 측면에서 크게 진일보한 전략이라 할 수 있다. 그러나 현장에서 성취되고 있는 복원사업은 실질적으로 매우 비생태적이며, 낭비적이고, 비지속적이며, 그리고 세 가지 복원범주에 대한 목표 성취도(成就度)마저도 의심스러울 정도로 심각한 문제점을 내포하고 있다. 특히 산불이라는 생태적 기작을 근본적으로 내재하고 있는 동해안 연안 산악지역에서 소나무류와 참나무류의 모자이크 식생 배분의 재창조(re-creation)는 근본적으로 성취되지 못하고 있다.

산불피해지의 생태적 복구

수종선정 문제 : 2000년 산불 피해지의 복구 조림에 이용되었던 수종별 내역을 보면, 위의 세 가지 복원 범주를 성취할 수 있는 수종은 송이복원을 위한 금강송 조림과 생태조림으로 이용된 일부 해송과 상수리나무에 지나지 않는다. 반면에 메타세코이아, 배롱나무, 모감주나무, 이팝나무, 복자기, 잣나무, 전나무, 자작나무, 백일홍, 느티나무, 중국단풍, 단풍나무, 리기다소나무 등등이 대단위로 조림되었다. 이 가운데, 냉온대 북부/산지형 또는 아고산 식생지역을 특징짓는 잣나무, 전나무, 자작나무가 가장 많은 본수와 면적으로 조림되었다. 이들 조림 수종들 대부분은 이 지역의 잠재자연식생(냉온대 남부/저산지 식생지역)과 전혀 상관없는 외래종(外來種), 외지종(外地種), 속성수종들로 이루어져 있으며, 조림 입지의 군락생태학적 자생종(synecologically native species)은 아니다. 이것은 식물체를 시간이 경과함에 따라 성장하는 생명체라는 점을 고려할 때, 이러한 속성수(수명이 짧음) 조림수종에 의한 삼림의 발달은 시간이 경과하면서 오히려 보다 큰 생태적 문제점을 발생시키는 애물단지를 재조성하는 형국이 되고 만다. 더욱이 식물종의 선정뿐만 아니라 식재종의 식재방식에서도 향후 일어날 산불에 대응하는 생태적 고려가 전혀 이루어져 있지 않다. 단적인 예로 이 지역의 대표적인 활엽수종이면서 산불에 강한 굴참나무를 비롯한 신갈나무, 졸참나무, 떡갈나무 등의 '참'나무류는 배제되었으며, 우리나라 숲정이(부락 배후 산지에 인공적으로 조성되는 밭과 같은 삼림) 식생으로

7호선 국도변의 산불피해지 복구. 선정된 조림수종 및 식재방법의 개선이 필요하다.

이용되고 있는 참나무종류의 하나인 '상수리나무'만이 조림에 이용된 유일한 참나무종이다.

고전적 조림식재 방법의 문제 : 조림 수종으로 이용된 개체들은 모두 한 개체(포기)로 줄지어 심겨져 있으며, 심지어는 식재된 개체들이 거의 모두 보조 버팀목에 의해 지지되고 있을 정도로 큰 개체가 심겨져 있다. 이것은 생태적 복원이라 할 수 없다. 우리나라 강풍지역이라 할 수 있는 동해안 연안 산악지역에 어린 개체(생태적 적응이 빠르며, 단가가 낮으며, 버팀목과 같은 부가 경비가 들지 않음)에 의한 다발 식재(경쟁과 자가솎음 self-thinning을 유도)가 전혀 적용되지 않았으며, 1960년대의 조림 방식과 똑같은 특정종의 한 개체(포기)에 의한 한 줄 세우기식의 종래의 조림방식이 그대로 답습되고 있다는 것이다.

방치라는 생태복원의 문제 : 산화 적지에 대한 생태복원의 한 방법은 입지의 자연환경 조건에 부합하는 자연식생의 복원을 유도하고자 하는 '방치'이다. 이러한 방치라는 방법은 지역의 생태계 온전성을 회복하는 데에는 최고의 전략이지만, 시간이 오래 걸리며 주변에 핵심개체군(core population)의 존재와 건전성에 따른 전이개체군(metapopulation)의 질적 특성에 크게 영향을 받기 때문에 매우 신중한 접근이 요구되는 생태적 접근이다. 따라서 산불 피해지의 피해목의 식물종에 따라

옐로우스톤국립공원의 대표적인 소나무 *Pinus contorta*의 피해목 방치와 자연적 재생. 이곳에서의 자생종 소나무 식생의 방치는 최선의 선택이지만, 우리나라 동해안 지역의 아까시나무림의 산불피해지역에 대한 방치는 매우 위험한 복원 전략이다.

방치 대상 입지의 선정과 사후 관리에 심도 있는 배려가 수반되어야 한다. 2000년 4월 삼척지역에 발생된 산불(산림피해면적 23,794ha)이 국도 7호선을 따라 남하하여 울진군 북면 지역의 소나무림, 해송림, 아까시나무림에도 피해를 입혔다. 현재 산불 피해지에 대한 방치는 아까시나무림 피해지역에도 적용되고 있다. 그러나 아까시나무림은 방치해서는 안된다. 토양 속에서 호흡을 하는 질소고정박테리아(종속영양생물)와 공생하는 아까시나무(독립영양생물)는 성장함에 있어서 지하부 근권(根圈)이 지표면 가까이 얕게(淺根性) 퍼져나갈 수밖에 없다. 따라서 아까시나무가 성장하면 할수록, 특히 동해안 해성층의 이암 또는 사암이 발달한 지질적 구조위에 조성되어 있는 아까시나무 조림은 노령(약 30년 이상)의 개체가 되면 될수록 도목(倒木)의 가능성은 매우 높다. 그러므로 산불에 의한 피해지에서의 아까시나무 고사목의 방치는 입지의 지질적 토양적 환경과 집중호우 및 돌풍이라는 국지적 기후환경에 맞물려 도목과 산사태를 일으키게 되는 이차적 피해가 발생될 우려가 매우 높으며, 그러한 징후는 여기저기에서 관찰되고 있는 실정이다. 미국 옐로우스톤국립공원의 "산화재에 대한 내버려두기"가 우리나라 생태학계에 큰 반향을 일으키고 있고, 생태학적 가장 유리한 생태계 관리(복원)의 한 방법으로 교과서에 등장하고 있지만, 그것은 옐로우스톤국립공원의 산화생태계를 특징짓는 소나무류 *Pinus* *contorta*에 대하여 적용되는 하나의 사례이다. 옐로우스톤국립공원은 화산활동이 활발하게 진행되고 있을 뿐만 아니라, 주기적 또는 비주기적 산불이 이 공원구역 내의 주요한 생태적 기작으로 작용하고 있다. 따라서 옐로우스톤국립공원에는 새로운 서식처 또는 어린 서식처가 넓게 발달되어 있기 때문에 선구식생으로 *P. contorta*림이 공원 면적의 70%를 차지하면서 우점하고 있다. 즉 불을 종자발아 개시 사인으로 삼는 만생(serotiny, cf. aestival 조생?)의 소나무는 옐로우스톤국립공원의 산화적지 재생에 가장 중요한 생태적 복원의 핵심이며,□□방치라고 하는 생태계 관리는 이 국립공원에서는 가장 이상적인 생태적 복원 기법이라 할 수 있다. 1988년 8월에 발생한 옐로우스톤국립공원의 대화재는 121,456.49ha를 태웠으며, 지금도 대부분을 방치하는 관리가 진행되고 있다. 그러나 동해안 연안 산악지역 생태계에서의 외지(外地) 및 외래(外來) 식물종인 아까시나무에 대한 산불피해 복구전략으로 방치를 선택하는 것은 매우 위험하며 부적절하다.

[도움글] 핵심개체군과 전이개체군

주어진 공간 속에는 복수의 개체군들이 분포하고 있다. 그 개체군 가운데 이웃하는 개체군에게 구성분자를 공급하는 핵심개체군(또는 소스개체군, **source population**, core population)이 존재하며, 이웃하는 개체군으로부터 이주해 오는 개체들로 변동하는 위성개체군(또는 **싱크개체군, sink population**, satellite population)이 있다. 위성개체군들 가운데에도 어떤 개체군은 시간의 흐름에 따라 국지적으로 절멸될 수도 있고, 근처의 다른 적절한 장소에 새로운 개체군을 형성할 수도 있는데, 불안정하고 변화가 심한 서식처에 사는 많은 종들은 이주나 분산과 어느 정도 연관된 이동성의 모자이크형 개체군을 형성하는데, 이것을 **전이개체군**(메타개체군 **metapopulation,** 개체군들 속의 개체군)이라 한다(Hanski and Simberloff 1997, Akçakaya *et al.* 2004).

임도 문제 : 임도(林道)는 우리나라 삼림 경영에서도 필수적이라 할 수 있다. 특히 독일과 같은 자연환경 조건을 가지고 있는 지역에서의 임도는 매우 효과적이고 결정적인 산림경영 수단이다. 그러나 우리나라에서 특히 동해안 연안 산악지역에서의 임도는 매우 면밀 주도한 접근이 요구되며, 극히 제한적인 개설만이 가능할 것이다. 독일은 지금으로부터 1만 3천 년 전까지도 거대한 빙하 아래 위치하는 땅이 국토의 대부분이기 때문에 독일 남부에 위치하는 융기 산악지역인 유럽 중앙알프스(스위스, 오스트리아, 프랑스, 이탈리아 등의 국경)를 제외하고는 완만한 구릉 형태 또는 대지 형상을 하고 있다. 즉 남부 독일지역을 제외하면 경사가 완만하여

임도를 가로지르는 산불 피해지역

토지 이용에 매우 유리하며, 특히 연간강수량이 800~1,000mm 이하이면서 그것도 연중 강우량 분포양식(일부 Carpathian산맥 지역을 제외)이 고르기 때문에 빈번한 집중 호우 및 태풍을 경험하는 우리나라와 극명하게 대비가 된다. 따라서 알프스 지역의 눈사태는 발생해도 산사태와 같은 임도에 의한 이차적 파괴는 거의 발생하지 않는다. 우리의 상황과 완전히 다르다.

동해안 연안 산악지역의 산불은 앞서 언급한 지역적 자연환경 조건으로 말미암아 2,000m 폭을 가진 하천권역을 가로질러 확대되어 가는 양상까지도 발생함으로써 폭 4m 이하의 임도는 방화벽으로서의 기능과 산불진화를 접근로로서는 사실상 불가능하다. 오히려 삼림지역에서의 임도는 서식처 단절, 가장자리효과, 토양침식 및 병충해 확산, 그리고 이차적인 탐방객 유인효과와 개발 압력 등의 보전생물학적, 생태경제학적 폐해가 훨씬 큰 것으로 지적되고 있다. 1988년부터 시작한 산림기본계획에 따르면 매년 1,000 km의 임도 건설(1992년에 4,800km, 1998년에 16,000km, 2040년에 56,000km; 임업연구원 1999)을 통하여 임업경영기반을 조성하는 것으로 되어 있으나, 이러한 임도의 개설은 생태계 보전지역 내에 건설한 관광도로와 마찬가지로 생태계의 조각화에 주된 요인으로 작용하기 때문에 입지선정에 신중해야 한다. 적어도 우리나라 동해안 연안 산악지역에서 산불에 대응하기 위한 더 이상의 임도 개설은 과학적 논리로서 부적절하다.

현재의 산림식생은 1960년대 중반 이래로 시작한 치산녹화사업과 입산금지 등의 보다 적극적인 자연 회복 시책의 결과이며, 1950년대 중반에 이르기까지 극도로 파괴된 산지 생태계의 삼림 회복에 큰 성과를 얻은 것으로 평가되고 있다. 1970년대 이후 경제 성장에 따른 아궁이 개량과 대용연료의 개발, 그리고 지속적인 '입산금지' 등의 일련의 정부 시책에 의하여 파괴 요인이 크게 감소되었으며, 우리나라의 산지는 '녹색혁명'이라 일컬을 만큼 국토 녹화 사업은 성공적이었다. 그러나 산지 삼림자원화 목표에 따라 산야가 획일적인 단순 조림지(造林地) 생태계로 지속적으로 관리되어옴으로써 그 질적(質的) 문제를 발생시킨 것이다.

사시나무류(*Populus* hybrids), 아까시나무(*Robinia pseudoaccacia*), 산오리나무(*Alnus hirsuta*), 소나무류(*Pinus densiflora, P. rigida, P. koraiensis* 등), 낙엽송(*Larix kaempferi*) 등은 사방, 조림용으로 가장 널리 이용된 수종들이다. 일부 자연 보호구역을 제외한 대부분의 산지(숲정이 포함)가 신속한 식피의 회복과 경제적 목적으로 이러한 외래수, 속성수, 경제수에 의해 넓은 면적이 식재되어 있다. 특히 게릴라 번식을 주로 하는 아까시나무를 이용한 인공적인 조림 면적의 양적 팽창은 자연식생으로의 발전을 위한 조림지의 질적 개선에 방해가 되고 있다(조와 김 2005). 소나무류를 제외한 이들 식재종들은 대부분 수명(약 40~50여년)이 짧은 종이면서 그에 비례하여 뿌리의 생육형태가 천근성(淺根性) 또는 지표면 가까이 얕게 발달하는 종들이다. 따라서 이들에 의한 집중적 식재가 이루어진 후 약 40~50년이 경과한 2000년대에는 산지 조림입지에서의 산불 및 집중 호우 그리고 태풍과 같은 재해에 의한 대형 생태계 교란이 발생할 가능성이 크게 증가하고 있다. 뿐만 아니라 일반적으로 참나무류를 포함한 지역 고유의 활엽수종에 비하여 이들 조림 수종들의 수자원 보지시간은 상대적으로 매우 낮음으로써 집중호우에 따른 지표수 유출에 대한 완충능력 또한 낮기 때문에 연쇄적 물리적 입지훼손(침식과 붕괴에 따른 표층토 유실)이 대형으로 발생하며, 토지의 수자원 저장 기능 또한 점점 쇠퇴되어 간다. 그런 관점에서 리기다소나무 조림지는 참나무림에 비하여 한반도의 토지환경에 대한 생태적 기여도는 매우 낮은 인공림이다. 1990년대의 산지 자원화 촉진 정책에 따른 단위면적당 임목축적량 증가(1992년 $42m^3$/1ha에서 1998년 $59m^3$/ha; 임업연구원 1999)는 산불재해에 따른 피해가 막대해지며, 특히 봄에 집중적으로 발생하는 국지적 한발에 의하여 초기생육 기간 동안의 산불에 의한 식생과 서식처의 생물적 물리적 훼손(특히 seed bank)이 매우 치명적으로 발생하고 있다. 따라서 산지자원화 촉진 정책과 더불어서 우리나라 자연환경 조건에 부합하는 삼림에 대한 생태적 관리와 경영이 병행될 필요가 있음을 알 수 있다.

우리나라에서 소나무(*Pinus densiflora sensu lato*)는 크게 세 가지 관점에서 결코 그 중요성을 간과할 수 없다: (i) 민족식물적(ethnobotanical) 심미적(aesthetic) 가치가 지대한 종이며, (ii) 한반도 자연환경 조건에 가장 잘 부합하는 잠재 자연식생의 구성 식물종 가운데 하나이며, (iii) 자원적 가치가 극히 우수한 식물종이다. 그 가운데 태백산맥에 분포중심지를 가지고 지역 생태계의 바탕을 형성하고 있는 금강송과 소나무, 그리고 동해안 연안의 해송은 국가적 산림 자원식물로서 지역의 자연환경 조건과 산불로부터 선택되는 최고의 식물종들이다. 그렇다고 이들 식물종에 의한 단순 조림지의 확대는 바람직하지 않다. 참나무림과 소나무림의 조화이다. 참나무림과 소나무림의 공간적 모자이크 배분을 통하여 삼림생태계의 다양성을 확보하는 것이며, 삼림이란 다층구조의 서식처의 다양성을 확보할 수 있다.

동해안 연안 산악지역을 포함한 우리나라에는 삼국유사 또는 삼국사기와 같은 현존하는 자연식생에 대한 온전한 역사적 기록물이 없다. 한국식생지(Vegetation of Korea)도 존재하지 않는다. 이것은 우리나라 국토에 잔존하는 모든 유형의 자연식생을 포함하는 현존식생(actual vegetation)에 대한 기록물이 없다는 것을 의미하며, 그런 가운데 국가 생태계 자원에 대한 온갖 관리정책이 진행되고 있다. 특히 우리나라의 자연생태계의 대표적인 바탕(matrix)은 분명 다층구조를 가지고 있는 삼림식생이지만, 그러한 삼림식생에 대한 온전한 '식생지' 조차도 없다. 즉 역사책도 없이 현재와 미래를 대비하고 있는 형국이다. 국가 인적자원의 관리를 위하여 주민등록표가 필수적이듯이 국가 식생자원의 관리를 위하여 그러한 한국식생지는 필수적이다.

소나무는 생명체라는 것을 철두철미하게 인식할 필요가 있다. 생명체를 잉태하고 낳는 것만큼이나 중요한 것이 '어떻게 가꾸고 키울 것인가'이다. 잘못 성장하고 커져 있는 생물체는 그것을 바로잡기에 엄청난 비용이 수반된다. 그것은 바로 생태경제학적 손실이며, 생태학적 격물치지에 대한 게으름으로부터 비롯된다고 결론지을 수밖에 없다. 우리나라 삼림생태계에 대한 통합적인 생태학적 접근(integrated ecological approaches)이야말로 보다 온전한 한반도 자연생태계를 후손에 물려주는 첩경이다.

생태계와 도로 문제, 어떻게 풀 것인가

야행성 고슴도치를 위해 야간통행을 조심해 달라는 스위스 산간마을의 포스터

사람에게도 야생동물에게도 길은 필요하다. 사람의 길과 야생동물의 길은 서로를 배려함으로써 공존이 가능하다. 그러나 야생을 무시한 도로는 생물다양성에 대한 "생태적 소멸"(ecological extinction)을 초래할 수 있는 가장 적극적인 인간간섭 행위이다. 야생과 사람의 어우러지는 생태적 도로 건설은 불가능한 것일까?

21세기는 생물자원에 대한 정보와 이용 기술에 대한 지적재산권(UN의 생물다양성협약의 최대 쟁점 사안)이 지대한 관심사로 등장하고 있다. 특히 첨단과학과 도시문화생활의 양식이 진행되면 될수록 녹색갈증 해소를 위한 요구도(needs)는 크게 증가하고 있기 때문이다. 그래서 그 지역의 기후적·토지적 자연환경 조건 속에서 저절로 생육하고 있는 자연자원에 대하여 소위 BT산업이라고 하는 새로운 산업 패러다임이 구축되기에 이르렀다.

자연자원은 인류를 위한 잠재적 자원으로 이용될 무한한 정보를 내재하고 있다. 이러한 자연자원은 생물학적 영역으로 생물종 또는 유전자 다양성, 그리고 생태학적으로 생태계 다양성이라 표현되는 생물다양성(biodiversity)을 의미한다. 이러한 자연자원인 생물다양성에 대한 궁극적인 유실은 인류의 지구환경 간섭으로부터 발생되며, 크게 세 가지로 그 원인을 진단하고 있다: (1) 토지(land surface)의 과도한 이용과 변형, (2) 질소고정 작물의 과도한 경작(식량생산)에 따른 질소순환체계의 생물적 물리적 혼란, (3) 산업 활동에 의한 탄소순환의 지구 대기환경 시스템의 혼란.

이 가운데 생물다양성에 대한 가장 직접적이고 비가역적인 일차적 훼손 또는 유실은 토지의 무분별한 이용과 과도한 개발에 있다. 뿐만 아니라, 생물다양성 유실에 대한 일반적 이해는 지구적(global) 또는 지역적(regional) 그리고 국지적(local) 수준의 제한된 면적 범위 내에서의 멸종위기종 또는 희귀종을 고려하고 있다. 그러나 실질적으로 생물다양성에 대한 "생태적 소멸"(ecological extinction)은 지구 환경과 생태계의 지속가능성 확보에 가장 심각하고 치명적인 원인으로 작용하고 있다.

[도움글] 생태적 소멸(ecological extinction)

현재 어떤 생물종이 존재하고 있다할지라도, 각종 원인(환경오염, 서식처의 질적 저하 및 훼손, 먹이의 부족, 개체수 빈약에 따른 근친교배 등)에 의하여 개체군(population, 집단) 내에서 생태적 역할을 수행하지 못할 뿐만 아니라 가까운 시일 내에 멸종하게 되는 현상을 의미한다. 예를 들면 동물원에서 사육되고 있는 호랑이는 야생상태에서의 잔존하는 개체수를 고려할 때, 사실상의 생태적 소멸 상태인 것이다. 오늘날 개체군 크기(개체수)가 작음으로써 생태적 소멸에 처해져 있는 생물종들이 많으며, 이들 생물종에 대하여 적색목록(red data)을 작성해 두고 있다.

우리나라처럼 인구밀도(472명/km^2; 세계 평균의 약 10배, 선진국의 약 20배의 수준)뿐만 아니라, 도시생활 인구 비율(전 국민의 약 82%, 세계 평균 47%보다 훨씬 높으며, 선진국 76% 보다 약간 낮음)이 높은 지역에서 필연적으로 발생되고 있는 심각한 수준의 토지개발 요구도를 인정하면서도 그에 따른 각종 도로(길)의 건설에 따른 생태학적 제문제점을 살펴보고 그 대안을 모색하는 지혜로운 국토 이용이 요구된다.

도로건설은 '토지(land)'라는 자원으로서 생물학적 서식처에 대한 인간간섭의 한 형태로 규정되며, 인간의 문화적 활동의 필수적 요소로도 고려된다. 따라서 "자연과 사람이 어우러진 개발"의 명제에서 도로건설에 대한 생태적 고려와 접근은 매우 중요하다. 그것은 개발의 전제 조건이며, 다음 세 가지로 요약된다: (1) 생물다양성(야생생물)에 대한 인류적 동의와 윤리적 배려, (2) 한반도의 야생생물의 보금자리로서의 '자연식생'의 특성, (3) 생물다양성의 최대 위협요소로써의 서식처 조각화.

우리는 인류문화사적 차별성에도 불구하고 야생하는 생물자원을 포함한 자연자원에 대하여 공통적으로 동의하는 다섯 가지의 명제가 있다(Primack, 1995).

(1) 생물다양성이란 좋은 것이다: 인간은 타고난 녹색갈증의 유전적 본능을 가지고 있으며, 그것으로부터 발생하는 수준을 달리하는 생물산업(제약, 농업, 임업, 어업, 동물원 및 식물원, 생태원, 유전공학, 의학 등)은 인류를 행복하게 하는데 크게 기여하고 있다. 생물다양성의 잠재적 가치가 무궁무진한 것으로부터 기인한다.

(2) 생물 종이건 개체이건 또는 생태계이건 궁극적으로 사라져간다는 것은 나쁜 것이다: 어떤 지역에서의 종, 개체, 생태계의 유실은 그 속의 생물간 상호관계에 혼란을 초래하는 기능적 요소로 작용한다. 특히 핵심종 또는 핵심생태계의 소멸은 급작스런 생물공동체의 소멸 또는 생물종의 유실을 초래한다. 현재의 생물공동체 기능과 구조는 장구한 시간에 걸쳐 진화해온 생물간의 상호관계로부터 기인한다.

(3) 생태적 복잡성은 좋은 것이다: 야생에서 관찰되는 생물종간의 기능적 구조적 상호관계 (포식-피식 먹이사슬, 유기영양분 먹이사슬, 부패먹이사슬 등) 및 생태적 과정(ecological process)은 매우 복잡하며, 그것은 지구환경과 생태계의 생태적 안전성(ecological safety)을 보장한다.

(4) 진화는 좋은 것이다: 생물적·무생물적 환경조건에의 적응은 진화의 기본 동력이며, 그것은 생물의 다양성을 증가시킨다. 그러므로 생명복제와 같은 무성생식에 의존한 자본주의적 지구환경 접근은 배제되면서, 가장 고전적이지만 가장 온전한 형태로 유지되는 유성 생식은 존중되고 있다.

(5) 생물다양성은 본질적 가치를 소유한다: 현재의 물질적 금전적 가치 이외에도 생물다양성은 "간접적 가치와 생태계서비스(ecosystem service) 기능"은 매우 지대하다. 그것은 지구환경을 인류의 부양시스템으로서 지속성을 보장하게 한다.

특정 지역에 있어서 생물다양성은 야생 생물종의 서식처로서 그 면적이 크면 클수록 풍부하다. 그것은 면적이 큰 서식처는 생물종의 수용능력(carrying capacity: 단위 면적 내에서의 제한된 자연자원 용량에 따라 수용 가능한 집단-개체군의 크기)이 상대적으로 크기 때문이다. 따라서 생물종의 수용능력은 건전한 서식처 공간을 넓게 확보하는 것이 유리하다. 도로는 가장자리 효과(edge effects)에 의한 생물서식처를 조각화(habitat fragmentation) 하는 결정적 요소 가운데 하나이다.

[도움글] 서식처 조각화(fragmentation)와 가장자리 효과(edge effect)

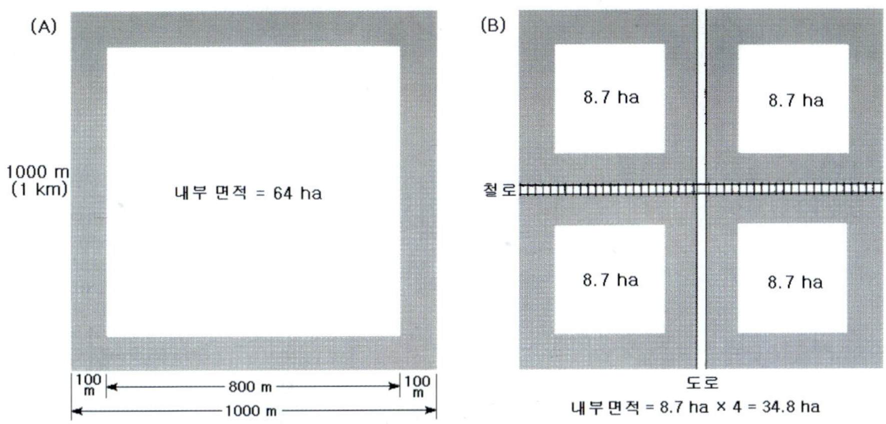

도로 건설과 생물서식처의 조각화 효과에 대한 이론적 고찰(Primack 1995)을 살펴보면, (A) 원래의 삼림 내부면적(64ha)으로부터, (B) 철로와 도로 개발에 의하여 그 면적(34.8ha)은 크게 감소한다. 내부를 가로지르는 도로 건설은 약 54%의 서식처 면적의 감소를 발생하게 된다. 우리나라 도로(2차선 이상)의 총길이에 대하여 도로에 의한 가장자리 효과가 미치는 영향권 200m(도로 양쪽 각각 100m)를 곱하면, 도로에 의한 국토 생태계에 대한 직접적인 영향권으로 그 공간적 범위를 추정해볼 수 있다. 삼림지대를 가로지르는 무분별한 도로 건설은 삼림생태계를 작은 조각 덩어리로 가르게 되어 본래의 삼림 면적이 크게 두 개의 파편으로 나누어지게 된다. 결국 야생생물들의 서식처 면적이 작게 쪼개어져 야생생물의 이동이 차단됨으로써 근친교배나 먹이자원의 부족 등 여러 가지 생태적으로 불리한 현상들이 발생하게 된다. 오늘날 우리나라의 생물다양성을 위협하는 최대의 원인은 여러 가지 토지 이용과 개발에 따른 야생 생물들이 서식처의 조각화에 기인한다.

가장자리 효과는 수계 생태계와 육상 생태계에서 각기 다르게 나타난다. 특히 삼림생태계에서의 가장자리 효과는 삼림 생태계의 구조와 기능을 쇠퇴시키는 결정적인 생태적 요소이다. 특히 숲바닥(林床) 및 숲 속에의 측광(測光)과 직사광선의 광선환경의 변화, 바람의 영향, 외생 종자 및 병충해의 침투, 토양의 건조화 및 오염물질의 집적과 같은 직접적인 영향인자에 의하여 숲의 쇠퇴를 촉진하게 한다. 특히 가장자리 효과에 의하여 도로 인접의 삼림식생은 도미노적으로 삼림 내부로의 파괴(차례로 숲바닥 건조화-음지성 초본식물 소멸, 숲 중간층의 음지성 관목 식물종 소멸, 수관층의 교목의 쇠퇴와 倒木이 진행됨)가 확산되어 점점 도로를 중심으로 황폐화된 서식처의 공간이 확대된다. 간접적인 영향 인자로 도로 그 자체는 각종 잡식성 동물 및 병충해의 이동통로로 작용하며, 장소에 따라서는 산불의 이동 통로로, 그리고 야행성 동물의 시각적 위협요소로 기여함으로써 그 영향권은 확대된다. 뿐만 아니라, 어떤 지역에서 특정 생물종(이동성이 미약한 종)이 서식하는 경우에는 소규모의 도로 조성이 그 생물종의 서식처를 완전히 분할하게 되는 경우도 발생한다. 우리나라에서 도로 건설에 따른 국토의 생태학적 생물서식처로서의 조각화는 심각하지만, 현재까지 학술적 접근은 거의 없는 실정이다. 그러나

백두산 아고산대를 관통하는 도로는 그 가장자리로부터 식생이 훼손되어 가고 있다.

도로건설에 의한 서식처의 분할과 그에 따른 야생 생물종의 생육공간의 축소 효과는 몇 가지 생물학적 징후(지역 생물상의 획일성과 단순성)로 나타나는데, 환경보전림이나 가로수와 같은 생명이 깃드는 생태학적 수단으로 그 영향을 저감할 수 있다.

[도움글] 환경보전림(Umweltschutzwäldern; environmental protection forests)

'환경보전림(宮脇 1982)'은 환경과 서식처를 보전할 수 있는 총체적 기능을 감당하는 여러 형태의 숲을 의미하며, 식생학적 고찰을 통하여 지역의 제반 환경 조건에 조화로운 잠재자연식생에 과학적 근거를 두고서 인위적으로 창조된 숲을 지칭한다. 우리나라에서도 '환경보존림'이란 용어로 1992년 9월 1일에 공포된 "자연환경보존법"의 주요 골자로 대두됨에 따라 이 용어의 일반적 사용과 본격적인 실체적 연구가 진행되어왔으나, 현장에서의 적용이 이루어진 사례는 거의 없다. 인공적으로 조성되는 차단 녹지, 차폐림, 수림대 등과는 지역의 유전자 풀인 야생생물이 서식 가능하고 지역의 잠재자연식생 자원을 이용하는# '환경보전림'과는 생태적 접근에 약간의 차이가 있다.

환경보전림 조성의 대상이 되는 입지는 기능을 달리하는 두 개 또는 복수의 생태계가 연접하는 이행대이다. 도로 주변, 위생매립지, 대규모 위락 시설지구, 대규모 주택단지, 학교 울타리, 자연지역과 인공지역의 연접부 등은 환경보전림을 적극적으로 도입해야 할 입지라 할 수 있다. 그러한 환경보전림은 각각의 환경보전림의 조성 목표에 부합하도록 충분한 면적과 형태 그리고 식생구조를 고려하여야 한다. 일반적으로 수림의 폭이 20~40m 수준에서 지역의 삼림식생의 최소면적 이상을 채택한다. 또한 환경보전림을 구성 식재종은 지역의 제반 환경 조건에 적합한 잠재자연식생 정보에 의한 식재적합도(植栽適合度)에 따라 지역 및 토지의 고유 식물들을 선정하는 것이 옳다. 도로변에 조성될 환경보전림의 생태환경적 가치는 다음과 같이 요약된다:

도로 건설에 따른 도로 가장자리에 조성되어 자연림 구조로 발달한 환경보전림 모델

- 생태네트워크의 기간축으로 기여
- 생물서식처 및 생물 이동통로로 활용
- 지역 잠재자연식생의 유전자원을 보존
- 소음·분진 차단 효과 및 환경 완충 기능
- 쾌적한 주거환경 및 심미적 효과 성취
- 교통안전 기능(도로변인 경우는 자동차 충돌에 대비한 완충기능)
- 잠재적 토지이용을 위한 예비적 녹지공간

[도움글] **가로수**

'가로수'란 국토녹화, 경관조성, 공해방지, 시민보건 등을 위하여 시가 및 강변지역 등의 가로와 노변에 조화있게 심은 나무를 말한다(서울특별시 1984). 우리나라의 가로수의 효시는 100리마다 이정표로서 소나무, 느티나무, 은행나무를 이정목으로 식재한 것에 유래하며 세계 최초의 가로수는 3,000년 전에 히말라야 산맥에 만들어진 '그랜드 도라그'라고 전해지고 있다(이 1985). 우리나라의 가로수는 주로 은행나무와 양버즘나무(플라타너스)의 두 수종이 반 이상을 차지하고 있으나, 잠재자연식생 정보를 이용하여 지방별로 특색 있는 가로수 환경을 조성할 필요가 있다.

가로수 공간은 도시의 미관적 조경뿐만 아니라 도시의 생태 환경을 개선할 수 있는

각각의 가로수 개체가 층구조를 형성하도록 초본, 관목, 교목으로 구성되어 있는 띠형 가로수는 차도와 인도를 기능적으로 격리하고 있으며, 야생 조류의 서식처 또는 피난처로 기여하기에 충분한 식생구조가 형성되어 있다.

매우 유용한 공간이기도 하다. 가로수 및 가로수 식재 공간을 이용한 지역의 생태성 증진의 가능성은 매우 높다. 가로수 수종의 선정과 식재 구조를 지역의 생태환경 조건을 충분히 고려함으로써 생태기능을 부여할 수 있다. (1) 잠재자연식생 정보를 활용한 지역별 식재 가로수 수종 선정과 (2) 가로수 조성 구조(병열형, 한줄형, 띠형)와 형상(도시환경과 농촌 환경 조건을 고려한 가로변 방향에 따른 수형)이다. 특히 곤충의 다양성을 조사한 사례 연구에서 향토고유종은 외래수종 보다 다양한 종류의 곤충들(고유수종에서 56종, 외래수종에서 10종)의 서식처로서 크게 유리하다는 사실이 밝혀져 있다(Southwood *et al.* 1982). 한반도 내에 형성되어 있는 현재의 대부분 도시지역 및 도로 조성 입지는 식생지리학적으로 냉온대 남부/저산지형의 삼림식생, 즉 '졸참나무-작살나무아군단'이라는 식물사회가 잠재자연식생으로 규정되며, 그러한 식물사회는 약 650여종의 자생식물종 자원으로 구성되어 있다.

생물서식처의 조각화(fragmentation)에는 두 가지의 보전생물학적 관점이 고려된다. 서식처 파편화에 따른 분할된 서식처의 크기와 모양, 그리고 분할된 서식처 간의 거리이다. MacArthur와 Wilson(1976)은 "도서생물지리학적 평형이론"(Equilibrium theory of island biogeography)을 통해 서식처의 면적과 거리에 대한 생물다양성의 상호관계를 모식화 하였다. 생물다양성은 서식처 면적이 보다 크면 클수록, 서식처 조각이 보다 근접하면 위치하면 할수록 증가한다. 따라서 도로 건설은 어떠한 양식으로든 서식처 분할이 발생하며, 그러한 분할에 의한 서식처 조각의 크기와 이격 양상에 대한 검토가 이루어져야 한다. 즉 서식처 분할에 따른 서식처의 질적 쇠퇴를 저감할 수 있는 도로 노선의 선정과 도로 구조를 고안하여야 할 것이다.

[도움글] 도서생물지리학적 평형이론(Equilibrium theory of island biogeography)

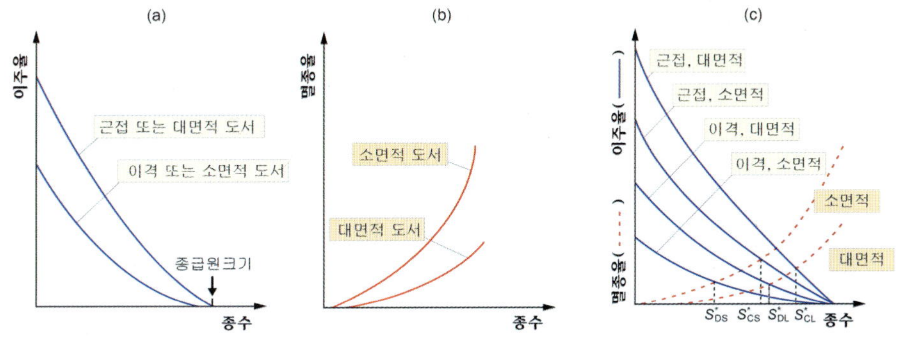

MacArthur와 Wilson(1967)의 도서생물지리학(島嶼生物地理學)의 평형이론은 (a) 서로 격리되어 있거나 면적이 작을수록 이주율을 낮으며, (b) 도서의 면적이 좁을수록 멸종률은 높다는 것을 보여주고 있다. (c) 따라서 이주율과 멸종률을 고려한다면, 도서의 크기가 클수록 서로 근접할수록 생물다양성은 보존은 유리하며, 생물종의 멸종을 저감할 수 있다. 여기에서 도서는 생물종의 서식처로 대응되는 개념으로 이해하면 된다. 결국 도로에 의한 서식처 분할은 서식처 면적의 크기를 작게 하는 조각화 현상과 이동성이 빈약한 동물종들의 격리를 야기한다.

서식처 조각에 대한 연결성의 증대를 촉진하기 위하여 도로를 가로질러 야생생물 이동통로의 설계를 고안하는 것은 바로 이와 같이 분할된 서식처에 대하여 '유효 서식면적'의 확보를 추구하는 전략 가운데 하나이다. 우리나라는 현재 도로 총연장 길이(고속도로, 일반국도, 특별시도, 지방도, 시군도 포함)가 88,775km(건설교통부 2000)이지만, 실제로 진행되고 있는 도로 공사 및 산간 임도를 포함하면 생물서식처를 분할하는 수준의 2차선 도로는 이보다 훨씬 길 것으로 추정된다. 이것을 토대로 직접적인 가장자리 영향권을 고려해 본다면, 국토의 약 20%($20,000km^2$ = 100,000km × 0.2km)가 도로에 의한 자연생태계의 직접적인 영향권이라 할 수 있다. 뿐만 아니라, 도로건설에 따른 이차적 간섭요소(탐방객 증대에 따른 각종 훼손행위의 다양성과 훼손의 빈도 증가 등)에 대하여 생태학적 정량화가 분석된 바는 없으나, 그 영향은 매우 지대할 것이다.

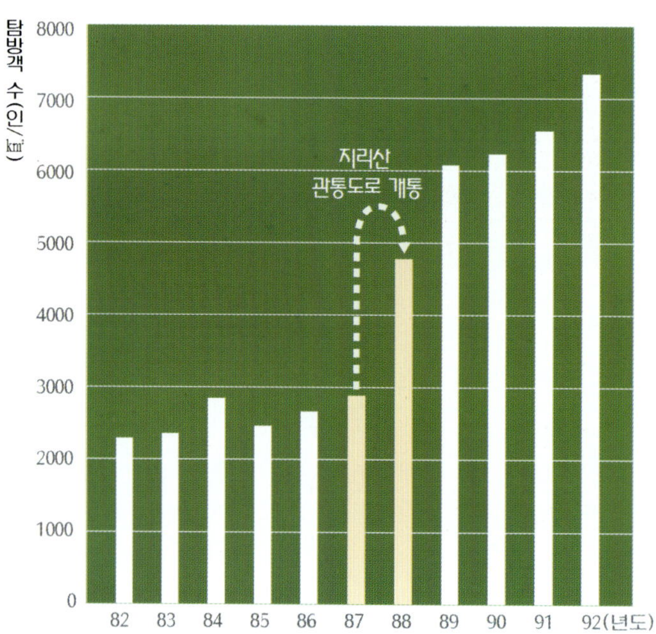

지리산국립공원에서의 탐방객 연간추이는 지리산국립공원 내를 관통하는 신설도로(성삼재)가 지리산에 대한 탐방객 증대(1988년)에 크게 기여하고 있으며, 그에 따라서 지금까지 인간의 간섭으로부터 격리되어 온 자연생태계는 새로운 형태의 서식처 교란의 상황에 노출될 수 있음을 의미하고 있다.

[도움글] **야생동물 이동통로**

야생 생물의 이동통로는 조각화 되어 단절된 서식처를 연결함으로써 격리된 생물 집단 간의 유전적 교류(유전정보 교환)를 가능하게 할 수 있다. 이것은 종의 쇠퇴와 멸종을 방지하기 위한 보다 적극적인 생태계 관리이다. 특정 목표생물종의 이동을 위하여 생태다리, 생태터널, 삼림지대 등을 인공적으로 복원하는 보다 적극적인 생태계 관리가 이루어지고 있다. 그러나 인공적으로 조성되는 이동통로는 그에 따른 조성 이후에 발생하는 이차적인 생태적 영향에 대하여 반드시 모니터링을 동반해야만 한다.

사슴 이동통로로 실효성을 높이기 위해 도로 가장자리에는 가이드레일이 설치되어 있지 않다(오스트리아)

개구리 이동통로를 배려한 독일의 도로 속도제한

모든 유형의 토지 개발은 그 유형에 따른 개발 대상의 '입지 선정'이 토지의 '건전한 이용과 지속가능한 개발'이라는 기본 명제에 부합하는 최초의 단계이다. 그 가운데 도로는 면적형이 아니라 선형(線型)의 개발 형태이다. 따라서 도로가 건설되는 노선은 대상 지역에 대한 도로 자체에 의한 가장자리 효과뿐만 아니라, 이차적 인간간섭을 지역의 구석구석에 이르기까지 부하할 수 있는 기회와 빈도를 증가하게 할 것이다. 지금까지의 도로 건설의 노선은 대상 토지에 대한 현재의 금전적 가치에 의한 경제적 평가와 수송능력에 가중치를 부여하였으나, 지역의 생태적 건전성에 대한 검토는 거의 배제되어왔다. 비록 환경성 검토 또는 환경영향평가라는 법제도적 수단에 의한 도로건설에 따른 환경과 생태계에 대한 모니터링 및 저감방안 등이 제시되어 왔지만, (1) 도로에 의한 가장자리 효과 및 (2) 생물 이동통로 차단과 서식처 조각화 그리고 (3) 도로 조성 이후의 이차적 인간간섭의 증대에 대한 검증 등이 더욱 요구되는 실정이다.

남한 최고의 잔존림, 냉온대 남부·저산지대의 계곡선상지 삼림형으로 졸참나무-들메나무군락(김천시 증산면 수도산 계곡, 해발 850m)은 임간 도로의 관통으로 숲의 퇴행천이가 진행되고 있다. 계곡을 따라 개설된 도로는 지형, 수질, 생물다양성 등에 매우 위협적인 교란요소로 작용하며, 많은 위락객의 접근을 허용한다. 또한 최근의 집중 호우(태풍 루사, 2002년 9월)는 그러한 교란을 가속화하고 말았다. 따라서 도로 가장자리의 수로, 임연군락, 계류에 대한 생태공학적 배려가 필요하다.

산지생태계와 하천생태계 사이를 달리는 도로. 이런 도로에 대해서 야간 통행(예: 자정부터 새벽 4시까지)을 자제하게 된다면 두 생태계에 의존해 사는 동물종의 보존이 가능하며, 사람과 야생이 어우러지는 토지 이용의 사례가 될 것이다. 이 도로가 개통된 후 수달이 로드킬(road-kill, 동물교통사고) 당한 적이 있다.

토론거리 *Topical Q & A*

도로가 좁은가, 자동차가 많은가?

통행 차량이 증가하여 도로를 확장하거나 새로운 도로를 개설하기도 한다. 처음에는 2차선으로 만들어진 도로는 도로의 편리성으로 사람들은 자동차를 구입하고 빈번하게 이동한다. 따라서 2차선 도로는 번잡해지고 급기야는 도로 체증이 발생한다. 다시 정책결정자는 도로 확장이나 신설 도로를 개설한다. 사람들은 더욱 편리해진 도로망으로 자동차 이용 빈도는 크게 증가할 것이다. 이와 같이 도로와 자동차의 이용 빈도와의 상호관계는 도로 확장 또는 신설 그리고 차량댓수 증가를 반복하고 있는 실정이다. 그로부터 발생되는 2차적 또는 3차적 각종 피해가 발생한다. 우리는 피해의 다양성을 나열하고 그에 따른 손익을 따져볼 필요가 있다.

Think globally Act locally	생태학적 도로 조성의 기본 원칙

- 『국토(한반도) 생태네트워크』 구상을 고려한 시간적·공간적 장기계획(Master plan)에서 설계하고 시공한다.
- 『생태계서비스 기능』을 고려한 생태경제학적 접근을 추구한다.
- 지역 주민의 『터주권의 영속성』을 확립하도록 한다.
- 지역의 잠재자연식생 및 향토 자연자원을 이용하여 『생태적 안정성』을 확보한다.
- 『사후관리 지침서』를 구축하며, 최소경비 사후관리를 추구한다.
- 지역 『생태계 기능과 구조』가 보존되도록 한다.
- 노선 선정은 국가적, 지방적, 국지적 수준에서 생태학적 접근을 고려해야 한다.

생태 관광과 생태 테러리즘

인간이 살고 있는 주위 환경은 곧 자연이다. 자연의 모든 구성요소들은 수많은 고리(環)의 연속적 이음 (境)에 의해 항상성을 유지한다. 자연에 대한 이코테러리즘의 자각으로부터 서양의 가이아가설은 나타나고, 그것은 동양적 자연관으로의 회귀이다.

경제 발전에 따른 생활수준의 향상은 여가 문화의 새로운 양상으로 나타나고, 국토 이용의 경제적 극대화에 따른 자연 파괴는 그 속도와 내용이 매우 급속적이고 다양해져 왔다. 뿐만 아니라, 전 국민의 약 82%가 도시 지역에 생활함으로써 자연에 대한 그들의 녹색갈증은 점점 더 증폭되고 있다. 1970년대의 그린벨트 정책과 1990년대에 들어 더욱 엄격한 국립공원 관리 시책(휴식년제, 취사금지, 입장료 인상 등)은 그러한 녹색갈증에 대응할 수 있는 국토관리 정책으로 도입되었다. 그럼에도 불구하고, 사회·경제적인 여가 향상의 변화(해외여행의 증가. 여가 활동의 다양화 등)에 힘입어 자연지역(wilderness areas)에 대한 탐방객은 국민소득의 증가와 더불어 지속적으로 증가하고 있으며, 국립공원 지역 내의 개발과 그린벨트의 공간 면적 축소가 진행되고 있다.

도로망의 발달과 도시인의 녹색갈증 증폭으로 덕유산국립공원 지역을 제척(除斥)해 가면서 스키장이 개발되고 말았다. 결과적으로 수백 년 동안 자연림 속에서 어우러져 살고 있던 희귀 수목 주목(*Taxus cuspidata*)은 서식환경의 급작스런 변화 (직사광선과 건조 등)로 고사할 수밖에 없다. 주목은 '살아서 천년, 죽어서 천년'이라는 구절처럼 지역 생태계의 안정성(stability)과 온전성(integrity)을 상징하는 식물종이며, 잠재적으로는 항암제 약제의 재료가 된 식물자원이기도 하다.

[도움글] **그린벨트(greenbelts)**

우리나라의 산업경제가 급속도로 발전하던 1971년에 도시 지역의 수평적 팽창을 억제하기 위해 영국으로부터 도입된 개발을 제한하는 제도이다. 전국 주요 시·군 주위에 총 5,396.7km²(1998년; 거주 인구 94만명)로 설정되어 있었다. 최근에는 지역 주민의 생활 편익을 위해 약간의 개발 사업이 가능하도록 그 규제가 완화되고, 정책적으로 그 공간적 범위를 축소하고 있다. 그러나 우리나라의 부족한 녹색 환경과 특히 인구밀집 도시 지역에서의 제한된 녹지대를 고려한다면, 그린벨트의 생태계서비스(ecosystem service) 기능을 고려한 공익적 가치가 크게 강조되어야 할 것이며, 그에 따른 사유 재산의 제한에 따른 정당한 국가적 보상이 마련되어야 한다.

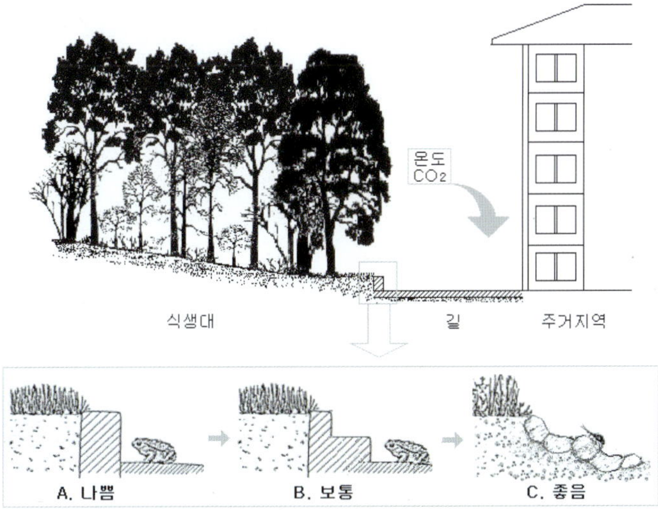

도시 생태계 내와 그 주변에 산재하는 인공적 또는 자연적 녹지대는 생태성(生態性)과 환경성(環境性)을 고려하여야 한다. 특히 도시 주변의 녹지는 도시 지역의 기온을 낮추고 이산화탄소를 포함하는 대기오염 물질을 완충하며, 생물의 서식공간을 제공하는 기능계(functional system)로 그 공익적 가치가 매우 크다. 또한 도로 가장자리의 턱이 있는 장소에서의 야생생물들을 배려한 생태적 설계는 식물(초본류)의 생장과 이동 생물의 일시적 중간 피난처 및 수자원 완충 기능을 감당한다.

국립공원으로 지정되어 있는 우리나라 주요 15개 산의 탐방객 수는 1980년대에 비하여 1990년대에 두 배 이상 증가하였다. 이러한 탐방객의 증가는 도로의 확장과 확충을 필연적으로 수반하고, 이로 인하여 국토의 생태적 조각화를 가속화시킨다. 또한 새로운 대규모 위락시설의 개발과 등산로의 확대 및 확충에 의한 자연공원 속의 또 다른 생태적 파편화를 초래하게 됨으로써 생물 서식처의 교란과 생물다양성의 단순화는 더욱 심화되고 있다. 실제로 1990년대에는 관광 시설 및 도로 개설로 매년 약 1만 헥타르의 산지가 개발되었다. 특히 계룡산 및 북한산 국립공원과 같이 대도시 가까이에 위치하고 있으면서 주변 도로 사정이 양호한 국립공원일수록 그 정도가 매우 심각하다. 최근 들어, 이러한 현상은 집중적인 관광도로 개설로 말미암아 보다 이격(離隔)되고 오지(奧地)에 위치하는 국립공원에 이르기까지 확대되고 있는 실정이다. 본래 국립공원은 세계자연보존연맹(IUCN)이 정한 엄격한 보호와 생태적 관리가 요구되는 범주 [II]에 해당하는 보호지역이다. 지역의 자연환경 속에 표준이 되는 생태계와 경관을 포함하고, 지역의 환경조절과 자연자원 및 유전자의 보전, 그리고 유역 보전과 홍수 조절 등에 결정적 역할을 감당하는 지역을 국립공원으로 지정한다. 이러한 맥락에서 울릉도-독도지역은 우리나라에서 가장 독특하고 고유한 생태계와 경관을 가지고 있는 국립공원으로서의 자격을 갖추고 있는 지역이다.

울릉도 송곳산

[도움글] 국립공원 (national park)

국립공원은 일반 공원(어린이 공원, 묘지공원, 도립공원 등)과는 달리, 국가재정으로 관리하는 그 나라의 자연 생태계와 경관에 대하여 대표성(representativeness)을 포함하고 있는 최고의 자연생태계 지역으로 보호지역(protected areas) 범주 가운데 가장 엄격하게 관리된다. 우리나라에는 현재 20개의 국립공원이 있으며, 그 가운데 해상국립공원 4곳과 사적국립공원 1곳(경주), 그리고 15곳의 산지성 국립공원(지리산, 설악산, 오대산 소백산, 월악산, 치악산, 속리산, 덕유산, 내장산, 계룡산, 가야산, 월출산, 주왕산, 북한산, 한라산)이 있다.

1872년 미국의 옐로우스톤국립공원이 세계 최초의 국립공원이며, 우리나라는 1967년 피아골을 중심으로 한 440.5km^2 면적의 지리산국립공원이 최초로 지정되었다. 우리나라의 산지성 국립공원 15군데의 면적은 국토 육지 면적의 3.8%에 차지한다. 세계 7대 생물자원 부국(富國)은 G-7 선진국에 비하여 보호지역의 면적이 넓다. 개인 및 국가적 이익을 초월하는 지구 생태계의 건전한 이용과 보전을 위하여 더욱 넓은 면적의 보호지역 설정과 그 목표의 성취는 국가적, 국제적 인센티브 제도와 같은 효율적인 대안 개발과 실행이 중요하다.

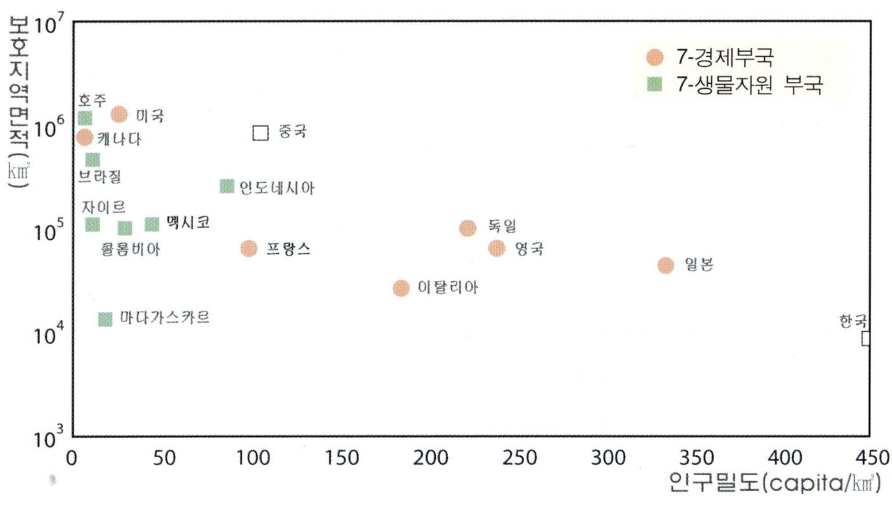

각국의 인구 밀도와 보호지역의 면적은 대체로 반비례 하지만, 우리나라는 세계 최고 수준의 인구밀도와 최저 수준의 보호지역 면적을 가지고 있다.

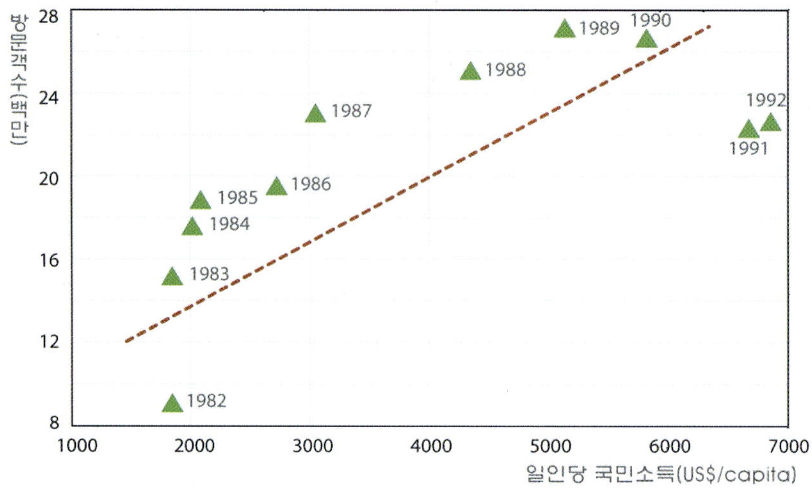

국민소득의 증가와 녹색갈증의 해소를 위하여 국립공원과 같은 자연지역에 대한 탐방객의 수는 꾸준히 증가하고 있다(그림 위). 1980년대 후반 경제 중진국으로의 진입과 88 서울올림픽을 계기로 해외여행이 증가함으로써 국립공원에 대한 탐방객의 수는 다소 감소하는 경향이 있으나, 경제 선진국과 마찬가지로 개인 소득의 지속적인 증가와 더불어 자연지역에 대한 국민들의 탐방 욕구는 계속 증대될 것이다. 지리산 시암재-성삼재 관통도로 건설은 이 지역의 생태계 분절과 더불어 이차적 지형 붕괴(그림 아래, 화살표지역), 그리고 탐방객 증가에 따른 쓰레기 투각 등의 서식처의 질적 쇠퇴가 초래되고 있다.

[도움글] **생태적 관리: '보존(保存), 보전(保全), 보호(保護)'란 무엇이 같으며 다른가?**

자연환경의 보전과 개발이란 단어를 아주 상반된 뜻으로 이해하면서 그 논란은 끝없이 진행되고 있다. 그러나 자연환경 보전이란 본래 '지속가능한 이용'이라는 의미를 내포한 포괄적 개념으로 이해해야만 '지속적인 인간 삶의 영위'라는 목표가 달성될 수 있다. 개발이란 명제가 완전히 배제되어버린 자연생태계는 인간이 그 생태계 속에 존재해서는 아니 되는 절대적 보존(preservation)만이 있음으로 인간에게 그 존재의 의미가 없는 자연생태계이며, 잘못된 이해이다. 그러므로 인간이 자연생태계 속에서 살아남기 위해서는 개발의 의미가 보전의 차원에 포함되어야 한다. 즉 삶의 지속적인 보전이 가능한 개발이 성취되어져야 함을 의미하며, 결국 그러한 개발은 보전적 개발(conservatory development), 그렇지 못한 개발은 소모적 개발(consumptive development)로 구분하여 규정할 필요가 있다. 원래 생태학(ecology)과 경제학(economy)은 'Eco'는 집(家), '-logy'는 '연구', '-nomy'는 '관리'라는 뜻으로부터 생명의 터전(집)을 가꾸어 나가는 운명공동체이다. 그러므로 보전과 개발은 결코 대립되는 명제가 아님을 알 수 있다.

보전(conservation, 保全)은 생물학적 온전성(진화 포함)이 보장되는 범위에서 이용되거나 보호되는 행위로 적절한 이용이 수반되면서 그 원래의 기능과 구조를 유지하도록 관리하는 방식(생태계 보전)이며, 보존 또는 복원 행위도 포함한다.

보존(preservation, 保存)은 동물원이나 식물원처럼 자연적인 진화가 이루어지지 않고 현시점의 유전적 정보를 고정해 두는 방식의 이용이나 보호행위, 또는 야생에 대하여 이용의 개념이 배제된, 이용하지 않고 고스란히 남겨두고 있는 그대로를 관리하는 방식(역사 유물의 보존도 포함).

보호(protection, 保護)는 법과 제도적 행위에 사용되는 용어이며, 또한 '새끼는 어미로부터 보호받는다'라고 사용하듯이 '무엇 무엇으로부터의 보호'라는 식의 절대적 보호의 의미로 주로 사용된다.

자연환경이 온전하게 유지되고 있는 국립공원과 같은 자연지역(야생지역)에서는 보다 자연친화적이면서 선진형 관광 양태인 생태관광(ecotourism; Hetzer 1965)이 유리하다. 생태관광은 21세기형의 지속가능한 관광의 형태로 과거의 소모적이고 유희적인 관광과 구별된다. 탐방하는 지역의 자연생태계를 체험적으로 학습하고, 현대인의 자연에 대한 지적 갈구를 해소하는 수단으로 이용되고 있다. 이미 국민소득 1만5천불 이상의 선진국에서의 관광 형태는 단순한 유희관광으로부터 탈피하여 테마 선정에 의한 자연생태계의 체험·탐방을 가능하게 함으로써 지속적인 경제 수익이 보장되는 생태관광이 이루어지고 있다.

[도움글] 생태관광(ecotourism)

브라질 리우에서의 1992년은 인류가 '하나뿐인 지구'를 구하고자 구체적으로 합의한 역사적인 해이다. 산업혁명 이후로 경제발전만을 생각해오던 인류가 철이 들어가는 최초의 사건인 셈이다. 리우환경회의에서의 '지속가능성'(sustainability), 즉 "건전한 이용과 지속가능한 개발"이란 표어는 미래의 인류 번영을 위한 인간과 자연과의 관계를 명확하게 규정하는 것이었다. 그 때 함께 채택되었던 것이 '지속가능한 관광'이다. 지속가능한 관광은 자연환경 보전을 위한 강력한 수단이 될 수 있음이 공식적으로 제기되면서, 유엔환경계획(UNEP) 및 세계관광기구(WTO)의 협력 하에 제46차(1998년) 유엔총회에서는 리우환경회의 10주년이 되는 2002년을 "세계 생태관광의 해"(The International Year of Ecotourism)로 선포할 것을 결의하였다. 일반적으로 생태관광은 유엔환경계획의 '지속가능한 관광'과 아젠다 21의 '지속가능한 이용'처럼, 모든 자연자원에 대한 환경적으로 건전하고 지속가능한 개발에 대한 기본 정신을 실천하는 인류의 문화적 활동이다. 생태관광의 모티브는 자연에 대한 관찰 및 감사(感謝)의 정신에서 기인하며, 자연을 토대로 하는 관광이다. 그러므로 생태관광은 자연환경과 지역 문화에 대한 고유성과 다양성을 존중하지만, 이기적이면서 부정적인 영향을 최소화한다. 결국 생태관광은 책임있는 여행, 존중하는 여행, 합리적 여행, 이성적 여행으로 정의되고 있다. 따라서 생태관광은 지금까지의 낭비적이고 유희적이면서 비생태적·비환경적·비교육적인 일반 유희관광과는 본질적인 차이가 있다. 생태관광은 자연생태계에 대한 직간접적 체험을 통해 자연의 신비에 대한 탐방객의 지적갈증과 녹색갈증을 해소시켜주는 미래지향적 선진 관광이다. 생태관광의 경제적 규모는 이미 1991년에 120억 달러에 달했으며, 시장 규모는 나날이 급속도로 증가하고 있다. 생태관광은 자연생태계를 파괴하고 생태계 기능을 방해하는 생태테러리즘(ecoterrorism)에 대응되는 자연친화적인 관광 패턴이다.

항 목	국립공원	생태공원	일반도시공원
중심주제	야생동물	**야생동물**	인간
생물다양성	풍부	**보통**	극히 미약
자연자원보전	현지내(*in-situ*)	**현지내(*in-situ*)**	현지외(*ex-situ*)
주민터주권	배타적	**수용적**	배타적
전통경관 지속가능성	높음	**보통**	낮음
법 · 제도적 규제	적극적 타율성	**자율적**	타율적
지역경제 지속성-잠재성	장기적-보통	**장기적-높음**	단기적-낮음
유지관리비용/단위면적	적음	**보통**	많음
관련 전문분야	생태학	**생태학**	조경학
자연관찰·체험 학습	제한적	**적극적**	소극적
·휴양·문화 활동	풍부	**보통**	미약
·유희 활동	소극적	**제한적**	적극적
·인공시설 설비	최소화-재생산적	**최소화-재생산적**	고급화-소모적

이와 같이 자연에 대한 관광 패턴의 변화는 사회경제적 여건 변화에 따라 여러 가지 다른 양상으로 나타난다. 그러한 물질적 사회 여건의 변화는 자연에 대한 우리의 인식에도 영향을 미치고 있다. 결국, 시대에 따른 그런 가치관의 변화는 한반도의 자연경관과 그 구성 요소에도 큰 변화를 초래하게 되었다. 인간을 자연의 한 구성원으로서 여타 자연 구성원과의 평등·공존의 수평적 관계 또는 순환적 관계로 인식하는 자연순응적(自然順應的) 시대로부터 서양과학에 의존하는 자연메커니즘의 논리적 이해만을 바탕으로 하는 인본주의적(人本主義的) 현대인의 가치관은 자연 생태계에 대한 인간간섭과 생태계 복원에도 큰 영향을 미치고 있다.

"인간이 살고 있는 주위 환경 그것은 곧 지구 자연이며, 그 자연의 모든 구성요소를 하나의 생명으로 인식하면서, 그 요소들은 수많은 고리(環)로 연속적 이음(境)에 의해 균형(equilibrium)을 유지한다"고 인식하는 것이 동양적 자연관이다. 가이아가설(Lovelock, 1972)이 소개된 1970년대의 유럽 선진국은 산업혁명 이후 지속적인 경제발전과 개발에 의한 생태계 오염과 파괴 문제가 표면적으로 노출되기 시작하면서 환경 파괴로 인한 인간 생존의 심각성을 본격적으로 인식하는 계기를 맞이하였다. 등뼈 굽은 물고기가 출현하고, 물고기 떼죽음 사건이 발생한 1975년 전후의 라인강은 물 속 산소량이 최저치인 약 40%를, 이따이이따이병의 원인이 되는 수은이나 카드뮴과 같은 중금속의 양이 3.5ppm의 최고치를 나타내는 인류 역사상 최악의 환경 파괴를 경험하였다(Waldrop 1991). 유럽사회에서 최초로# '지구를 하나의 살아 숨쉬는 유기체'로 인식한 지구과학적 가이아가설은 큰 반향을 일으킬 수밖에 없었다. 그러한 가이아가설도 넓게는 동양적 자연관과 그 본질적 맥락을 같이 한다. 그것은 인간중심적 자연관에 의한 일방적인 자연의 희생과 이용으로 산업·경제 개발만을 추구하는 것은 지구환경의 수용범위를 초과하는 것이며, 어떠한 개발도 지구환경의 수용범위 틀 속에서 자연생태계와 조화를 이룰 때만이 인류의 지속적인 번영을 보장받을 수 있다는 것을 의미한다.

[도움글]	가이아가설(Gaia hypothesis)

지구는 지구생태계 속에서 생물적, 물리적, 화학적 구성요소가 대기권과 기후의 특성을 조절하는 하나의 초생물체(superorganism)와 같은 본성을 가지고 있다는 것이다(Lovelock, 1972, 1988). 지구생태계는 항상성(homeostasis)을 유지하려고 하는 하나의 생명체의 시스템처럼 지구의 모든 생물지화학적(biogeochemical)작용의 통합된 얼개에 의하여 지속 가능하다는 가설이다. 이것은 결국 라오쯔(老子) 사상에 근접하는 동양적 자연관의 거시적 틀 속에 포함된다.

지구생태계의 기권, 수권, 지권, 그리고 생물권의 연계는 항상성을 유지한다.

토론거리 *Topical Q & A*

국립공원과 같은 자연지역에서의 바람직한 관광 행태는 어떤 것인가?

오늘날의 우리나라 관광은 쾌락 위주의 유희관광이 우세하다. 그러나 자연지역에서는 자연생태계와 어우러지는 차원 높은 생태관광이 추구되어야 할 것이다. 자연을 감상하고, 느껴보고, 체험하는 관광을 고려해야 한다. 그러한 생태관광은 그 자연지역에 대한 자료를 찾아서 예비지식을 갖추어야 그 완성도는 높아진다. 현대인은 자연에 대한 갈증(녹색갈증)과 지적 갈증에 대한 충족 요구도가 높기 때문에 쾌락 위주의 유희관광은 쇠퇴하게 될 것으로 예측된다. 국립공원과 같은 자연지역 내에서의 탐방 또는 유희 방식을 어떻게 할 것인가와 기성세대의 유희문화와 대학생들의 유희문화에 본질적 차이가 있는지를 토론해 보자.

자연이 잘 보전된 상류 하천은 보존되어야 한다. 하천 내부에서의 행락방식은 생태관광 형태가 바람직하며, 자동차 및 천막 등은 하천 외부의 제방 밖으로 옮겨서 일정한 공간에 배치해야 한다. 상류에서의 집중호우로 인한 위험성도 매우 높다

토론거리 *Topical Q & A*

지구 온대의 갈라파고스, 울릉도-독도! 국가 지정 생태공원으로의 타당성이 있는가?

갈라파고스는 "living museum and showcase of evolution"라고 불리어지는 세계적인 생태관광지이다. 독특한 생물다양성과 진화를 관찰할 수 있는 열대의 화산섬으로 찰스 다윈의 『종의 기원』(Origin of Species)이 탄생하게 된 신비의 섬이다. 갈라파고스는 지금 에콰도르의 국립공원(693,700ha)으로 지정(1959년)되어 있으면서도, 생태관광 산업의 규모가 연간 5천5백만 불이다. 갈라파고스의 온전한 자연을 체험하고 탐방하기 위해서는 적어도 6개월 전에는 예약을 해야 가능할 정도로 수준 높은 생태관광지이다. 뿐만 아니라 찰스 다윈 연구기지가 설립되어 에콰도르를 포함한 세계 각국으로부터 그리고 국제기구로부터 방대한 기금과 연구 인력이 지원되고 있다.

울릉도-독도는 여러 가지 측면에서 갈라파고스와 대응된다. 갈라파고스는 열대 지역에 위치하는 자연의 보고라면, 울릉도-독도는 북반구 온대지역의 자연의 보고로서 생물기후적 대응성을 가지는 진화와 생물다양성의 독특성을 가지고 있다. 예를 들면 식생자원을 살펴보면, 울릉도-독도의 특산 식물군락은 전체 식생형의 36%를 차지하며, 특산 식물종은 10%를 차지한다. 양서파충류는 빈약하지만, 조류의 다양성과 독특성은 높다. 울릉도-독도의 이러한 생물적 특성에 대한 진화 메커니즘은 알려져 있지 않다. 결국 울릉도-독도는 갈라파고스 수준의 생태관광이 가능한 자연생태계 자원을 포함하고 있으며, 세계적 주목을 받기에 충분한 야생지역이다. 따라서 울릉도-독도는 지역 경제에 지대한 공헌이 가능한 세계적 생태공원으로 국가적 관리가 이루어질 필요가 있다. 현지 주민과 자연생태계 그리고 생태관광이 어우러지는 울릉도-독도를 위한 새로운 유형의# '국립공원'제도가 적용될 수 있을 것이다. 울릉도-독도가 그러한 국가적 지정 생태공원으로 관리될 수 있을 때, 울릉도-독도는 현재보다 모든 영역(경제, 문화, 교통, 자연, 국토, 등등)에서 유리할 것이다. 특히 국가 지정의 어떤 지역 생태계 관리정책에 대한 지역민의 우려와 현안은 적극적으로 수용되고 해결되어야만 자연생태계 보존도 성공할 수 있다는 유네스코 정신을 상기해야만 한다. 그러한 측면에서 다음과 같은 주제에 대하여 토론해 보자.

- 현지 주민의 재산권과 경제활동을 제약하지 않는 새로운 유형의 '국립공원' 제도란 무엇이며, 왜 울릉도-독도에 적용가능한가?
- 울릉도 비행장 건설과 같은 교통 환경의 개선이 실제로 가능한가? 불가능하다면 무엇 때문인가?
- 독도에 대한 일본과의 외교적 문제 해결에 도움이 될 것인지, 방해가 될 것인지, 해외사례를 살펴보자.

생태논쟁 *Topical ECOncern*

도시 주변 녹색지대의 천박한 개발의 후유증

그린벨트, 군사보호지역 등 각종 토지이용 규제 제도가 지역개발 욕구와 민원에 밀려 마구 무너지고 있다. 대도시 주변의 그린벨트가 드디어 해제되기 시작했고, 군사보호지구도 무더기로 풀리고 있다. 이런 와중에 국회는 '접경지역개발법'을 통과시켰으니 남(濫)개발 드라이브가 드디어 비무장지대까지 뻗칠 판이다. 그린벨트 해제는 이미 예고된 것이지만 이번의 건교부 조치는 가히 파격적이다. 경기도 시화공단 외곽의 그린벨트 282만평을 완전히 해제하기로 했고, 수도권 등 대도시 주변 114개소의 그린벨트를 우선해제 대상 지역으로 선정해 내년 중 해제할 예정이다. 이번에 해제대상에서

빠진 지역도 광역도시계획이 마련되는 대로 추가 해제할 것이라니 이제 그린벨트는 완전히 형해화(形骸化) 돼 버렸다. 그린벨트 해제의 속도와 규모가 이렇게 빠르고 큰 것은 내년 총선을 염두에 둔 정부-여당의 선심정책이라는 의심을 받기에 충분하다. 경기도가 도내의 군사보호구역 1500여만 평에 대한 각종 규제를 완화하기로 국방부와 협의했다고 발표한 것도 심상치 않다. 이번에 해제되는 지역에서는 지자체가 건축허가를 내주고 이를 군부대에 통보하도록 했으며, 군부대 주변의 고도제한도 대폭 완화했다. 경기북부 등에 설정된 군사보호 지구로 인해 주민생활이 제약을 받아온 것은 사실이지만 그것은 남북대치라는 국가안보 상황에서 어느 정도 불가피했던 것이다. 따라서 민원이 많이 제기된다는 이유로 별 다른 대안도 없이 군사보호지구를 마구 해제한다면 그것이 우리 군의 대비태세에 부정적 영향을 미칠 것으로도 우려되는 것이다. 특히 이런 일련의 조치가 국가안보를 경시하는 풍조로까지 발전한다면 그것도 큰 문제가 아닐 수 없다. 토지 규제를 마구 풀어버림으로써 일어날 부작용은 불을 보듯이 뻔하다. 대도시 주변은 과(過)개발돼서 환경오염, 교통난 등으로 몸살을 앓게 될 것이다. 서울에서 북쪽으로 끝없이 이어지는 '러브호텔'과 음식점의 행렬은 이제 휴전선 아래까지 바싹 다가설 것이다. 비무장지대를 생태계의 보고(寶庫)로 보전하겠다고 우리 정부가 유엔에 한 약속은 헌신짝처럼 버려지는 셈이다. 정부가 환경보전은 안중(眼中)에도 없고 그저 선거에 대비해 지역개발과 민원해소에만 주력하고 있는 것이다. 이런 천박한 개발의 후유증은 모두 우리 후손들 차지니 한심할 따름이다(1999년 크리스마스날, 조선일보 사설).

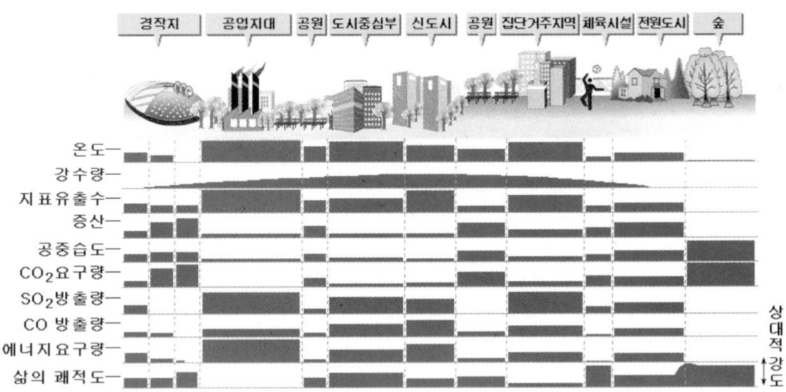

도시 생태계의 환경적 특성에서 삶의 쾌적도는 전원도시와 숲으로의 이행대에서 가장 높다.

북한의 자연생태계

백두산 천지의 일출

민들레 홀씨는 남북한 경계선을 넘나들면서 자유롭게 산포하며, 깨끗한 공기든 오염된 공기든 바람을 따라 어디로든지 확산된다. 남북한의 자연환경 및 생태계에 관련된 정보를 교류하고 실천하는 것은 모든 가치를 우선한다. 한반도를 우리의 지속가능한 삶의 터전으로 확보하기 위해서라도 북한지역의 자연환경도 그 온전성과 고유성을 유지하여야 한다.

1950년 이후 남북한 간의 유무형적 교류의 단절은 한반도 생태계의 보전과 그에 대한 학술적 발전에 큰 손실이었다. 특히 생태계의 연속성을 감안할 때, 생태계 통로의 인위적인 차단은 쌍방의 생태계를 위약하게 하는 주요 요인으로 작용하고 있으며, 45여 년간의 학술적 교류의 단절은 학문의 동질성을 희박하게 함으로써 통일된 자연생태계 정보의 축적과 관리를 어렵게 하고 있다. 따라서 한반도의 건전한 자연생태계 보전을 위한 남북한 간의 공동체적 노력이 간절하다. 뿐만 아니라, 북한의 자연환경은 무분별한 파괴와 자연자원의 과다한 이용으로 인해 크게 교란되어 있다. 저성장 경제구조 속에서 생태계에 대한 올바른 이해와 적절한 보전전략을 모색하는 근본적인 변화가 필요하다. 특히 사회경제적으로 열악한 환경 때문에 북한의 삼림생태계에 대한 대규모 파괴와 교란은 생물서식공간을 크게 위축하고 멸종위기 생물종의 수적 증가의 원인이 되고 있다.

북한의 삼림은 자연개조에 의한 자연교란과 부적절한 조림정책에 의해 형성된

북한 경제의 회복은 북한지역 자연생태계의 보전에도 유리하다

대상식생 등으로 특별보호림(백두산 아고산 자연초원지대 포함)과 일부산림을 제외하고는 전반적으로 불안정한 삼림생태계에 놓여 있다. 북한의 삼림면적은 한반도 전체 삼림면적 가운데 9,775,243ha(59.7%)로 알려져 있다. 보다 양호한 상태의 삼림은 주로 분비나무, 전나무, 낙엽송, 소나무, 잎깔나무, 가문비나무, 종비나무 등의 침엽수림(針葉樹林)으로 압록강 상류인 자강도 일대와 두만강 상류지역인 양강도, 함경북도 지역에 분포하고 있다. 이들 동북지역의 삼림면적은 북한 지역의 68%, 임목(林木) 축적의 79%를 차지하는 자연 상태가 비교적 양호한 지역이다. 북한의 삼림 중 보호림은 전체면적의 18.4%(2,258,820ha)로 삼림 가운데 보존을 위해 특별관리 대상이 되는 지역은 김일성, 김정일 부자의 혁명전적비 및 사적지를 보존하기 위한 특별보호림이고, 그 이외에 위생풍치림, 수원함양림, 사방림, 방풍림, 교통보호림, 호안림(하천둑 보존숲), 어부림(물고기 서식지 보호림), 학술연구림 등이 지정되어 보존되고 있다.

경제난 이후 북한삼림 대부분은 인간간섭을 경험한 이차림(二次林)으로 이루어져 있다. 또한 삼림벌채 이후 나지로 방치한 입지에서는 토양 영양염류(營養鹽類)의 유출량 증가와 토사유출로 인하여 입지환경에 막대한 악영향을 미치고 있다. 그러한 토지의 생산성 쇠퇴요인은 식량생산의 잠재적 손실로 나타나고 있다. 또한 무리한 경사지 개발(다락밭과 뙈기밭개간)과 삼림 불량화(땔감부족으로 인한 남벌)

는 호우 때마다 산사태와 토사유출을 유발시켜 하천 범람에 의한 상습적 수해를 발생하게 함으로써 홍수피해지역과 그 주변지역의 삼림생태계 복원이 불가피한 실정에 있다.

북한의 금강산 관광의 길이 열리면서 제한된 지역이지만 금강산의 삼림현황이 알려지고 있다. 장전항 부근 산이 대부분 다락밭으로 개간되었으며, 주위의 높은 산도 연료채취 등을 위하여 수목을 벌채하여 민둥산으로 변모하였다. 북한의 자연보호지구 6곳 가운데 한 곳인 금강산 일부 핵심지역을 제외한 대부분의 다른 지역은 더욱 심각할 것으로 알려져 있다.

북한은 남한의 국립공원과 같은 자연생태계를 보존하고 희귀한 동식물이 있고 경치가 수려한 곳을 「자연보호지구」로 지정하여 보호하고 있다. 자연보호지구는 1959년 3월 내각결정 제29호로 백두산과 오가산 일대가 처음 지정된 이래 묘향산, 구월산, 금강산, 칠보산 등 6곳이 자연보호지구(Natural Reserves)로 지정되어 있다. 북한은 이들 자연보호지구 이외에도 24곳의 동물 및 식물 보호지구, 8곳을 바닷새보호지구로 지정 보호하고 있다.

천지를 내려다보는 가솔송(사진: 조광진)

[도움글] 북한의 자연보호구

백두산 자연보호지구 - 양강도 삼지연군 서북부에 위치하며 지질학적으로 약 150만 년 전에 화산 활동에 의해 형성된 산으로 보호구역의 면적 165,527 ha, 해발 2,750 m의 장군봉(42°07'N, 128°05'E)을 정상으로 중국과 국경을 이루고 있다. 백두산 일대는 1979년 11월 유네스코(UNESCO)에 의해 국제생물보호지역으로 지정되었고, 중국에서는 1960년 4월 장백산 자연보호지역으로 설정하여 국제적 생물권 보전지구로 지정하였다.

오가산 자연보호지구 - 낭림산맥(평안북도)에 위치하며 다섯 개의 아름다운 봉우리가 서로 조화를 이루고 있다. 최고봉인 운동령(1334m)을 중심으로 오가산 자연보호지구(1,400ha)는 매우 훌륭한 자연생태계를 유지하고 있는 것으로 평가되고 있다. 한반도 중부 이남에서 자라는 조릿대, 나도파초일엽, 주름고사리와 같은 남방계 식물도 자라고 있다. 이 지역의 조릿대를 '후창조릿대군락 식물보호구'로 설정, 천연기념물 38호로 보호하고 있다.

묘향산 자연보호지구 - 평안북도 향산군과 자강도 희천시, 평안남도 영원군의 경계상에 위치하고 있다. 낭림산맥 서단에 위치하며 비로봉(1909m)을 중심으로 9,737ha에 걸쳐 보호구역으로 지정되어 있다. 연평균기온 5.5℃, 연강수량 1300mm이며, 전반적인 지역의 습도는 75%로 알려져 있다. 비로봉 정상에는 눈향나무, 누운잣나무, 누운측백나무, 노란만병초, 들쭉나무 등 고산 아고산 식물들이 생육하고 있어 식물지리학적으로 중요한 산괴이다.

북한의 자연보호구

금강산 자연보호지구 - 강원도 고성군, 금강군, 통천군 지역의 일부에 걸쳐 위치하는 금강산은 비로봉(1,638m)을 비롯하여 50여개의 큰 봉우리들이 태백산맥의 분수령을 이루고 있다. 내금강은 비로봉을 중심으로 서부지역, 외금강은 태백산맥의 금수봉, 선창산, 온정령, 월출봉, 안무재령, 차일봉, 백마봉 등을 이은 분수선의 동쪽 지역, 해금강은 외금강의 동쪽에 있는 삼일포를 비롯한 해안지대이다. 금강초롱과 금강국수나무는 금강산에서 나는 희귀한 고유특산식물로서 북한의 천연기념물이다.

구월산 자연보호지구 - 대동강 하구 남쪽의 황해남도 은율, 온천, 안악, 삼천군 등 4개 군의 경계지점에 위치한다. '서해의 금강'이라고 불려지며 해발 954m의 사향봉이 있다. 자연보호지구에는 북방계 식물과 남방계 식물들이 함께 분포하며, 한반도 특산식물인 검팽나무와 만리화가 분포한다.

칠보산 자연보호지구 - 금 · 은 · 진주 · 산호 등 7종의 보석이 묻혀 있다고 하는 칠보산은 함경산맥 동남부에 형성되어 있는 길주-명천지구대에 위치한다. 칠보산(906m)을 명승지 제17호 자연보호지구로 지정(1976년)하고, 크게 내칠보, 외칠보, 해칠보로 구별하여 부른다. 화산활동에 의해 형성된 칠보산은 백두산과 유사한 지질적 환경을 가지고 있다. 칠보산은 연평균기온이 7~8℃이고 연강수량 700mm이다. 해발 500m까지 자동차로 접근이 가능하다. 산 중턱에는 넓은 평탄지형이 있어 특이한 자연경관 및 생태계를 가지고 있으며, 정향풀, 파초일엽, 돌가시나무 등의 남방계 식물이 생육하고 있어 생물지리적으로 매우 중요한 지역이다.

북한은 자연생태계 보전을 위한 노력을 1960년대 초반부터 시작한 것으로 알려져 있다. 북한의 자연생태계 보전 활동을 선도적으로 추진한 기구는 북한자연보전협회(Korean Association for Conservation of Nature; IUCN 회원국, 1965)를 들 수 있다. 이 자연보전협회를 통하여 격월간으로 '원림' (한글판)이란 주민용 잡지와 계간으로 'Korean Nature'(1965)라는 외국인용 영문잡지를 발행하였다. 그러나 1968년 이후부터 'Korean Nature'에 게재된 자연생태계의 순수한 정보는 매우 한정적이며, 그 내용은 주체사상을 중심으로 정치 홍보적 내용이 크게 증가하였으며, 게재된 동식물의 사진 재료는 연출된 합성사진이 포함되어 있기도 하다. 한편 1966년에 '유용 동물을 전 군중적으로 보호 증식하자'라는 동물 보호 교육을 실시하였고, 1970년에 '리로운 새들을 보호하자'라는 자연보전 선전 필름이 제작 배포된 바가 있다. 그리고 '클락새를 보호하자'라는 푯말을 제작하여 사냥을 금지하는 계몽활동을 펼치기도 하였다. 또한 제도권 교육에서 초등학교에서는 '자연학습실', 중등학교에서는 '생물학습실'을 운영하면서 국민 교육에 힘쓰고 있으며, 1967년에는 '소년소녀 녹색대'(Young greenery guards)를 결성하여 도시 및 농촌에서의 환경보전을 위한 계몽 및 식수운동을 전개하며, 매년 4월 첫째 주 삼림의 날, 식목행사(1968년 처음 등장)를 하는 것으로 알려져 있다. 북한의 최고 학부인 김일성대학(1946년 10월 개교, 평양 모란봉 북방에 위치)의 생물학부는 1965년 신축한 9층 건물에 있으며, 주체사상에 입각한 생물연구를 추구할 것을 강조하고 있다. 또한

1959년 12월 12일 김일성이 기증한 호랑이(함경북도 부령구 구읍리 농부로부터 선물 받은 것으로 알려져 있음)가 전시되고 있다. 최근, 북한 노동신문은 '백두산 일대에 퍼져있는 범과 같은 동물자원들이 급격히 줄어들고 있다'고 지적하였다. 북한은 체계적인 생태계 관리부족과 주민들의 남획행위 등으로 희기 동식물이 멸종위기에 직면해 있음을 자각하고, '유용동물보호법'을 제정하였다(1999년). 이 법에는 유용동물의 특성・보호절차와 방법, 보호사업에 대한 지도, 물질적 보장, 과학적 연구 등의 내용이 규제되어 있다.

한편, 남북한 간의 학술용어 사용의 차이는 일반적 쓰임에 있어서 표현하는 그 단어 자체의 많은 부분이 다르다. 남한의 식물 용어는 대부분 서구의 용어를 번역한 일본 용어를 다시 사용한 한자 용어이며, 북한의 식물학 용어는 한글화로 풀어서 기술한 것이 특징이다. 남북한의 식물 용어와는 달리 동물 이름은 크게 이질적으로 불리어지고 있다. 학술적 교류를 통하여 동일한 학명(學名)을 가지는 생물종에 대하여 남북한 간의 한글표준명을 통일할 수 있을 것이다.

[도움글] 학술 용어 - 남북한 식물 용어 및 동물명의 비교

식물 용어		동물명	
남한	북한	남한	북한
일년초 (一年草; annual)	한해살이풀	청설모	청서
다년초 (多年草; perennial)	여러해살이풀	하늘다람쥐	날다라미
관목 (灌木; furtex)	떨기나무	집쥐	짧은꼬리집쥐
교목 (喬木; arbor)	키나무	뒤쥐	첨서
침엽수 (針葉樹; coniferous tree)	바늘잎나무	붉은박쥐	오렌지웃수염박쥐
상록수 (常綠樹; evergreen tree)	사철푸른나무	뿔박쥐	관코박쥐
낙엽수 (落葉樹; deciduous tree)	잎이지는나무	담비	산달
활엽수 (闊葉樹; broadleaf tree)	넓은잎나무	산달	누른돈
수피 (樹皮; bark)	나무껍질	백두산사슴	누렁이

(자료 : 김 1991, 이 1992, 한 1994)

남한과는 달리 북한의 자연환경의 교란은 지금까지 경제적 궁핍과 사회적 배경으로부터 벌거숭이 산야 경관모습의 19세기말 전경으로부터 그대로 진행되어 왔다. 특히 땔감과 다락밭에 의한 산지 생태계는 크게 훼손되고, 민둥산이 넓게 분포할 뿐만 아니라, 산지의 잠재적 회복 능력마저도 유린된 상태의 지역이 널리 관찰되고 있다. 그런데 앞으로 진행될 북한 경제의 회복과 북한 사회의 변화는 북한지역의 개발 압력을 더욱 가중시킬 것이다. 그것은 이미 우리가 경험해 온 바가 있는 1960~1970년대의 환경비친화적(環境比親和的) 개발정책에 의한 자연환경의 질적 쇠퇴를 예측할 수 있기 때문이다. 백두산, 묘향산, 금강산, 칠보산 등은 이미 자연보호지구로 설정되어 있으나, 수려한 경관과 건전한 자연생태계를 이용한 관광특구 개발은 신중하게 진행되어야 한다. 미래의 개발은 한반도 자연환경의 온전성(integrity)과 고유성(uniqueness)을 유지하면서 민족의 지속가능한 삶의 터전으로 보장하는 범위 내에서 이루어져야 한다.

[도움글] **사회경제적 배경**

북한의 자연환경 보전과 복원에 대한 사회경제적 배경은 다음과 같이 정리된다:

- 극도로 침체된 국가경제,
- 일차적으로 자연자원 (에너지-땔감, 식량 등)에 의존한 주민들의 전근대적 생활,
- 주민의식 속에는 자연생태계에 대한 건전한 이용과 보전에 대한 의식 결여,
- 개방과 아울러 특정지역에 대한 제한적이면서 적극적인 개발 시도,
- 정책 결정자들의 에코마인드(eco-mind) 결여,
- 생태적으로 건전한 개발에 대한 노-하우(know-how)의 결여,
- 북한지역의 자연보호지구 이외에 모든 산지는 남벌로 인하여 극단적인 황폐화,
- 북한 지역 전역에 걸친 총체적이고도 구체적인 자연생태계 정보의 부족.

이와 같은 북한의 현실적 문제점을 해결하기 위하여 우리의 역할은 매우 클 수밖에 없다. 자연환경의 모든 문제는 이 시대에 설정되어 있는 남북한의 경계선과 상관없이 일어난다. 민들레의 홀씨는 그 경계선을 넘나들며 자유롭게 산포하며, 깨끗한 공기든 오염된 공기든 바람을 따라 남북한 어디론가 확산된다. 한반도를 우리 민족의 지속가능한 삶의 터전으로 확보하기 위해서라도 남북한의 자연환경 및 생태계 관련 정보의 교류를 실천하는 것은 모든 가치를 우선한다. 그것은 민족 동질성과 영원성을 열어 가는 지름길이다.

토론거리 *Topical Q & A*

북한지역의 개발과 관광패턴에 대한 바람직한 방향은 무엇인가?

통일 이전에도 남북의 교류는 북한지역의 남아있는 원시 자연 지역에 이르기까지 적극적으로 개발될 것이며, 통일이 된다면 그러한 개발은 더욱 급격히 진행될 것이다. 이미 금강산 지역에는 우리 식(?)의 개발과 관광이 진행되고 있다. 그렇다면 북한지역에 대해서 현재의 관광과 개발의 방식과 철학 그리고 행태로 진행되는 것은 바람직한 것인가? 금강산 지역에서 일어나고 있는 여러 가지 개발과 인간간섭을 나열하고 보다 건전한 북한지역의 개발과 지속가능한 이용 방안에 대하여 토론한다.

금강산

생태논쟁 *Topical ECOncern*

깃대종과 주체사상

링컨(Lincoln. A., 1863)은 '국민의, 국민에 의한, 국민을 위한' 이란 한 구절의 유명한 연설을 통해 주체(主體)에 대하여 정의를 내렸다. 즉 풀뿌리 민주주의의 주체는 그 땅에 저절로 그대로 어우러진 자연과 인간이라는 것을 의미한다. 땅은 모든 생명체의 삶의 터전이기에 그 지역의 기후와 풍토에서 장구한 세월을 통해 진화해 온 그 때의 주인 격인 녹색 식물자원들이 살고 있다. 식물들 중에서 사는 터전이 까다롭기로 이름 난 것이 '난' 종류이다. 본래 난(蘭)은 그 종류에 따라 독특한 삶터 환경을 요구하는 서식처 특이성을 갖는 까다로운 식물로서 진화의 역사가 그 만큼 오래됨을 의미한다. 따라서 자연의 긴 진화역사를 간직한 우리나라 자연생태계에는 수많은 난이 산야에 있었다. 그러나 사람 눈에 띄면 뿌리째 굴취당하고, 과다한 농약 사용으로 인한 곤충의 감소로 화분 수정의 기회마저 줄어들어 그 희귀성(rariety)은 날로 심각해지고 있다. 지상의 낙원으로 선전되었던 북한 땅은 급경사 산지에 다락밭이나 뙈기밭을 일구어야 할 정도의 자연 생육지 교란이 심각하여 야생 난의 멸종 위기는 우리 보다 훨씬 심각하며, 백두산 아고산 지대에 숨어사는 '유령난' 정도가 겨우 그 명맥을 이어오고 있다. 그런데 북한 주민들이 가장 영광스럽고 축복의 날을 기념하는 꽃으로 이용하는 '김일성화'라 부르는 석곡속(屬)에 속하는 난이 있다. 김일성화는 "아열대 인도네시아 원산으로 한반도 자연 환경 조건 속에서 저절로 생육하는 야생 난과는 달리 실내에서 잘 관리를 해 주어야 예쁜 꽃을 피운다"고 『평양식물지』 **405쪽**에 아주 굵은 고딕체로 기술되어 있다. 그러나 한반도의 기후와 풍토에 저절로 나서 스스로(自) 그대로(然) 살고 있는 야생난이 아닌 김일성화는 아무래도 주체라는 추상명사와 연결되지 않는다. 덴드로비움은 우리처럼 한반도의 어떤 생태계 속에도 저절로 살아갈 수 없다. 양지바른 창가에서 수분, 온도, 빛을 조절해 주어 끝임 없이 사람의 손길에 의해 그 명맥을 유지하게 되는 이 땅에서의 비주체적(比主體的) 식물인 셈이다. 식물은 고유의 상징적 의미를 가지고 있으며, 그 상징의 의미가 풀뿌리적으로 해석되고 이용될 때만이 주체라는 추상명사와 조화를 이룬다. 유엔환경계획(UNEP)에서 권고하는 깃대종(flagship species)은 해당 지역으로부터 풀뿌리적이고도 주체적인 생물종을 선발하여 지역의 자연생태계와 삶의 터전을 보전하고자 하는 수단으로 이용되는 종이다.

평양식물지 속의 김일성화

덴드로비움

종합 토론

바위떡풀의 꽃. 모든 생명은 아무데나 살지 않으며, 아무렇게나 생기지 않았다. 자연은 생태적 메커니즘으로 작동하며, 그 작동의 프로그램은 인간의 몫이 아니다.

주제 (1) 개발과 보전을 이분법적 상충되는 개념인가?

- 보전(conservation)은 인간이 실천하는 행위 가운데 하나이다. 지구환경 속에서 행해지는 인간의 모든 행위는 지구환경에 대한 간섭(impacts)이다. 그런 간섭을 통틀어 개발행위라 한다. 그러므로 최고의 친환경적 개발은 보전이다. 결국 보전도 개발의 한 방편이며, 여러 가지 개발의 방편 가운데 가장 친환경적 친생태적 개발이 지구환경에 대한 지속가능한 개발(sustainable development)이며, 곧 보전이다.

주제 (2) 오늘날 지구상의 4대 문명지역은 어디이며, 현재의 방식대로 이 문명지역은 지속가능한가?

- 지구상의 온대지역은 현재의 인류세계를 리드하는 문명지역이다. 북미대륙, 환동해 동북아지역, 중부유럽, 그리고 호주-뉴질랜드의 온대지

역이다. 자본주의적 소모적 자연자원 이용에 의하여 번영하는 오늘날의 경제적 구조와 방식은 본질적으로 고대 문명의 부흥과 다를 바가 없다. 그러나 고대 문명 시대의 국지적 번영과 개발과는 달리, 정보, 통신, 교통 등의 비약적인 발달로 말미암아 자연자원의 개발과 이용 그리고 환경교란 등의 모든 인류의 활동이 범지구적으로 그 영향을 미치고 있다. 결국 고대문명처럼 국지적인 그 문명의 소멸로 그치는 것이 아니라, 오늘날의 이대로의 문명적 활동을 계속된다면 전지구적 문제(오존층 파괴, 지구온난화, 환경호르몬 등)를 발생하고 인류의 미래는 한꺼번에 위험에 처해질 수도 있다.

주제 (3) 유전자조작 농산물을 사먹을 것인가?

유전공학기술에 의해 양질의 농산물을 대량 생산할 수 있다. 그러나 유전자조작 농산물의 인체에 대한 해악과 생태계에 대한 교란은 분명하지 않다. 아직 과학적 증거는 명확히 밝혀져 있지 않으나, 심증으로만 유전자조작 농산물에 대한 논쟁이 뜨겁다. 그런데도 유럽 선진국에서는 유전자조작 농산물의 수입을 규제하고 생산된 상품에는 소비자에게 그 정보를 알리는 표기를 하도록 하고 있다. 유전자조작 농산물의 최대 생산국인 미국과의 무역분쟁이 심각하게 발생하기도 하였다. 그런데 1999년 말에 생물다양성협약의 당사국 회의에서 '생물안전의정서'가 합의되어 서명됨으로써 각국은 충분한 과학적 증거가 없는 현시점에서도 유전자조작 농산물의 국가간 거래에서의 중요 지침을 수립하는 계기를 맞이하였다. 유전자조작 농산물은 소비자가 쉽게 인식할 수 있도록 상품에 명확히 표기되어야 하며, 미심쩍은 유전자조작 농산물은 수입국의 정당한 요구에 의해 수입을 거부할 수도 있다. 이러한 생물안전의정서의 내용은 WTO체재의 국제 자유무역 정신과 정면으로 배치되지만, 이 유전자조작 농산물을 포함한 유전자조작 생물체(GMO, genetically modified organisms)의 국가간 거래는 엄격하게 통제되도록 하였다.

주제 (4) 생명 복제는 무엇이 문제인가?

호랑이를 복제한다고 하여 멸종위기종인 호랑이 유전자가 보존되는 것은 아니다. 유전자는 살아있는 생명의 물질이지 무생물적 물질이 아니며, 살아있는 생명물질은 시간의 흐름, 즉 변화 발달 진화의 틀 속에 있다. 결코 정지된 시간의 틀, 멈춘 시계 속에서의 사건이 아니다. 복제된 유전자는 시간의 틀 속에서 변화하는 자연생태계의 한 현상이 아니다. 자연생태계 속에서의 멸종위기의 호랑이들은 그렇게 복제됨으로써 복원이 되지 않는다. 자연 생태계 속에서 '섹스'의 본질적 명제는 "유전자 뒤섞기", 즉 유전자 다양성을 유지하기 위해 가계와 혈통을 달리하는 집안끼리 결혼해야 양질의 자손이 태어나듯이 유전자를 섞는 의미가 자연계 속에서의 의미로 훨씬 클 뿐만 아니라 크게 강조되어야 한다. 복제는 그런 자연 현상을 정면으로 반하는 인간의 과학기술이다.

뿐만 아니라, 이제 멸종종이나 멸종위기에 처한 모든 생물종을 복제하면 된다는 식의 인간의 자연보전 운동과 그 윤리를 혼돈시킨다. 차라리 호랑이를 복제 하느니, 호랑이가 살만한 자연환경, 즉 한반도 자연의 복원, 보전, 자연림의 복원, 보전이 더욱 근원적인 해결책이다. 멸종위기종이 많아지는 이유는 복제기술이 없어서가 아니고, 그들이 사는 서식환경, 삶의 환경이 너무나 개발되고 파괴되었기 때문이다. 우리 민족은 본래 호랑이와 친밀한 관계를 가진 문화적 배경을 가지고 있다. 산신령 할아버지는 항상 호랑이 등에 올라앉아서 우리를 지켜본다. 호랑이를 살리려면, 자연 숲을 가꾸어야 한다. 그래서 조상들은 호랑이를 위하여 숲을 중하게 생각하였다. 특히 마을의 진산 숲은 손을 대지 않고 보전해 왔다. 이제 생각을 바꾸어야 한다. 호랑이 문제는 우리가 사는 이 땅의 자연의 문제이지, 생명복제의 과학과 기술만의 문제가 아니다.

따라서 모든 것은 선택의 문제이다. 복제기술을 어떻게 사용할 것인가? 원자핵을 어떻게 사용할 것인가? 식칼을 어떻게 사용할 것인가? 내 손바닥을 칭찬의 손바닥으로 사용할 것인가, 구타의 주먹으로 사용할 것인가? 등등 모두 인간의 선택의 문제이다. 이 선택은 올바른 사고와 철학 그리고 윤리도덕으로 무장된 깊이 생각한 과학자와 기술자에 의하여 이루어져야 한다. 비윤리적 비철학적 비도덕적이지만, 좀팽이 설장고처럼 어설픈 지식과 정보의 노예에 의하여 인류의 비극은 항상 일어나 왔다. 생명은 절대 복제되어서는 안된다. 우리에게 호랑이 복제는 민족의 존엄성과 영원성의 쇠퇴를 재촉하는 것이며, 기독교적, 불교적, 토속신앙적 관점에서도 그런 생명복제는 해서는 안될 일이다. 근친결혼을 막는 것도 인간의 다양성을 보전하고 발전시키기 위한 아주 단순한 생물학적 인간의 논리이다. 하물며, 근친결혼도 아닌 체세포에 의한 개체의 복제, 유전자의 자연적 뒤섞임을 완전히 배제하는 그런 생명 복제는 자연 생태계의 얼개에 대한 최대의 훼손이다. 현재의 생태계 자연의 얼개는 46억년 동안 탄생과 소멸의 반복에 의한 자연선택에 의하여 성취되고 있다. 우리 인간은 어떤 시점에서도 과학과 기술로 46억년의 비밀을 정복할 수는 없다. 자연과 신에게 겸손해지는 삶의 방식을 추구하는 수밖에 없다. 호랑이가 복제되어서 아니되는 세 가지 이유는 적어도 다음과 같이 요약된다:

1. 생명 복제는 46억년간 지속되어온 그리고 영원히 지속되어야 할 유전자 다양성의 확보가 불가능하다. 복제된 놈은 단지 그 시점에 고런 유전자를 고정해둔 물질에 불과하다. 결국 섹스의 유전자 뒤섞음을 통해 지구 생물종의 다양성과 유전자의 다양성이 확보되었으며, 그것으로부터 이루어진 것이 오늘날의 생태계이기 때문이다.
2. 설령 복제된 호랑이라 할 라도 어느 곳에 어떻게 그들이 살아갈 수 있도록 해 줄 것인가? 현실적으로 한반도에는 호랑이 서식 가능한(영역권 territoriality를 고려한) 자연숲은 거의 존재하지 않으며, 현시점에서 충분한 그런 공간의 확보가 불가능하다.
3. 자칫, 멸종된 종을 복제기술로 복제하면 되지 않겠는가라고 하는 식의 자연보전 의식에 혼란을 초래할 것이다. 자연보전은 과학과 기술로 하는 것이 아니라, 올바른 자연관을 가지고 실천하는 것이다.

주제 (5) 인류가 성장한계로부터 벗어나기 위한 최우선의 실천과제는 무엇인가?

인류가 이용할 수 있는 지구생태계에 존재하는 모든 자원(resources)은 제한적이다. 생물종 자원, 유전자 자원, 토지(흙), 에너지, 식량, 수자원 등은 모두 한정된 자원이다. 이와 같은 한정된 자원에 대하여 인류의 번영을 지속가능하게 하는 것은 인류가 지혜롭게 자원을 효율적으로 사용하는 것이다. 새로운 자원개발과 확보도 중요한 과제이지만, 현재의 주어진 자원에 대해서도 낭비적이고 소비적인 사용 패턴으로부터 절약하고 재활용하는 등의 지혜로운 사용방식으로의 전환만을 통해서 성장의 한계를 직면하지 않을 것이다.

주제 (6) 쾌적한 생활환경과 지구환경 보전에 참여하는 방법은 무엇인가?

성숙된 민주 사회에는 민간 시민단체(Non-Governmental Organization, NGO)가 크게 활성화되어 있다. 건전한 시민단체는 순수하게 자발적으로 참여한 시민들(자원봉사자, volunteer)에 의하여 구성되고 활동한다. 이들 자원봉사자들은 스스로의 깨달음을 통해 자발적으로 참여함으로써 그 숫자에 관계없이 일반적으로 강한 추진력과 결속력을 가지고 있으며, 건설적 합의 도출을 위한 사회적 창구 역할을 하기도 한다. 환경문제는 우리 모두의 문제이면서도 또한 우리 모두의 문제이기 때문에 이해(利害)에 따른 분쟁이 아주 많이 발생하고 있다. 그래서 지구환경 보전과 파괴의 논쟁은 세계 도처에서 발생하고 있다. 그러나 인류 공동체적 번영과 지구환경의 지속가능성을 보장하기 위한 노력은 인류 모두의 의무이다. 우리나라에도 환경 문제와 관련하여 다양한 사회단체가 존재한다. 다음의 질문에 대하여 서로 토론해 보자. NIMBY(Not in my back yard의 약자, cf. PIMBY-Please in my back yard) 현상의 한 사례로 자신의 집 주변에 쓰레기매립장이 건설된다면 찬성할 것인가, 반대할 것인가? 또한 내가 사는 생활 주변이 쾌적하고 아름답게 관리된 곳, 아니면 그 반대의 경우로 지저분하고 파괴된 자연으로 이루어져 있는 곳에 대하여 정책결정자는 어느 곳에 혐오시설을 기획하게 될 것인지 생각해 본다. 우리나라와 세계 속에 존재하는 어떤 환경단체에 대하여 무엇을 얼마나 알고 있으며, 참여하고 있는지? 우리 모두가 주변 환경 문제에 대하여 '누군가가 해결하겠지'라고 방관한다면, 누군가에 의해 우리의 삶의 터전은 점점 열악해지고 쾌적한 환경을 후손에 남겨줄 수밖에 없을 것이다.

주제 (7) 한반도 자연이란 무엇인가?

한반도 자연은 참나무 온대림이란 숲으로 대표된다. 지구상의 온대림 가운데 한반도의 온대림은 여러 가지 측면에서 독특성을 가지고 있다. 진달래속과 제비꽃속에 속하는 식물종의 다양성이 높다. 한반도 내에는 한 포기의 너도밤나무(지구 온대림을 대표하는 식물종 가운데 하나)도 분포하지 않으면서 매우 다양한 참나무 속의 식물종이 분포한다. 참나무류를 중심으로 하는 낙엽활엽수의 온대림 생육입지에 소나무는 의도적으로 육림된 식분이 대부분으로 한반도 생태계를 취약하게 하는 원인이 되고 있다. 잡목으로도 매도되었던 참나무에 대한 철두철미한 무관심과 소나무에 대한 과도한 애정으로 한반도 자연이 지난 100여 년 간 크게 왜곡되어 왔던 것이다. 본래 참나무림 속에 소나무 개체군은 바위섬처럼 분반상(patch)으로 분포하는 것이 한반도 자연 경관이다. 그럼에도 불구하고, 아직도 한반도 자연의 잠재자연식생 정보나 현존식생에 대하여 종합적으로 기록된 식생의 역사서라 할 수 있는 자연식생지가 없다. 그런 가운데 한반도 자연의 복원과 조경은 계속되고 있으며, 한반도 자연의 맥도날드화 그리고 생물다양성의 맥도날드화가 빠르게 진행되고 있는 실정이다. 다른 한편으로는 한반도 생물종에 대한 자원적 가치에 세계적인 육종 그룹은 주목하고 있다. 한반도의 자연은 남북으로 길게 뻗은 국토 지리로부터 다양한 생물종 자원을 포함하고 있다. 계절적 온도 변이에 따라 이동하여 분포하는 생물종들의 통로이면서 서식처이다. 북쪽 추운 곳이 고향인 생물종 가운데 더위에 강한 종이 있는가 하면, 남쪽 더운 곳이 고향인 생물종 가운데 추위에 강한 종이 있다. 하나의 예로 난온대 기후 지역의 상록수종으로 대표되는 동백나무이지만, 지구상에서 가장 내동성이 높은 동백나무 개체군은 백령도에 분포하고 있다. 백령도의 동백나무는 전 세계에서 가장 추위에 강한 상록의 동백나무인 것이다.

참고문헌 및 자료

김영진. 1992. 송금사목. 한국민족문화백과사전. 제12권. 한국정신문화연구원. 910면.

김운근. 1997. 북한의 농・임업. (공보처127~139면)

김종원. 1991. 북한의 식물연구사정과 한반도의 자연. 과학과 기술 24: 4-7.

김종원. 1993. 포항의 자연은 어떻게 재창조될 수 있는가. 포항연구 13: 63-73.

김종원. 1995. 남북한 생태보전 협력방안. 민족과 자연 공동체 화해를 위한 1차 세미나 통일시대의 남북 환경협력.

김종원. 1993. 우리나라의 자연환경 현황분석 연구. 한국환경기술개발원. 서울.

김종원(편). 2001. 대구자연생태공원 조성 기본계획 및 기본설계. 대구광역시.

김종원. 2002. 도로건설에 따른 생태학적 고려. 산학 NGO 공동기획 심포지엄 자료집. pp. 11-28.

김종원. 2003. 울릉지역의 생태 환경 자원의 현황 및 보전방안. 울릉지역의 환경친화적 발전을 위한 정책토론회 자료집: 29-45. 한국환경정책평가연구원.

김종원. 2004. 녹지생태학. 월드사이언스. 309 p.

김종원, 남화경. 1996. 한국 국립공원의 생태학적 특성분석과 보전전략. 한국생태학회지. 19: 93-104면

김종원, 김현우, 박용목, 조광진, 주기재, 최기룡, 한승욱. 2004. 이것이 생태학이다. 월드사이언스. 556 p.

김종원, 이우신, 송교욱. 1999. 유럽 생태공원 보고서. 부산광역시.

김종원, 이율경. 2002. 한천습지의 관리기본계획에 대한 생태학적 접근. 습지를 보전을 위한 생태학적 접근(한국생태학회 2002년 심포지엄 자료집): 73-98. 한국생태학회.

김준호. 1991. 화학농법으로 토양이 죽어간다. *광록* 8. 광주.

김준호, 유태철 1993. 산성비에 신음하는 식물과 토양. *자연 보전* 82. 서울.

김천, 최준수, 정강호. 1998. 위성 원격탐사자료를 이용한 북한 홍수피해지역의 환경계측연구. 한국과학기술단체총연합회. 26~53면

김현삼, 리용재, 황호준, 홍경식, 김기웅, 박종만. 1972. 조선식물지 1권~7권. 과학원출판사.

남영숙. 1995. 남북한 환경협력과 환경정책 통합방안 연구. 민족과 자연 공동체 화

해를 위한 1차 세미나 통일시대의 남북 환경협력.
농림기술관리센타. 2005. 소나무재선충 피해 제어기술 개발. 핵심전략기술개발사업, 과제제안요구서(RFP) (www.arpc.re.kr.)
박용하(편). 2001. 21세기 자연환경보전정책 발전방향 연구. 최종보고서. 한국환경정책·평가연구원. 환경부.
북한관광요람편찬위원회. 1998. 북한 관광 요람 Ⅰ · Ⅱ. 한국문원
북한연구소. 1994. 북한총람 (1983-1993).
산림청, 국립산림과학원. 2004. 소나무 AIDS 소나무재선충병. 산림과학속보 '04-06.
산림청. 2005. 산림과학기술 기본계획(안) (2005~2014). 산림정책국. 공청회 및 부처의 견조회(안). 79 p.
손기웅. 1996. 남북한 환경분야 교류 · 협력 방안 연구 : 다자적 · 양자적 접근. 민족통일연구원 연구보고서.
오오누키(大貫) 惠美子. (이향철 역) 2003. 사쿠라가 지다 젊음도 지다. 모멘토.
윤양수, 박용하, 최재용. 2000. 자연친화적 국토이용을 위한 자연환경보호구역 관리체계 개선방안 연구. 국토연구원 2000-16.
윤종주. 1992. 인구. 한국민족문화백과사전. 제 17권. 한국정신문화연구원.
이도원. 1994. 생명의 보금자리를 가꾸는 생태학. 동화기술. 서울.
이우철. 1992. 남북한의 식물기재용어 및 식물명 비교. 한국식물분류학회지.
이천용 외. 1992. 수원함양기능. "산림의 공익적 기능의 계량화 연구 (II). 과학기술처. 63-81 면. 서울
이홍재 외. 1992. 대기오염과 산성비에 의한 피해조사 및 평가에 관한 연구 (II-5) - 산성비 피해 예상지역 토양에 대한 영향을 중심으로 - *국립환경연구원보* 14. 서울
조광진, 김종원. 2005. 아까시나무림의 군락분류와 군락생태. 한국생태학회지 28: 15-23.
최기룡, 김기헌, 김종원, 김종찬, 이기걸, 양동윤, 남욱현. 2005. 영산강 유역 범람원 퇴적물의 화분분석 연구. 한국생태학회지 28: 37-43.
최재웅. 2004. 마을숲 문화가 있는 아름다운 우리 농촌 마을. in: 한국의 전통생태학 (이도원 엮음). 378-407.
한국자연보존협회. 1988-1998. 자연보존. 총 31권.
한국자연보존협회. 1993. 북한지역의 생태계 보호 관리 실태. 심포지엄 초록집.
한상훈. 1994. 북한의 포유류. 자연보존.
환경부. 2000. 새천년 국가환경비전과 추진전략.
환경부. 2001. 21세기 자연환경보전정책 발전방향.

황대권. 2006. 농촌, 일그러진 근대화의 표상. 녹색평론 89: 16-35.

Begon, M., J.L. Harper & C.R. Townsend. Essentials of Ecology. 2003. Blackwell Scientific Publications, Oxford.

Blue Mountain Conservation Society. 1998. A Voluntary Code and Information Guide for Blue Mountains' Residents and Visitors.

Boland, M. 2001. Ecological park. SPUR(San Francisco Planning and Urban Research Association) Report 396.

Broggi, M. F. & Grabherr, G. 1991. Biotope in Voralberg. Endbericht zum Biotopinventar Vorarberg.

Cox, G.W. 1993. Conservation Ecology. WCB, Oxford.

Cram, M. and Hanson, J. 2005. How to identify and manage pine wilt disease and treat wood products infested by the pinewood nematodes. USDA. (www.na.fs.fed.us/SPFO/)

di Castri, F. 1995. The Hierarchical Uniqueness of Biodiversity. In: F. Gros (ed.), Uniqueness and Universality in a Biological World. IUBS Special Issue No. 33: 54-57. International Union of Biological Sciences, Paris.

DPRK. Korean Nature. 1965-1974. Vol. 1～Vol. 28.

Gates, D.M. 1993. Climate Change and Its Biological Consequences. Sinauer Associates, Sunderlnad.

Gigon, A. and Langenauer, R. 1998, Blue Data Books - an encouraging new instrument for restoration and conservation. Applied Vegetation Science 1: 131-138.

Gilbert, O.L. 1991. The Ecology of Urban Habitat. Chapman & Hall. Cambridge.

Grabherr, G., Koch, G., Kirchmeir, H. and Reiter, K. 1998. Hemerobie österreichischer Wald-ökosysteme. MAB- Berichte Band 18; Innsbrucker Univeristäts Verlag.

Grime, J.P. 1974. Vegetation classification by reference to strategies. Nature 250: 26-31.

Hanski, I. and D. Simberloff(eds.). 1997. Metapopulation Biology. Academic Press, San Diego, CA.

Heinrich, D. and Hergt, M. 1994. dtv-Atlas zur Ökologie. Deutscher Taschenbuch Verlag.

Heywood, v.H. 1995. Global biodiversity assessment. Cambridge: Cambridge

University Press.

Houghton, R.A. and D.L. Skole. 1990. Carbon. In: The Earth as Transformed by Human Action (Turner et al. eds.).

Ibaraki Prefectural Center for Forestry Technology. 2005. Pinewood nematode and its prevention. Research Commentary 3.

IUCN. 2001. IUCN Red List Categories and Criteria: Version 3.1. IUCN Species Survival Commission. IUCN, Gland, Switzerland and Cambridge, UK. ii+ 30pp.

Kim, J.W. 1988. The phytosociology of forest vegetation on Ulreung-do, Korea. Phytocoenologia 16: 259-281.

Kim, J.W. 1993. An ecological strategy to conservation and rehabilitation of the Korean biological diversity. J. of Environ. Sci. (Kyungpook Natl. Univ.) 7: 1-22.

Kim, J.W. 1994. On the distribution pattern of potential natural vegetation by climate change scenarios in the Korean peninsula. J. of Inst. Natural Science, Keimyung Univ. 13: 73-80.

Kirchner, F., J. Ferdy, C. Andalo, B. Colas, and J. Moret. 2003. Role of corridors in plant dispersal: An example with the endangered *Raunculus nodiflorus*. Conservation Biology 17: 401-410.

Kirkwood, N.G. 2003. The Art Green-way Design: Precedents, Practices and Projects. *in* 도시녹지공간의 생태 corridor 설계기법 (심우경 외편). 고려대학교.

MacArthur, R.H. and Wilson, E.O. 1967. The Theory of Island Biogeography. Princeton University Press, Princeton, NJ.

Meyer, W.B. 1996. Human Impact on the Earth. Cambridge University Press, Cambridge.

Miler, K.R. 1996. Balancing The Scales: Guidelines for increasing biodiversity's chances through bioregional management. WRI.

Nakai, T. 1928. The floras of Tsusima and Quelpaert as related to those of Japan and Korea. Proceedings of the 3rd Pan-Pacific Science Congress, Tokyo. 893-916.

Naveh, Z. and Lieberman, A. 1994. Landscape Ecology: Theory and application. Springer-Verlag, Heidelberg.

Postlethwait, J.H. and Hopson, J.L. 1995. The Nature of Life. McGraw-Hill, INC., New York.

Primack, R.B. 2004. A Primer of Conservation Biology. 3rd ed. Sinauer, Sunderland.

Reid W.V. and Miller, K.R. 1989. Keeping Options Alive: The Scientific Basis for Conserving Biodiversity. World Resources Institute Report 1: 105.

The Federal Interagency Stream Restoration Working Group. 1998. Stream Corridor Restoration. Principles, Processes, and Practices.

Townsend, C.R., Begon, M. and Harper, J.L. 2003. Essentials of Ecology. 2nd edition. Blackwell Publishing.

Trepl, L. 1995. Towards a theory of urban biocoenoses. Some hypotheses and research questions. In: urban Ecology as the Basis of Urban Planning (Eds. H. Sukopp *et al.*) Amsterdam, The Netherlands. pp. 3-21.

Tüxen. R. 1956. Die heutige potentielle natüliche Vegetation als Gegenstand der Vegetationskartierung. Angw. Pflanzensoz. 13: 5-42.

van der Maarel, E. and Dauvellier, P.L. 1978. Naar een globaal ecologisch model voor de ruimtelijke ordening van Nederland. Vol. 1 & 2. Staarsuitgeverij, Den Haag.

van der Maarel, E. 1975. Man-made natural ecosystems in environmental management and planning. In: W.H. van Dobbin and R.H.Lowe-McConnel(Eds.), Unifying Concepts in Ecology. Dr. W. Junk, The Hague, pp. 263-274.

van der Maarel, E. 1997. Biodiversity: from babel to biosphere management. Opulus press, Uppsala.

WCMC. 1994. Biodiversity Data Sourcebook. WCMC Biodiversity series 1:122-131.

Westhoff, V. 1971. The dynamic structure of plant communities in relation to the objectives of conservation. In: E. Duffey and A.S. Watt(Eds.), The Scientific Management of Animal and Plant Communities for Conservation. Blackwell Sci. Publ., Oxford, London, Edinburgh.

White, B.R. 1996. Atlas of Earthcare: A major new illustrated guide to looking after out planet. Gaia Books Limited, London.

WRI, IUCN, and UNEP. 1992. Global Biodiversity Strategy. Guidelines for Action to Save, Study, and Use Earth's Biotic Wealth Sustainably and Equitably. pp.117-132.

中井猛之進. 1919. 鬱陵島植物調査書. 朝鮮總督府.

宮脇昭, 奥田重俊 (編). 1978. 日本植生便覽. 至文堂. 東京.

安田喜憲, 塚田松雄, 金遵敏, 李相泰, 任良宰. 1980. 韓國における環境變遷史と農耕の起源. 文部省 海外學術調査, 韓國における環境變遷史. 1-19.

http://darkwing.uoregon.edu/~felsing/kstuff/nkmaps.html

http://kcm.co.kr/mission/map/Asia/Northkorea/PHILATELY

http://www.munhwa.co.kr/kumkang/6/index.html 1999

http://www.nis.go.kr

http://www.unikorea.go.kr

http://www.climatehotmap.org/

http://www.ilovenature.org/

http://www.legislation.act.gov.au

http://www.orientation.niu.edu/orientation/vtour/

http://www.unepie.org/pc/tourism/ecotourism/home.htm

찾아보기

저자약력

경북영양 생
경북대학교 문리과대학 생물학(학사)
일본 요코하마국립대학 식생학(석사)
오스트리아 비엔나대학 식생환경보전학(박사)
현, 계명대학교 교수

주요저서 및 역서

고등학교 환경과학(1996)
개발과 문화유산의 보전(1996)
지구환경 위기와 생태적 기회(2000)
환경생물학(2000)
이것이 생태학이다(2004)
녹지생태학(2004)